计算机网络基础与安全防御策略

戴微微　门嘉平　刘斌◎著

文化发展出版社
Cultural Development Press
·北京·

图书在版编目（CIP）数据

计算机网络基础与安全防御策略 / 戴微微，门嘉平，刘斌著. -- 北京 ：文化发展出版社，2024. 12.
ISBN 978-7-5142-4512-7

Ⅰ. TP393.08

中国国家版本馆 CIP 数据核字第 20249C8E62 号

计算机网络基础与安全防御策略

戴微微 门嘉平 刘斌 著

责任编辑：李 毅 韦思卓　　责任校对：侯 娜
责任印制：邓辉明　　封面设计：研杰星空
出版发行：文化发展出版社（北京市翠微路 2 号 邮编：100036）
发行电话：010-88275993 010-88275711
网　　址：www.wenhuafazhan.com
经　　销：全国新华书店
印　　刷：三河市嵩川印刷有限公司

开　　本：710mm × 1000mm 1/16
字　　数：309 千字
印　　张：18.5
版　　次：2025 年 4 月第 1 版
印　　次：2025 年 4 月第 1 次印刷

定　　价：78.00 元
I S B N：978-7-5142-4512-7

◆**如有印装质量问题，请电话联系：18632658752**

作者简介

戴微微，女，汉族，生于1978年，副教授，现任吉林电子信息职业技术学院计算机网络技术专业带头人、教研室主任，“双师型教师”、学院“中青年骨干教师”，吉林电子信息职业技术学院教学工作委员会委员。参加工作以来，她共发表论文16篇，编写教材12部，参与和主持教研项目25项；现聘为吉林省通信行业职业技能鉴定中心考评员、督导员、吉林省通信行业职称评审专家库专家。

门嘉平，男，汉族，生于1974年，清华大学计算机系信息安全专业博士，现任中关村实验室高级工程师。他从事网络信息安全领域标准、技术、产品、方案等具体工作，在0Day漏洞挖掘、黑客积极防御、木马等恶意代码检测与防御领域进行着持续研究；作为第一作者发表中、英论文10余篇；参与国家标准起草与修订工作3项；承担国家级重大专项、重大工程、重大课题研发项目9项；获发明专利、著作权200多项。

刘斌，男，汉族，生于1980年，华南理工大学计算机科学与技术专业，高级工程师，现任广州开发区医院信息科信息部副主任。他负责统筹规划单位信息化、网络安全、数据治理、大数据管理相关工作，主持完成过多项大型医疗机构信息系统建设项目，发表论文多篇，曾参与制定多项标准。

内容简介

本书系统地介绍了计算机网络的基础知识及其在医疗卫生行业的应用与安全挑战。从计算机网络的基本概念讲起，深入涵盖网络原理、体系结构、设备和连接技术等。接着详细说明了局域网、互联网和广域网技术在医疗中的应用实例，也剖析了网络安全重要性及相关法律标准，探讨了网络防御技术、管理与维护。

本书适合医疗卫生行业的相关从业者，帮助他们更好地利用计算机网络提升服务质量、保障信息安全；适合计算机网络专业学生，作为学习专业知识与医疗行业应用结合的参考；还适合对医疗卫生行业计算机网络技术与安全感兴趣的人士。

前　言

随着信息技术的迅猛发展，计算机网络已经深入社会生活的各个领域，成为现代社会不可或缺的基础设施。尤其在医疗卫生行业，计算机网络的应用更是深入了医疗服务的各个环节，从患者信息管理、远程医疗咨询到医疗设备监控，都离不开高效、安全的计算机网络系统的支持。因此，对医疗卫生行业计算机网络技术与安全的研究，不仅具有重要的理论价值，更对提升医疗服务质量、保障患者信息安全具有深远的实践意义。

本书旨在全面系统地介绍计算机网络的基础知识及其在医疗卫生行业的应用与安全挑战。我们从计算机网络的基本概念入手，深入剖析其发展历程、基本组成与功能，使读者对计算机网络有一个整体而清晰地认识。接着，我们重点介绍了网络通信原理、网络体系结构以及网络设备与连接技术等方面的内容，这些内容是理解和应用计算机网络的关键所在。

在医疗卫生行业的应用方面，本书详细阐述了局域网技术、互联网与广域网技术及其在医疗卫生行业中的应用实例。通过对这些技术的介绍，读者可以了解计算机网络如何为医疗卫生行业提供便捷、高效的服务，并促进医疗服务的现代化和智能化。

然而，随着计算机网络在医疗卫生行业的广泛应用，网络安全问题也日益凸显。本书对医疗卫生行业网络安全的重要性、面临的威胁与风险进行了深入剖析，并介绍了相关的法律法规与标准。在此基础上，我们进一步探讨了医疗卫生网络安全防御技术、网络攻击与防御策略以及网络安全管理与维护等方面的内容，旨在为读者提供一套完整的医疗卫生行业网络安全解决方案。

此外，本书还关注了计算机网络的前沿技术与安全挑战。随着云计算、物联网、大数据和人工智能等技术的快速发展，医疗卫生行业的计算机网络面临着前所未有的机遇和挑战。我们对这些前沿技术进行了简要介绍，并分析了它们在医疗卫生行业中的应用前景以及可能带来的安全挑战。

本书的编写过程中，我们力求做到内容全面、结构清晰、重点突出。同时，我们也注重理论与实践相结合，通过案例分析、实际操作等方式，使读者能够更好地理解和掌握计算机网络的知识和技能。

我们相信，通过本书的学习，读者将能够深入了解计算机网络的基础知识及其在医疗卫生行业的应用与安全挑战，为今后的学习和工作打下坚实的基础。同时，我们也希望本书能够为医疗卫生行业的计算机网络技术与安全研究提供一定的参考和借鉴价值。

最后，我们要感谢所有为本书编写提供支持和帮助的同人们，是他们的辛勤付出使得本书得以顺利出版。同时，我们也希望广大读者能够对本书提出宝贵的意见和建议，以便我们不断完善和提高。

在未来的发展中，我们将继续关注计算机网络技术与安全的最新动态，不断更新和完善本书的内容，为读者提供更加优质的学习资源。让我们一起携手共进，推动医疗卫生行业计算机网络技术与安全的发展迈向新的高度！

本书由吉林电子信息职业技术学院的戴微微、中关村实验室的门嘉平和广州开发区医院的刘斌共同完成。其中，戴微微负责编写第一章至第六章和辅文的内容，约 122 千字；门嘉平负责编写第七章至第十一章和第十五章的内容，约 119 千字；刘斌负责编写第十二章至第十四章的内容，约 68 千字。

著　者

2024 年 8 月 15 日

目　录

第一章　计算机网络基础概念

第一节　计算机网络的定义与分类

一、计算机网络的定义

计算机网络，作为现代信息技术的核心组成部分，是指将地理位置不同且具有独立功能的多个计算机系统或设备，通过通信线路和通信设备连接起来，在网络操作系统、网络管理软件及网络通信协议的管理和协调下，实现资源共享和信息传递的系统。它不仅仅是硬件设备的简单连接，更是一个集成了通信、计算机和信息技术等多个领域的复杂系统。

计算机网络的发展经历了从简单到复杂、从低速到高速、从封闭到开放的过程。早期的计算机网络主要用于军事和科研领域，随着技术的发展和应用需求的扩大，计算机网络逐渐进入商业、教育、医疗等各个领域，成为现代社会不可或缺的基础设施之一。

在计算机网络中，各种设备通过通信线路和通信设备相互连接，形成一个复杂的网络拓扑结构。这些设备可以是计算机、服务器、路由器、交换机、打印机等,它们在网络中扮演着不同的角色,共同实现网络的功能。通信线路可以是光纤、同轴电缆、双绞线等，它们负责传输数据信号，确保信息在网络中的准确传输。

网络操作系统和网络通信协议是计算机网络中的关键软件元素。网络操作系统负责管理和控制网络中的各种设备和资源，提供网络服务和接口，使得用户可以方便地使用网络。网络通信协议则规定了网络中各种设备之间进行通信的规则和约定，确保信息在网络中的正确传输和处理。

计算机网络的主要功能包括资源共享、信息传输和分布式处理。资源共享是指网络中的用户可以共享网络中的硬件和软件资源，提高资源的利用率和降低成本。信息传输是指网络中的用户可以相互发送和接收信息,实现远程通信和协作。分布式处理是指网络中的多个设备可以协同完成某个任务,提高处理速度和效率。

在计算机网络的应用中，互联网是一个典型的例子。互联网是一个全球性的计算机网络，它连接了数以亿计的计算机和设备，使得人们可以方便地获取和分享信息。通过互联网，人们可以浏览网页、发送电子邮件、观看在线视频、进行在线购物等，极大地丰富了人们的生活和工作方式。

除互联网之外，计算机网络还广泛应用于企业内网、校园网、城域网等各个领域。在企业内网中,计算机网络可以帮助企业实现内部信息的共享和协同工作，提高工作效率。在校园网中，计算机网络可以为学生提供丰富的学习资源和交流平台，促进教育的发展。在城域网中，计算机网络可以实现城市内各种设施和服务的智能化和联网化，提升城市的运行效率和生活品质。

然而，计算机网络也面临着一些挑战和问题。随着网络规模的扩大和应用需求的增加，网络安全问题日益突出。黑客攻击、病毒传播、信息泄露等网络安全事件时有发生，给个人和组织带来了严重的损失。因此，加强网络安全管理和防护成为计算机网络发展的重要课题。

此外，随着物联网、云计算、大数据等新技术的发展和应用，计算机网络也面临着新的机遇和挑战。物联网技术使得各种设备和物体都可以接入网络并实现互联互通，为计算机网络带来了更广阔的应用前景。云计算技术则为计算机网络提供了更强大的计算和存储能力，使得用户可以更方便地获取和使用网络资源。大数据技术则可以帮助用户从海量数据中提取有价值的信息，为决策提供有力支持。

二、计算机网络的分类

计算机网络可以从多个维度进行分类，每种分类方式都揭示了网络结构、功能、规模或应用领域的不同特点。以下是几种常见的分类方法。

（一）按照覆盖范围分类

局域网（local area network,LAN）。局域网通常指覆盖有限地理区域（如办公室、建筑物或校园）的网络。它允许该区域内的设备相互连接，共享资源和服务。局域网的特点是传输速率高、延迟低、易于管理和维护。

城域网（metropolitan area network,MAN）。城域网覆盖的地理范围比局域网更大，通常是一个城市或地区。它可能包含多个局域网，通过骨干网络相互连接，为城市范围内的用户提供更加广泛的服务。

广域网（wide area network,WAN）。广域网覆盖的地理范围最广，可以跨越国家、洲甚至全球。它利用公共或私有的长途通信线路（如电话线、卫星、光纤等）将不同地区的网络连接起来，实现全球范围内的数据传输和资源共享。

个人区域网（personal area network,PAN）。个人区域网是围绕用户个人空间构建的小型网络，通常通过蓝牙、Zigbee 等短距离无线通信技术实现设备间的互联。它主要用于连接用户的个人设备（如手机、耳机、智能手表等），提供便捷的数据传输和资源共享。

（二）按照拓扑结构分类

总线网络。所有设备都连接在同一条物理总线上，数据通过总线进行传输。这种结构简单但容易受到单点故障的影响。

星形网络。每个设备都通过单独的链路连接到中央结点（如集线器或交换机），数据通过中央结点进行转发。这种结构易于管理和扩展，但中央结点的故障会导致整个网络瘫痪。

环形网络。设备通过点对点的链路连接成一个闭环，数据沿着环路进行传输。这种结构具有较高的可靠性和冗余性，但扩展性较差。

网状网络（也称为全连接网络）。每个设备都与网络中的其他设备直接相连，形成一个复杂的网状结构。这种结构具有高度的可靠性和灵活性，但成本也相对较高。

树状网络。树状网络是星形网络的扩展，通过多级星形连接形成树状结构。它结合了星形网络和总线形网络的特点，具有较好的扩展性和管理性。

后续将详细介绍网络拓扑结构。

（三）按照传输技术分类

广播网络。在这种网络中，数据以广播的形式发送给网络中的所有设备，每个设备根据地址信息判断是否接收。以太网是典型的广播网络。

点对点网络。数据直接在两个设备之间传输，不需要经过其他设备。这种网络适用于长距离通信和需要高安全性的场景。

（四）按照应用层协议分类

Web 网络。主要基于 HTTP/HTTPS 协议，用于访问网页、下载文件等 Web 服务。

电子邮件网络。基于 SMTP、POP3、IMAP 等协议，用于发送和接收电子邮件。

文件传输网络。利用 FTP、SFTP 等协议，实现文件在不同设备之间的传输。

即时通信网络。基于各种即时通信协议（如 XMPP、IRC、自定义协议等），实现用户之间的实时聊天、语音通话和视频通话。

三、网络拓扑结构

（一）总线拓扑结构

总线拓扑结构是最早也是最简单的网络拓扑之一。在这种结构中，所有的结点都通过一条共享的通信总线（如同轴电缆）相互连接。数据在总线上以广播的形式传输，每个结点都会接收到总线上的所有数据，但只有目标地址与自身地址相匹配的结点才会处理这些数据。

1. 总线拓扑结构的优点

结构简单，成本低廉，易于实现；易于扩展，新增结点只需将其连接到总线上即可；某个结点的故障通常不会影响整个网络，除非故障发生在总线上。

2. 总线拓扑结构的缺点

总线长度和结点数量有限制，过长或过多的结点会导致信号衰减和冲突增加；总线故障会严重影响网络性能，甚至导致网络瘫痪；安全性较差，因为所有结点都能接收到总线上的数据。

（二）星形拓扑结构

星形拓扑结构是目前应用最广泛的一种网络拓扑。在这种结构中，每个设备都通过单独的链路连接到中央结点（如集线器、交换机或路由器），中央结点负责转发数据。

1. 星形拓扑结构的优点

结构清晰，易于管理和维护；易于扩展，新增结点只需连接到中央结点即可；可靠性高，某个结点的故障不会影响其他结点之间的通信；安全性较好，因为数据在结点之间传输时不会经过其他结点。

2. 星形拓扑结构的缺点

对中央结点的依赖性强，一旦中央结点故障，整个网络将瘫痪；成本较高，因为需要为每个结点提供单独的链路和接口；传输距离受限于链路长度和信号衰减。

（三）环形拓扑结构

环形拓扑结构将网络中的结点连接成一个闭环，数据沿着环路进行传输。每个结点都会接收到环路上的数据，并根据地址信息判断是否转发给下一个结点。

1. 环形拓扑结构的优点

结构简单，易于实现；可靠性较高，因为数据可以通过环路上的多个路径传输；传输延迟较低，因为数据在环路上的传输路径相对较短。

2. 环形拓扑结构的缺点

扩展性较差，新增结点需要破坏原有的环路结构；某个结点的故障可能会导致环路断裂，影响整个网络的通信；环路上的数据冲突和拥塞问题较难解决。

（四）网状拓扑结构

网状拓扑结构是一种高度灵活和可靠的网络拓扑。在这种结构中，每个结点都与网络中的其他多个结点直接相连，形成一个复杂的网状结构。

1. 网状拓扑结构的优点

可靠性极高，因为网络中存在多条路径可以传输数据，即使部分结点或链路故障，也不会影响整个网络的通信；灵活性好，可以根据需要动态调整网络结构和路由；传输效率高，因为数据可以通过多条路径并行传输。

2. 网状拓扑结构的缺点

成本高昂，因为需要为每个结点提供多个接口和链路；管理复杂，需要复杂的路由算法和协议来维护网络的稳定性和效率；安全性问题突出，因为网络结构复杂，难以完全控制数据的流向和访问权限。

（五）混合型拓扑结构

在实际应用中，很少有网络完全采用单一的拓扑结构。为了兼顾不同拓扑结构的优点，提高网络的性能和可靠性，通常会采用混合型拓扑结构。混合型拓扑结构结合了多种拓扑类型的特点，根据网络的实际需求和场景进行灵活设计和部署。

例如，一个大型企业网络可能采用星形拓扑结构作为主干网络，以保证网络的可靠性和管理性；同时，在各部门内部采用总线形或环形拓扑结构，以降低成本和简化布线。此外，还可以根据需要在网络中引入网状拓扑结构的关键结点，以提高网络的灵活性和传输效率。

第二节　计算机网络的发展历程

一、早期计算机网络

早期计算机网络的发展是信息技术领域的一次重大突破，为后续的互联网、物联网等技术的发展奠定了坚实的基础。在计算机技术刚刚兴起的时代，人们逐渐意识到将多台计算机连接在一起实现资源共享和信息交流的重要性，于是开始探索和研究计算机网络的构建和应用。

早期计算机网络的发展可以追溯到 20 世纪 60 年代。当时，计算机作为一种昂贵的设备，主要用于科学研究、军事领域以及大型企业。然而，这些计算机往往是孤立的，无法实现相互之间的数据交换和资源共享。为了解决这个问题，人们开始尝试将多台计算机连接在一起，形成一个能够相互通信和共享资源的网络。

在早期的计算机网络中，ARPANET（高级研究计划局网络）无疑是一个里程碑式的存在。ARPANET 是美国国防部高级研究计划局（ARPA）于 1969 年建立的一个实验性网络，旨在研究分组交换网络技术，以支持远程计算机之间的通信。这个网络采用了分组交换技术，将信息分割成若干个小块（分组）进行传输，从而提高了网络传输的效率和可靠性。

随着 ARPANET 的成功运行，人们逐渐认识到计算机网络的重要性，并开始将其应用于更广泛的领域。在 70 年代，各种局域网（LAN）技术开始涌现，如以太网、令牌环网等。这些局域网技术为企事业单位提供了高效、便捷的内部网络通信方式，使得数据共享、文件传输等任务变得更加容易。

除了局域网技术，广域网（WAN）技术也在不断发展。广域网是指跨越较大地理范围的网络，通常涉及不同城市、国家甚至全球范围内的网络连接。在广域网技术中，卫星通信、微波通信和光纤通信等技术得到了广泛应用。这些技术为远程通信提供了可靠、高速的传输通道，使得跨国企业、国际组织等机构能够方便地进行数据交换和合作。

在早期计算机网络的发展过程中，网络协议和标准的制定也起到了关键作用。为了使不同厂商生产的计算机和网络设备能够相互通信和协作，人们开始制定一系列的网络协议和标准。这些协议和标准规定了网络通信的格式、方式和规则，为网络的互联互通提供了保障。

此外，早期计算机网络还面临着一些技术挑战和安全问题。由于当时的技术水平有限，网络的传输速度较慢、容量较小，难以满足大规模数据传输和实时通信的需求。同时，网络安全问题也逐渐凸显出来，如黑客攻击、病毒传播等威胁着网络的安全和稳定。

然而，尽管面临诸多挑战，早期计算机网络的发展仍然取得了显著的成果。它为人们提供了一种全新的信息交流方式，使得数据共享、远程协作等任务变得更加容易。同时，计算机网络的发展也推动了相关技术的进步和创新，为后续的互联网、物联网等技术的发展奠定了基础。

回顾早期计算机网络的发展历程，我们可以发现它不仅是信息技术领域的一次重大突破，更是人类社会进步的重要体现。它打破了信息孤岛的局面，使得人们能够更加便捷地获取、分享和利用信息。同时，它也促进了不同领域之间的交流和合作，推动了社会经济的发展和进步。

总之，早期计算机网络的发展为信息技术领域带来了深远的影响。它奠定了计算机网络技术的基础，为后续的技术创新和应用提供了有力的支持。虽然当时的网络技术和应用相对简单和有限，但它们为今天的互联网、物联网等技术的发展提供了宝贵的经验和启示。随着技术的不断进步和应用需求的日益增长，我们有理由相信未来的计算机网络将会更加先进、高效和智能化。

二、分组交换技术的发展

分组交换技术的发展，是计算机网络技术演进中的重要一环，为现代互联网的构建和运行奠定了坚实的基础。分组交换技术，也称为包交换技术，其核心思想是将用户传送的数据划分为一定长度的分组，每个分组通过传输网络进行独立的传输，从而实现信息的有效传递。

分组交换技术的起源可追溯到20世纪60年代，当时计算机网络技术尚处于萌芽阶段。随着计算机技术的快速发展，人们开始寻求一种更为高效、灵活的数据交换方式，以满足日益增长的信息传输需求。在这样的背景下，分组交换技术应运而生，并逐渐发展成为计算机网络通信的主流技术之一。

在分组交换技术的发展初期，其主要应用于ARPANET等实验性网络中。这些网络采用分组交换技术，将信息分割成多个小组，每个小组独立地在网络中传输，并在目的地重新组合。这种方式的优点在于，它充分利用了网络资源的动态复用特性，提高了网络传输的效率和可靠性。同时，分组交换技术还具有较好的差错检测和纠正能力，有效降低了网络传输中的误码率。

随着分组交换技术的不断发展，其应用领域逐渐扩大。在互联网、局域网、数据中心网络等各个领域，分组交换技术都发挥着重要作用。在互联网领域，TCP/IP协议族是分组交换技术的典型应用之一。它通过使用分组交换技术，实现了从端到端的可靠、灵活的通信服务，为互联网的快速发展提供了有力支持。

在分组交换技术的发展过程中，其技术特点也逐渐凸显出来。首先，分组交换技术具有多逻辑信道的能力，使得中继线的电路利用率得到显著提高。其次，分组交换技术能够实现不同码型、速率和规程之间的终端互通，增强了网络的兼容性和可扩展性。此外，分组交换技术还具有强大的网络管理功能，能够实现对网络资源的有效监控和管理。

然而，分组交换技术的发展并非一帆风顺。在其发展过程中，也面临着一些挑战和问题。例如，随着网络规模的不断扩大和数据量的急剧增长，如何进一步提高分组交换技术的传输效率和可靠性成为一个亟待解决的问题。此外，网络安全问题也日益突出，如何保障分组交换网络的安全性成为一个重要的研究方向。

为了应对这些挑战和问题，研究者们不断探索新的技术方法和手段。一方面，他们通过优化分组交换算法和协议，提高网络的传输效率和可靠性；另一方面，他们加强网络安全技术的研究和应用，保障网络的安全稳定运行。这些努力为分组交换技术的进一步发展奠定了坚实的基础。

当前，分组交换技术正处于一个快速发展的阶段。随着云计算、大数据、物联网等新兴技术的不断涌现和应用，分组交换技术面临着更多的机遇和挑战。未来，分组交换技术将继续在优化传输效率、提高网络安全性、支持新业务等方面进行深入研究和探索，为构建更加高效、安全、智能的计算机网络提供有力支持。

总之，分组交换技术的发展是计算机网络技术演进中的重要一环。它以其高效、灵活、可靠的特点，为现代互联网的构建和运行提供了坚实的基础。未来，随着技术的不断进步和应用需求的日益增长，我们有理由相信分组交换技术将继续发挥重要作用，推动计算机网络技术的不断发展和创新。

此外，分组交换技术还在促进各种业务融合、推动网络架构演进等方面发挥着重要作用。例如，在综合业务数字交换的发展过程中，分组交换技术为其提供了灵活、高效的数据传输方式，使得语音、数据、视频等多种业务能够在同一网络中实现融合传输。这种融合传输方式不仅提高了网络资源的利用率，还为用户提供了更加便捷、丰富的通信体验。

同时，分组交换技术还在推动网络架构的演进方面发挥着关键作用。随着网络技术的不断发展，网络架构也在不断演变和升级。分组交换技术以其灵活性和可扩展性，能够适应不同网络架构的需求，为网络架构的演进提供了有力支持。例如，在软件定义网络（SDN）和网络功能虚拟化（NFV）等新兴网络架构中，分组交换技术发挥着重要作用，推动了网络架构的灵活性和可编程性的提升。

三、互联网时代的兴起

互联网时代的兴起，无疑是 21 世纪最为显著的社会变革之一。它深刻地改变了人们的生产、生活、学习以及娱乐方式，重塑了世界的面貌。

互联网时代的兴起，离不开科技的飞速发展。自 20 世纪后半叶以来，计算机技术、通信技术以及信息技术的不断进步，为互联网的诞生和普及奠定了坚实的基础。特别是近年来，随着云计算、大数据、人工智能等前沿技术的崛起，互联网的功能和应用场景得到了极大地拓展，进一步推动了互联网时代的蓬勃发展。

互联网时代的兴起，也离不开全球化的推动。随着全球化进程的加速，世界各地的联系日益紧密，人们渴望打破地域限制，实现信息的自由流通和共享。互联网作为一种全球性的信息交流平台，正好满足了这一需求。通过互联网，人们可以轻松地获取世界各地的新闻、知识、文化等信息，也可以与他人进行实时交流，打破了传统地域限制，促进了全球文化的交流与融合。

互联网时代的兴起，给人们的生活带来了极大的便利。在信息获取方面，互联网使得人们能够随时随地获取所需的信息，无论是学习、工作还是生活，都变得更加便捷高效。在社交方面，互联网为人们提供了丰富的社交平台和工具，使得人们能够跨越地域限制，与亲朋好友保持紧密联系。在娱乐方面，互联网提供了丰富多彩的视频、音乐、游戏等娱乐内容，丰富了人们的业余生活。

然而，互联网时代的兴起也带来了一些挑战和问题。网络安全问题日益突出，个人信息泄露、网络诈骗等事件时有发生，给人们的网络安全带来了威胁。此外，互联网信息的泛滥和碎片化也导致人们难以分辨真伪，容易受到虚假信息的误导。同时，互联网的普及也加剧了数字鸿沟问题，使得一些地区和群体难以享受到互联网带来的便利。

面对这些挑战和问题，我们需要采取积极的措施来应对。首先，加强网络安全监管，完善相关法律法规，打击网络犯罪行为，保障人们的网络安全。其次，提高人们的网络素养和信息辨别能力，教育人们如何正确使用互联网，避免受到虚假信息的误导。同时，推动互联网技术的普及和发展，缩小数字鸿沟，让更多人能够享受到互联网带来的便利。

除了应对挑战和问题，我们还需要看到互联网时代带来的机遇。互联网时代为经济发展提供了新的动力。电子商务、在线教育、远程办公等新型业态蓬勃发展，为经济增长注入了新的活力。同时，互联网也为创新创业提供了广阔的平台，许多初创企业通过互联网实现了快速发展。此外，互联网还为文化传播和交流提供了便利，促进了不同文化之间的交流与融合。

在未来的发展中，互联网将继续发挥其重要作用。随着 5G、物联网、区块链等技术的不断发展，互联网的功能和应用场景将得到进一步拓展。未来，我们可以预见一个更加智能、更加便捷、更加开放的互联网时代将到来。在这个时代里，人们将能够享受到更加高效的信息获取、更加丰富的社交体验、更加个性化的娱乐生活。

四、未来网络技术的发展趋势

随着科技的不断进步和全球信息化的加速推进，网络技术作为信息时代的核心驱动力，正以前所未有的速度向前发展。未来，网络技术将呈现出更加智能化、高速化、安全化和融合化的发展趋势，深刻改变人们的生活方式和社会形态。

（一）智能化成为主导

未来网络技术的一个重要发展趋势是智能化。随着人工智能、大数据、云计算等技术的深度融合，网络将具备更强的自主学习、自我优化和智能决策能力。这意味着网络不仅能够自动适应各种复杂环境，还能根据用户的需求和行为进行智能调整和优化。

在智能化网络的推动下，各种智能应用将层出不穷。例如，智能家居将实现更加精准地控制和个性化的服务；智能交通将有效缓解拥堵和提高出行效率；智能医疗将实现远程诊疗和健康管理，提升医疗服务的可及性和质量。

（二）高速化推动发展

随着 5G、6G 等新一代通信技术的不断演进，网络速度将实现质的飞跃。未来网络技术将提供更加高速、低时延的数据传输服务，满足日益增长的数据处理和传输需求。

高速化网络将极大地推动物联网、云计算、大数据等技术的发展和应用。物联网设备将实现更加高效的互联互通，云计算和大数据处理将更加迅速和精准，从而推动各行业实现数字化转型和创新发展。

（三）安全性得到强化

网络安全一直是网络技术发展的重要议题。未来，随着网络技术的广泛应用和数据的不断增长，网络安全将面临更加严峻的挑战。因此，强化网络安全将成为未来网络技术发展的必然趋势。

一方面，网络安全技术将不断创新和升级，包括加密技术、入侵检测、防火墙等方面的突破和进步。这些技术将有效提升网络的安全防护能力，减少网络攻击和数据泄露的风险。

另一方面，网络安全管理也将得到加强。通过建立健全的网络安全法规和标准，加强网络安全教育和培训，增强网络用户的安全意识和技能，形成全社会共同维护网络安全的良好氛围。

（四）融合化成为趋势

未来网络技术还将呈现出融合化的发展趋势。随着各种网络技术的不断演进和相互渗透，传统的网络边界将逐渐模糊，各种网络将实现更加紧密地融合和协同。

一方面，固定网络和移动网络将实现深度融合。未来，无论是家庭、办公室还是户外场所，用户都可以享受到无缝衔接的高速网络服务。这将极大地提升用户的网络体验和应用场景。

另一方面，不同网络之间也将实现互联互通和资源共享。例如，物联网、工业互联网、车联网等不同领域的网络将实现互联互通，形成更加庞大的网络生态系统。这将有助于推动各行业之间的信息共享和业务协同，提高整体效率和创新能力。

（五）绿色节能成为新方向

随着全球气候变化和环境问题的日益严峻，绿色节能成为网络技术发展的新方向。未来网络技术将更加注重节能减排和可持续发展。

一方面，网络设备和系统将采用更加高效的能源管理技术和节能设计，减少能源消耗和碳排放。例如，采用更先进的芯片技术、优化网络协议和算法等方式，降低网络设备的功耗和散热量。

另一方面，网络技术还将推动各行业实现绿色数字化转型。通过提供高效的数据处理和传输服务，支持绿色能源和智能环保应用的发展，推动经济社会实现可持续发展。

第三节　计算机网络的基本组成与功能

一、计算机网络的基本组成

随着信息技术的迅猛发展，计算机网络已经深入社会生活的各个领域，成为现代社会不可或缺的基础设施。计算机网络硬件作为支撑网络运行的基础，其组成和性能直接影响到网络的稳定性、安全性和效率。

（一）计算机网络硬件

计算机网络硬件是指构成计算机网络的各种物理设备和设施，它们共同协作，实现数据的传输、处理和共享。计算机网络硬件的组成非常丰富，涵盖了从传输介质、网络设备到计算机系统等各个方面。

1. 传输介质

传输介质是计算机网络中用于连接各种设备的物理通道，负责将数据从一个结点传输到另一个结点。常见的传输介质包括双绞线、同轴电缆、光纤等。

除了上述常见的传输介质外，还有一些特殊的传输介质，如红外线、蓝牙、WiFi 等，它们各自具有不同的特点和应用场景。

2. 网络设备

网络设备是计算机网络中用于实现数据传输、控制和管理的关键设备。常见的网络设备包括网卡、交换机、路由器、调制解调器等。

除上述常见的网络设备外，还有一些特殊的设备，如中继器、网桥、集线器等，它们在网络中发挥着不同的作用，共同构建了一个完整、高效的计算机网络系统。

3. 计算机系统

计算机系统是计算机网络中的核心组成部分，包括服务器、工作站、终端等设备。这些设备负责处理网络中的数据、存储信息、运行应用程序等。服务器是网络中的核心设备，它提供了数据存储、共享和管理的功能，并为其他设备提供服务和支持。工作站和终端则是用户与网络进行交互的接口，用户可以通过它们访问网络资源、执行任务和操作数据。

随着技术的不断进步和应用场景的不断拓展，计算机网络硬件也在不断发展和创新。未来，我们可以期待更加高效、智能、安全的网络设备和传输介质的出现，为我们的生活和工作带来更加便捷和丰富的体验。同时，我们也需要关注网络安全和隐私保护等问题，确保计算机网络硬件的健康发展能够为社会带来更多的福祉和价值。

（二）计算机网络软件及网络协议

计算机网络软件，作为计算机网络运行的关键要素，负责管理和支持整个网络的正常运作。它不仅确保了网络中的数据传输和共享得以高效、安全地进行，还为网络用户提供了丰富多样的应用服务。

首先，我们需要明确计算机网络软件的主要功能。它主要包括通信支撑、网络服务支撑、网络应用支撑、网络应用以及网络管理等多个方面。这些功能共同协作，确保网络中的数据流动畅通无阻，同时为用户提供各种所需的服务。

通信支撑平台软件是计算机网络软件的基础组成部分。它负责监督和控制通信工作，确保数据的传输和交换能够顺利进行。这一软件在底层实现了网络通信的协议和规则，为上层应用提供了稳定的通信环境。

网络服务支撑平台软件则提供各种网络服务，如文件传输、电子邮件等。这些服务使得用户可以方便地进行信息交流和资源共享。网络服务支撑平台软件还具备较高的可扩展性和可定制性，可以根据用户的需求进行灵活地配置和调整。

网络应用支撑平台软件则用于支持网络应用程序的运行。这些应用程序包括浏览器、聊天工具等，为用户提供各种网络应用的功能和体验。网络应用支撑平台软件为这些应用程序提供了必要的运行环境和接口，确保了它们的稳定性和安全性。

网络应用系统是根据网络的组建目的和业务需求而开发或购置的应用系统。这些系统旨在实现网络总体规划所规定的各项业务，提供网络服务和资源共享。

例如，在线教育平台、电子商务网站等都是典型的网络应用系统。它们不仅提供了丰富的功能和服务，还为用户带来了便捷和高效的体验。

网络管理系统则负责整个网络的管理和监控。它可以监控和控制网络设备的运行状态和数据传输，确保网络的正常运行和安全性。网络管理系统还可以对网络性能进行分析和优化，提高网络的效率和稳定性。

除上述的主要组成部分外,计算机网络软件还包括一些辅助和支持性的软件。例如，数据库管理系统用于存储、管理和检索网络中的数据；中间件则位于操作系统和应用软件之间，为应用软件提供通用的服务和功能；网络协议则负责实现网络通信的协议和规则，确保不同系统之间能够可靠、有效地相互通信和合作。

此外，计算机网络软件还包括各种应用软件。这些软件是为了满足用户特定需求而开发的，可以直接为用户提供服务。例如，办公软件、图形图像处理软件、多媒体软件等都是常见的应用软件。它们不仅丰富了网络的功能和服务，还提高了用户的工作效率和生活质量。

二、计算机网络的功能

计算机网络作为现代信息技术的核心组成部分，其功能和应用已经深入我们生活的方方面面。它不仅改变了我们获取、处理和分享信息的方式，还极大地推动了社会、经济、文化等各个领域的进步。

首先，计算机网络的主要功能之一是资源共享。通过网络，不同计算机之间可以共享硬件、软件和数据资源。这种共享不仅提高了资源的利用率，还降低了成本。例如，在企业环境中，多台计算机可以通过网络共享打印机、扫描仪等外设，从而避免每个计算机都需要配备这些设备。此外，网络上的各种软件和数据库也可以被多个用户同时访问和使用，进一步提高了工作效率。

其次，计算机网络还具备数据通信的功能。通过网络，不同地理位置的计算机可以实时传输和交换数据。这种通信方式不仅快速、准确，而且可以实现远程办公、在线会议等应用场景。在全球化日益加强的今天，数据通信功能使得跨国企业能够实现无缝协作，提高了工作效率和竞争力。

此外，计算机网络还具有分布式处理的功能。这意味着网络中的多台计算机可以协同完成一项任务，从而提高处理速度和效率。这种分布式处理方式特别适用于处理大规模数据或复杂计算任务。例如，在科学研究领域，科学家们可以利用网络上的高性能计算机集群进行大规模的数据分析和模拟实验，从而加速研究进程。

除以上三个主要功能外，计算机网络还具备提高系统可靠性和可用性的功能。通过网络连接多个计算机和设备，可以形成冗余备份和容错机制，从而提高整个系统的稳定性和可靠性。同时，网络还提供了多种安全措施，如数据加密、访问控制等，以确保数据的安全和隐私。

三、计算机网络的应用

计算机网络已经渗透到我们生活的各个角落。

在教育领域，网络为我们提供了丰富的在线学习资源和学习平台，使得学习不再受时间和地点的限制。学生可以通过网络参加远程课程、在线考试等学习活动，教师可以利用网络进行远程授课、布置作业等教学活动。这种在线教育模式不仅提高了教育的普及率和质量，还促进了教育资源的均衡分配。

在娱乐方面，计算机网络为人们提供了丰富多彩的在线娱乐体验。人们可以通过网络观看电影、电视剧、综艺节目等视频内容，也可以通过网络进行在线游戏、社交活动等。这些娱乐方式不仅丰富了人们的业余生活，还加强了人与人之间的交流和互动。

在商务方面，计算机网络为企业提供了更加便捷和高效的商务模式。通过电子商务平台，企业可以开展在线销售、在线支付等商业活动，从而拓展销售渠道和降低运营成本。同时，企业还可以利用网络进行市场调研、客户关系管理等工作，以更好地了解市场需求和提高客户满意度。

此外，计算机网络还在科学研究、医疗卫生、政府管理等领域发挥着重要作用。科学家们可以利用网络进行远程实验和数据共享；医疗机构可以利用网络进行远程诊断和医疗资源共享；政府部门则可以利用网络进行政务公开和在线服务等工作。

总之，计算机网络的功能和应用广泛而深远。它为我们提供了更加便捷、高效和丰富的信息获取和处理方式，推动了社会各个领域的进步和发展。

第二章　网络通信原理

第一节　数据通信基本概念

一、数据通信的定义与特点

数据通信是通信技术和计算机技术相结合而产生的一种新的通信方式。在两地间传输信息时，通过传输信道将数据终端与计算机联结起来，实现不同地点的数据终端之间的软、硬件和信息资源的共享。数据通信的出现克服了时间和空间上的限制，使人们能够利用终端远程同时使用计算机，极大地提高了计算机的利用率，扩大了计算机的应用范围，并促进了通信技术的发展。

数据通信的主要特点体现在以下几个方面。

速度快。数字化信息传输相较于模拟信号传输具有更高的速度。数据传输的速率可以达到极高的水平，从几 Mbit/s 到几十 Gbit/s 不等，满足了现代社会对高速信息传输的需求。这种高速的数据传输特性使得数据通信在实时通信领域，如视频会议、在线游戏等方面有着广泛的应用。

容量大。数字化信息传输能够承载大量的信息，不受限于传输媒介的物理容量，能够舒适地服务于大范围的用户以及应对复杂的业务场景。这种大容量特性使得数据通信在大数据处理、云计算等领域发挥着重要作用。

精度高。数字信号具有高精度特性，传输过程中误差较少，能够确保数据传输的准确性。这种高精度特性使得数据通信在需要高精度数据传输的领域，如金融交易、科学研究等方面具有显著优势。

可靠性高。它通过各种手段确保数据的准确传输，如检错、重传等机制，有效地克服了信息传输过程中的错误和干扰，提高了数据传输的可靠性。这种高可靠性使得数据通信在需要稳定数据传输的应用场景，如远程医疗、工业自动化等领域得到广泛应用。

具有双向性和实时性。信息可以同时在两个方向上传输，使得通信双方能够实时互动。这种双向性和实时性特性使得数据通信在即时通信、在线协作等领域发挥着关键作用。

安全性高。它采用加密、认证等技术，确保数据在传输过程中的安全性，防止信息泄露和恶意攻击。这种安全性特性使得数据通信在处理敏感信息、保障用户隐私等方面具有重要价值。

网络覆盖广泛。从局域网、城域网到广域网，乃至全球互联网，数据通信使得数据传输无处不在，实现了信息的全球化共享。这种广泛的覆盖范围使得数据通信在跨国企业、国际组织等领域具有广泛的应用前景。

便捷性和经济性。它简化了信息传输过程，人们可以通过各种设备随时随地发送和接收信息，提高了生活和工作效率。同时，它降低了通信成本，相对于传统通信方式如邮政、电话等更为经济实惠。这种便捷性和经济性使得数据通信在日常生活和工作中的普及程度越来越高。

可扩展性强。数字化信息传输能够实现分组交换，允许多个设备通过一个信道进行通信，具有很强的可扩展性。这种可扩展性使得数据通信能够灵活应对不断变化的业务需求和技术发展。

二、数据通信的模式与原理

数据通信，作为现代信息技术的重要组成部分，实现了信息在不同地点之间的准确、高效传输。它利用电磁波、电子技术、光电子等手段，借助电信号或光信号，实现消息的有效传递或交换。在深入探究数据通信的模式与原理之前，我们首先需要理解数据通信的基本概念和组成要素。

（一）数据通信的基本概念

数据通信中的“数据”是信息的载体，而“通信”则是指信息的传递过程。数据通信涉及数据的发送、传输和接收，它要求发送方将数据转换为适合传输的格式，通过传输介质发送到接收方，接收方再将接收到的数据还原为原始信息。

在这个过程中，数据的格式、编码、调制、传输协议等都扮演着至关重要的角色。

（二）数据通信的模式

数据通信的模式主要分为单工通信、半双工通信和全双工通信三种。

单工通信。这种通信方式仅支持数据在一个方向上的传输，类似于无线电广播和电视广播。在这种模式下，发送方和接收方的角色是固定的，数据只能从一个方向流动。

半双工通信。这种通信方式允许数据在两个方向上传输，但在同一时刻，只允许数据在一个方向上传输。它实际上是一种可切换方向的单工通信。通信双方都可以发送信息，但不能同时发送和接收。这种方式通常用于计算机网络的非主干线路中。

全双工通信。全双工通信允许数据同时在两个方向上传输，即通信的双方可以同时发送和接收数据。这种通信方式主要用于计算机与计算机之间的通信，如现代电话通信中的全双工传送。

（三）数据通信的原理

数据通信的原理主要涉及信源与信宿、信道、信号的处理与传输。

信源与信宿。信源是数据的发送方，负责将数据转换为适合传输的格式；信宿是数据的接收方，负责将接收到的数据还原为原始信息。信源和信宿可以是计算机或其他数据终端设备。

信道。信道是信源和信宿之间建立的一条传送信号的物理通道。它可以是电缆、光纤、无线电波等。信道的质量直接影响数据传输的可靠性和效率。

信号的处理与传输。在数据通信中，数据需要经过编码、调制等处理，才能适合在信道中传输。编码是将数据转换为二进制代码的过程，调制则是将二进制代码转换为适合在信道中传输的信号。在接收端，需要进行解调、解码等操作，以还原原始数据。

（四）数据通信的传输方式

数据通信的传输方式主要包括并行传输和串行传输两种。

并行传输。并行传输是指数据以成组的方式，在多条并行信道上同时进行传输。这种方式可以提高数据传输的速率，但需要更多的传输线路和设备。

串行传输。串行传输则是将二进制代码在一条信道上以位（码元）为单位，按时间顺序逐位传输。这种方式虽然速度较慢，但只需一条传输信道，投资小，易于实现。

将在下一节详细介绍这两种传输方式。

（五）数据通信中的关键技术

在数据通信中，还涉及一些关键技术，如差错控制、流量控制、路由选择等。这些技术有助于确保数据传输的准确性和可靠性，提高网络性能。

差错控制技术通过添加冗余信息到数据中，使得接收方能够检测和纠正传输过程中出现的错误。流量控制技术则用于调节发送方和接收方之间的数据传输速率，以防止网络拥塞和数据丢失。路由选择技术则负责在复杂的网络环境中找到最佳的数据传输路径。

（六）数据通信的发展趋势

随着技术的不断进步和应用场景的不断拓展，数据通信也在不断发展和完善。未来，数据通信将更加注重高速、高效、安全等方面的性能提升，以满足日益增长的信息传输需求。同时，随着物联网、云计算、大数据等技术的快速发展，数据通信将在更多领域发挥重要作用，推动信息化、数字化进程的不断深入。

第二节　数据传输方式与技术

一、串行传输与并行传输

在数据通信领域中，数据的传输方式至关重要，它决定了数据传输的效率和可靠性。其中，串行传输和并行传输是两种基本且重要的数据传输方式。它们各自具有独特的特点和适用场景，并在不同的通信系统中发挥着关键作用。

（一）串行传输

串行传输，也称为串流传输或位传输，是一种将数据以位（bit）为单位，按照时间顺序逐位进行传输的方式。在串行传输中，数据从发送方逐位发送到接收方，每次只传输一个数据位。这种方式在硬件实现上相对简单，成本较低，因此广泛应用于各种通信系统和设备中。

1. 串行传输的主要优点

线路简单。串行传输只需一条数据线即可完成数据的传输，降低了硬件成本和复杂性。

传输距离远。由于串行传输采用逐位传输的方式，对信号的衰减和干扰具有一定的抵抗能力，因此可以实现较远的传输距离。

2. 串行传输的缺点

传输速度较慢。由于每次只传输一个数据位，因此相对于并行传输，串行传输的速率较低。

对同步要求较高。为了确保数据的准确传输，串行传输需要严格的时钟同步来控制数据的发送和接收。

为了克服串行传输速度较慢的问题，人们通常采用一些技术手段来提高传输效率，如使用高速串行接口、差分信号传输等。这些技术可以有效提升串行传输的速率和稳定性。

（二）并行传输

与串行传输不同，并行传输是一种将数据以字节或字为单位，在多条并行信道上同时进行传输的方式。在并行传输中，发送方将数据分为多个部分，并通过多条数据线同时发送给接收方。这种方式可以显著提高数据传输的速率，但也需要更多的硬件支持和复杂的布线。

1. 并行传输的主要优点

传输速度快。由于多条数据线同时传输数据，并行传输的速率远高于串行传输。

无须复杂的同步机制。由于每个数据线都传输数据的不同部分，因此无须严格的时钟同步。

2. 并行传输的缺点

线路复杂。并行传输需要多条数据线，导致硬件成本和布线复杂度增加。

传输距离受限。由于多条数据线之间的信号干扰和衰减问题，并行传输的传输距离相对较短。

随着技术的不断发展，并行传输也在不断改进和优化。例如，采用差分信号传输、优化布线设计等手段来降低信号干扰和衰减，从而提高并行传输的稳定性和可靠性。

（三）串行传输与并行传输的比较与选择

串行传输和并行传输各有其优缺点，适用于不同的应用场景。在选择使用哪种传输方式时，需要综合考虑多个因素。

首先，传输速度是一个重要的考虑因素。如果应用场景对数据传输速度要求较高，如高速数据传输系统、实时通信等，那么并行传输可能更为合适。因为并行传输可以同时传输多个数据位或字节，从而能显著提高传输速率。

其次，硬件成本和布线复杂度也是需要考虑的因素。串行传输只需一条数据线即可完成数据传输，因此硬件成本较低，布线也相对简单。而并行传输需要多条数据线，增加了硬件成本和布线复杂度。因此，在硬件成本受限或布线空间有限的情况下，串行传输可能更具优势。

此外，传输距离也是一个需要考虑的因素。由于串行传输对信号的衰减和干扰具有一定的抵抗能力，因此可以实现较远的传输距离。而并行传输由于多条数据线之间的信号干扰和衰减问题，传输距离相对较短。因此，在需要远距离传输数据的场景中，串行传输可能更为适用。

最后，还需要考虑数据的同步和稳定性要求。串行传输对同步要求较高，需要确保发送方和接收方的时钟同步。而并行传输则无须严格的时钟同步，但需要注意数据线之间的信号同步和稳定性问题。因此，在选择传输方式时，需要根据具体应用场景的需求来权衡这些因素。

二、同步传输与异步传输

在数据通信领域中，同步传输和异步传输是两种基本的数据传输方式，它们各自具有独特的特性和适用场景，并在不同的通信系统中发挥着重要作用。

（一）同步传输

同步传输是一种在发送方和接收方之间建立固定时钟频率的传输方式。在同步传输中，数据以块或帧为单位进行传输，每个数据块或帧都有固定的长度和格式。发送方和接收方通过共同的时钟信号来确保数据的准确发送和接收。

1. 同步传输的主要特点

高效率。由于数据以块或帧为单位进行传输，同步传输可以充分利用传输带宽，实现高速率的数据传输。

定时准确。同步传输依赖固定的时钟信号，因此数据的发送和接收都具有严格的定时要求，确保了数据的准确性和可靠性。

2. 同步传输的挑战和限制

复杂性。为了实现同步传输，发送方和接收方需要建立和维护共同的时钟信号，这增加了系统的复杂性和成本。

对时钟偏差的敏感性。如果发送方和接收方的时钟信号存在偏差，可能会导致数据的丢失或错误。

为了克服这些挑战，同步传输系统通常采用一些技术手段，如时钟恢复电路和缓冲器等，来确保时钟信号的准确性和稳定性。

（二）异步传输

与同步传输不同，异步传输不需要发送方和接收方之间建立固定的时钟频率。在异步传输中，每个字符或数据单元都以独立的起始和停止位进行标识，接收方根据这些标识来识别并接收数据。

1. 异步传输的主要特点

灵活性。异步传输不需要固定的时钟信号，因此可以适应不同速率的数据传输，具有更高的灵活性。

简化性。由于不需要建立和维护共同的时钟信号，异步传输系统的设计和实现相对简单，成本较低。

2. 异步传输存在的一些局限性

传输效率较低。由于每个字符或数据单元都需要额外的起始和停止位进行标识，这增加了数据的开销，降低了传输效率。

对噪声和干扰敏感。由于异步传输依赖字符之间的时间间隔来区分不同的字符，因此容易受到噪声和干扰的影响，导致数据错误。

为了提高异步传输的可靠性和稳定性，通常会采用一些技术手段，如奇偶校验、数据冗余等，来检测和纠正数据传输中的错误。

（三）同步传输与异步传输的比较与选择

同步传输和异步传输各有其优缺点，适用于不同的应用场景。在选择使用哪种传输方式时，需要综合考虑多个因素。

首先，数据传输效率是一个重要的考虑因素。如果应用场景对数据传输速率要求较高，且数据块或帧的长度较大，那么同步传输可能更为合适。因为同步传输可以充分利用传输带宽，实现高速率的数据传输。

其次，系统的复杂性和成本也是需要考虑的因素。异步传输系统相对简单，成本较低，适用于对成本敏感或需要简化设计的场景。而同步传输系统则需要建立和维护共同的时钟信号，增加了系统的复杂性和成本。

此外，数据的稳定性和可靠性也是选择传输方式时需要考虑的因素。同步传输通过固定的时钟信号来确保数据的准确发送和接收，因此在稳定性方面表现较好。而异步传输则容易受到噪声和干扰的影响，导致数据错误。因此，在对数据稳定性要求较高的场景中，同步传输可能更为合适。

最后，还需要考虑应用场景的具体需求。例如，在实时通信系统中，可能需要采用同步传输以确保数据的实时性和准确性；而在一些简单的数据交换场景中，异步传输可能更为合适。

同步传输和异步传输各有其特点和适用场景。在实际应用中，我们需要根据具体需求来选择合适的传输方式，以实现高效、稳定的数据传输。

三、基带传输与频带传输

在数字通信和模拟通信中，基带传输和频带传输是两种主要的数据传输方式。它们各自具有独特的传输特性和应用场景，并在不同的通信系统中发挥着重要作用。

（一）基带传输

基带传输是一种在数字通信系统中常用的数据传输方式。它指的是在信道中直接传送由数字信号变换来的低频脉冲信号。在基带传输中，数字信号经过编码后，以二进制脉冲序列的形式在信道中传输。这种传输方式通常用于短距离的数据传输，如计算机内部总线、局域网等。

1. 基带传输的主要特点

信道利用率高。基带传输直接传输数字信号，无须进行频率调制，因此信道利用率较高。

传输距离受限。由于基带传输的数字信号在传输过程中容易受到衰减和干扰的影响，因此其传输距离相对较短。

成本低廉。基带传输系统结构简单，无须复杂的调制和解调设备，因此成本较低。

2. 基带传输的适用场景

在这些场景中，基带传输可以充分利用信道带宽，实现高效的数据传输。

（二）频带传输

频带传输是一种在模拟通信系统中常用的数据传输方式。它指的是将基带信号变换为频带信号后再传输。在频带传输中，原始的数字信号首先被转换成模拟信号，然后通过调制器将模拟信号调制到特定的载波频率上，形成频带信号。频带信号在信道中传输后，再由解调器还原为原始的数字信号。

1. 频带传输的主要特点

传输距离长。频带传输通过调制技术将信号加载到高频载波上，提高了信号的抗干扰能力，因此可以实现长距离的数据传输。

传输容量大。频带传输可以利用不同的载波频率同时传输多个信号，从而实现多路复用，提高传输容量。

抗干扰能力强。频带传输中的调制技术可以有效抑制信道中的噪声和干扰，提高信号传输的可靠性。

2. 频带传输存在的一些局限性

首先，由于需要进行调制和解调操作，频带传输系统的复杂性和成本相对较高。其次，频带传输对信道带宽的要求较高，需要确保载波频率的可用性和稳定性。

3. 频带传输的适用场景

频带传输广泛应用于长距离、大容量、抗干扰能力强的通信系统中，如电话线路、广播电视、卫星通信等。在这些场景中，频带传输能够充分利用信道资源，实现稳定可靠的数据传输。

（三）基带传输与频带传输的比较与选择

基带传输和频带传输各有其优缺点，适用于不同的应用场景。在选择使用哪种传输方式时，需要综合考虑多个因素。

首先，传输距离和容量是选择传输方式的重要考虑因素。如果应用场景需要长距离、大容量的数据传输，那么频带传输可能更为合适。因为频带传输可以通过调制技术提高信号的抗干扰能力，实现长距离的稳定传输。而基带传输则更适用于短距离、高速率的数据传输场景。

其次，成本和复杂性也是需要考虑的因素。基带传输系统结构简单，成本较低，适用于对成本敏感或需要简化设计的场景。而频带传输系统则需要额外的调制和解调设备，增加了系统的复杂性和成本。

此外，信道的可用性和稳定性也是选择传输方式时需要考虑的因素。在某些情况下，可能只有特定的频带可供使用，这时就需要根据信道条件选择合适的传输方式。

基带传输和频带传输各有其特点和适用场景。在实际应用中，我们需要根据具体需求来选择合适的传输方式，以实现高效、稳定的数据传输。同时，随着技术的不断发展，新型的传输方式和技术也在不断涌现，我们需要持续关注和研究这些新技术，以更好地满足不断变化的通信需求。

四、数据编码技术

在数字通信系统中，数据编码技术是实现高效、可靠数据传输的关键环节。数据编码的主要目的是将原始数据转换成适合在信道中传输的形式，以提高数据的传输效率和抗干扰能力。

（一）数据编码技术概述

数据编码技术是将原始数据转换成特定格式的编码序列的过程。这种转换有助于减少数据传输中的错误，提高传输效率，并适应不同通信系统的需求。数据编码技术包括信源编码、信道编码及调制技术等。

信源编码主要用于减少数据的冗余度，提高信息的传输效率。它通过对原始数据进行压缩和编码，降低数据传输所需的带宽和存储空间。常见的信源编码技术包括霍夫曼编码、游程编码和算术编码等。

信道编码则关注如何在传输过程中保护数据免受噪声和干扰的影响。它通过在原始数据中添加冗余信息，使得接收端在接收到受损的数据时仍能够恢复原始信息。常见的信道编码技术有分组码、卷积码和 Turbo 码等。

调制技术则是将数据编码序列转换为适合在信道中传输的信号形式。它将数字信号转换为模拟信号，以便在模拟信道中进行传输。常见的调制方式包括振幅调制、频率调制和相位调制等。

（二）数据编码技术的分类与特点

数据编码技术可以根据不同的分类标准进行分类，以下是一些常见的分类方式及其特点。

线性编码与非线性编码。线性编码具有简单的编码和解码结构，适用于对性能要求不高的场景。非线性编码则具有更高的编码效率和性能，但实现复杂度较高。

分组码与卷积码。分组码将信息序列划分为固定长度的分组进行编码，每个分组独立进行编码和解码。卷积码则利用前后信息序列的相关性进行编码，具有更强的抗干扰能力。

差错控制编码。差错控制编码通过在数据中添加冗余信息，使得接收端能够检测和纠正传输过程中的错误。根据纠错能力的不同，差错控制编码可分为检错码和纠错码。

模拟调制与数字调制。模拟调制将数字信号转换为模拟信号进行传输，适用于模拟信道。数字调制则直接在数字信道中传输数字信号，具有更高的抗干扰能力和传输效率。

（三）数据编码技术在不同通信领域的应用

数据编码技术在各种通信领域中都发挥着重要作用。以下是一些典型的应用场景。

有线通信。在有线通信系统中，数据编码技术用于提高数据传输的可靠性和效率。例如，在光纤通信中，采用高效的信源编码和信道编码技术可以减少光信号的衰减和噪声干扰，提高通信质量。

无线通信。在无线通信系统中，数据编码技术对于抵抗信道中的干扰和噪声至关重要。通过采用适当的信道编码和调制技术，可以提高无线通信的抗干扰能力和传输距离。

数字存储与传输。在数字存储和传输系统中，数据编码技术用于实现数据的高效压缩和存储。通过信源编码技术，可以减少数据的冗余度，节省存储空间。同时，信道编码技术可以保护数据在传输过程中的完整性。

卫星通信。卫星通信系统中需要传输大量的数据，并且信道环境复杂多变。因此，采用高效的数据编码技术对于提高卫星通信的可靠性和传输效率具有重要意义。通过优化信道编码和调制方案，可以克服卫星通信中的信道衰落和干扰问题。

数据编码技术是数字通信系统中不可或缺的一部分，它对于提高数据传输效率、增强抗干扰能力以及优化通信性能具有重要意义。未来，会有更高效、更可靠的数据编码技术的出现，为各种通信应用提供更好地支持。

第三节　差错控制与流量控制

一、差错控制的原理与方法

在数字通信和网络传输中，差错控制是确保信息准确传递的关键环节。由于信道中的噪声、干扰和失真等因素，传输的数据可能产生错误。差错控制通过一系列技术和方法，检测和纠正这些错误，从而保障通信的可靠性。

（一）差错控制的原理

差错控制的原理基于在发送的数据中添加冗余信息，以便在接收端能够检测和纠正传输过程中产生的错误。这些冗余信息通常通过特定的编码方式添加到原始数据中，形成编码后的数据序列。接收端在接收到数据后，根据编码规则对数据进行解码和校验，从而发现并纠正错误。

差错控制的核心思想是通过在数据中引入一定的冗余度来提高传输的可靠性。虽然这会增加数据传输的开销，但能够显著降低错误率，确保信息的完整性和准确性。

（二）差错控制的方法

差错控制的方法多种多样，根据应用场景和需求的不同，可以选择适合的方法。以下是一些常见的差错控制方法。

1. 奇偶校验

奇偶校验是一种简单的差错控制方法，通过在数据序列中添加一个校验位来实现。校验位的值根据数据序列中 1 的个数是奇数还是偶数来确定。在接收端，通过检查接收到的数据序列中 1 的个数与校验位是否一致，可以判断数据是否发生了错误。

奇偶校验方法简单易实现，但只能检测出奇数个位的错误，对于偶数个位的错误无法检测。因此，其差错控制能力有限，通常用于对可靠性要求不高的场景。

2. 检错码

检错码是一种能够检测出数据错误的编码方法。常见的检错码包括循环冗余校验（CRC）码和海明码等。

CRC 码通过在数据序列末尾添加固定长度的校验码来实现差错检测。校验码是根据数据序列和预定的生成多项式计算得出的。在接收端，通过重新计算接收到的数据序列的 CRC 值并与发送端提供的 CRC 值进行比较，可以判断数据是否发生了错误。

海明码则是一种能够定位错误位置的检错码。它通过特定的编码规则将数据序列和校验位组合在一起，使得每个数据位和校验位都参与多个校验方程。当接收端检测到错误时，可以通过解析这些校验方程来确定错误发生的位置。

检错码相比奇偶校验具有更强的差错检测能力，能够检测出更多类型的错误。

然而，检错码通常只能检测错误而无法纠正错误，因此需要与其他方法结合使用以实现更可靠的通信。

3. 纠错码

纠错码是一种不仅能够检测错误还能够纠正错误的编码方法。常见的纠错码包括分组码和卷积码等。

分组码将数据序列划分为固定长度的分组,并为每个分组添加冗余的校验位。在接收端，通过解码算法对接收到的分组进行解码和校验，如果发现错误则根据编码规则进行纠正。

卷积码则是一种利用前后数据序列的相关性进行编码的纠错码。它通过在当前数据位上添加与前几位数据相关的校验位来实现差错控制。卷积码具有更强的纠错能力，但实现复杂度相对较高。

纠错码能够在检测到错误的同时对错误进行纠正,从而提高了通信的可靠性。然而，纠错码通常需要更多的冗余位来实现有效的纠错能力，因此会增加数据传输的开销。

（三）差错控制的优化与应用

在实际应用中，为了进一步提高差错控制的性能，可以采用一些优化措施。例如，通过调整编码方案的参数和算法，可以在保持一定纠错能力的同时降低冗余位的数量，从而减少数据传输的开销。此外，还可以结合其他技术如自动重传请求（ARQ）和前向纠错（FEC）等，实现更可靠的差错控制。

差错控制在各种通信和网络系统中具有广泛的应用。例如，在无线通信系统中，由于信道环境的复杂性和不稳定性，差错控制对于保障通信质量至关重要。通过采用合适的差错控制方法和技术，可以提高无线通信系统的抗干扰能力和传输效率。此外，在数据存储和传输系统中，差错控制也是确保数据完整性和可靠性的关键措施之一。

二、流量控制的机制与策略

在计算机网络通信中，流量控制是一个至关重要的环节。它确保数据在发送和接收之间能够有序、高效地传输，防止网络拥塞和数据丢失。

（一）流量控制的机制

流量控制机制的主要目标是管理网络中的数据流量，以确保网络资源的有效利用和数据的可靠传输。以下是几种常见的流量控制机制。

1. 缓冲机制

缓冲机制是流量控制中最基本的机制之一。在通信双方之间设置缓冲区，用于暂存待发送或已接收但尚未处理的数据。当发送方发送数据过快，接收方来不及处理时，数据可以暂时存储在缓冲区中，等待接收方处理。通过合理设置缓冲区的大小和管理策略，可以有效缓解网络拥塞，提高数据传输效率。

2. 滑动窗口机制

滑动窗口机制是一种更为精细的流量控制方法。它通过在发送方和接收方之间维护一个滑动窗口，来控制发送方可以发送的数据量。窗口的大小可以根据网络状况进行调整，以适应不同的传输需求。当接收方处理能力不足时，可以减小窗口大小，限制发送方的发送速度；反之，当网络状况良好时，可以增大窗口大小，提高数据传输速率。

3. 反馈机制

反馈机制是流量控制中不可或缺的一环。接收方通过向发送方发送反馈信息，告知其当前的接收能力和缓冲区状态。发送方根据这些信息调整发送速率，以确保数据不会因发送过快而丢失或造成网络拥塞。反馈机制的实时性和准确性对于流量控制的效果至关重要。

（二）流量控制的策略

流量控制的策略是根据具体应用场景和需求制定的，旨在实现网络资源的优化利用和数据传输的高效性。以下是一些常见的流量控制策略。

1. 基于速率的流量控制策略

基于速率的流量控制策略通过限制发送方的发送速率来控制网络中的数据流量。它可以根据网络带宽、延迟和丢包率等参数来设定合适的发送速率。这种策略简单易行，但可能无法适应网络状况的动态变化。

2. 基于优先级的流量控制策略

基于优先级的流量控制策略根据数据包的优先级来分配网络资源。高优先级的数据包可以获得更多的带宽和更低的延迟，从而确保关键业务的高效传输。这种策略适用于需要区分服务的网络环境，如多媒体传输、实时通信等。

3. 基于队列管理的流量控制策略

基于队列管理的流量控制策略通过在发送方和接收方设置队列来管理数据包的传输顺序。队列管理算法可以根据数据包的优先级、大小和到达时间等因素来调度数据包的发送和接收。这种策略可以实现对数据包传输的精细控制，提高网络资源的利用率。

4. 基于拥塞控制的流量控制策略

基于拥塞控制的流量控制策略旨在避免网络拥塞的发生。它通过监测网络状态、调整发送速率和窗口大小等方式来预防拥塞的发生。当网络出现拥塞时，可以采取拥塞避免、拥塞控制和拥塞恢复等措施来减轻拥塞程度，确保网络的稳定运行。

（三）流量控制的优化与应用

在实际应用中，为了进一步提高流量控制的性能，可以采用一些优化措施。例如，通过动态调整缓冲区大小、优化滑动窗口管理机制、提高反馈信息的准确性和实时性等手段，可以进一步提高流量控制的效率和稳定性。

此外，流量控制还可以结合其他网络技术来实现更高级别的优化。例如，与差错控制技术相结合，可以在保证数据传输可靠性的同时实现有效的流量控制；与路由算法相结合，可以根据网络拓扑和流量分布来优化数据包的传输路径，提高网络的吞吐量和传输效率。

通过合理的机制与策略设计，可以实现网络资源的优化利用和数据的高效传输。随着网络技术的不断发展和应用场景的不断拓展，流量控制机制与策略也将继续完善和创新。

第三章　网络体系结构

第一节　网络协议与网络层次

一、网络协议的定义与作用

在计算机网络中，网络协议扮演着至关重要的角色。它定义了数据在网络中传输的规则和方式，确保不同设备能够相互通信，共享信息和资源。

（一）网络协议的定义

网络协议，简而言之，就是网络中各实体间进行通信的一组规则的集合。这些规则规定了通信双方在信息交换或提供某种服务时必须遵循的约定和格式。网络协议通常包括语法、语义和同步三个要素。

语法。定义了通信双方交换信息的数据格式和结构，即数据的组织和表达方式。

语义。解释了通信双方所要完成的具体动作，即数据的含义和所表达的内容。

同步。明确了通信双方的定时关系，即何时进行通信以及如何响应。

网络协议可以看作是一种“语言”，使网络中的设备能够相互理解和交流。通过遵循共同的协议，不同厂商生产的设备可以无缝连接，实现信息的共享和传输。

（二）网络协议的作用

网络协议在计算机网络中发挥着至关重要的作用，主要体现在以下几个方面。

数据封装与解封装。网络协议定义了数据在不同网络层次之间的封装和解封装过程。在发送端，数据从高层协议向下层协议逐层封装，添加必要的控制信息；

在接收端，数据则从低层协议向上层协议逐层解封装，提取出原始数据。

错误检测与纠正。网络协议通常包含错误检测和纠正机制，以确保数据的完整性和准确性。通过添加校验和序列号等字段，协议可以检测并纠正传输过程中可能出现的错误。

流量控制与拥塞避免。网络协议通过实施流量控制和拥塞避免策略，确保网络资源的合理利用和数据的顺畅传输。流量控制机制可以防止发送方发送过多数据导致接收方缓冲区溢出，而拥塞避免策略则有助于减少网络拥塞的发生。

多路复用与分用。网络协议支持多路复用和分用技术，使得多个用户或应用可以共享同一网络资源。通过给每个用户或应用分配唯一的标识符（如 IP 地址和端口号），协议可以实现数据的正确传输和接收。

网络互联与互通。网络协议使得不同网络之间可以相互连接和通信。通过遵循统一的协议标准，不同网络可以实现信息的互通和资源共享。

（三）网络层次与网络协议的关系

计算机网络通常采用分层结构来组织和管理复杂的通信过程。这种分层结构将网络协议划分为不同的层次，每个层次负责完成特定的通信任务。各层次之间通过接口进行通信，上层协议依赖下层协议提供服务。

物理层。负责传输比特流，提供物理连接和电气特性。物理层协议定义了数据在物理介质上的传输方式和信号编码规则。

数据链路层。负责将数据封装成帧，并在发送方和接收方之间建立、维护和终止数据链路。数据链路层协议提供了流量控制、错误检测和纠正等功能。

网络层。负责将数据从源主机传输到目的主机，实现路由选择和分组转发。网络层协议定义了 IP 地址、路由算法和分组传输规则。

传输层。负责为应用层提供端到端的可靠数据传输服务。传输层协议包括 TCP 和 UDP 等，它们提供了流量控制、拥塞控制、差错控制和多路复用等功能。

应用层。负责为用户提供各种网络服务和应用程序。应用层协议包括 HTTP、FTP、SMTP 等，它们定义了数据格式和交互方式，使得用户可以通过网络进行文件传输、网页浏览和电子邮件发送等操作。

各层次的网络协议相互协作，共同实现了计算机网络中的信息传输和处理任务。每一层都依赖其下一层提供的服务，并为上一层提供服务。这种分层结构使得网络协议的设计和实现更加灵活和可扩展。

二、网络层次模型的引入

随着计算机网络的不断发展和普及，网络技术的复杂性和规模日益增大。为了有效管理和组织网络中的通信过程，网络层次模型应运而生。这一模型将复杂的网络通信过程划分为若干个相对独立的层次，每个层次负责完成特定的通信任务，从而简化了网络设计和实现的过程。

（一）网络层次模型的引入背景

早期的计算机网络通信过程往往是混乱且低效的，由于缺乏统一的标准和规范，不同设备之间的通信往往存在兼容性问题。为了解决这些问题，人们开始尝试制定统一的网络协议，以确保不同设备能够相互通信。然而，随着网络技术的不断发展，通信过程变得越来越复杂，单一的协议很难满足所有需求。因此，人们开始将网络通信过程划分为不同的层次，每个层次负责完成特定的通信任务，这就是网络层次模型的引入。

（二）网络层次模型的基本思想

网络层次模型的基本思想是将复杂的网络通信过程划分为若干个相对独立的层次，每个层次都有其特定的功能和协议。各层次之间通过接口进行通信，上层协议依赖下层协议提供服务。这种分层结构使得网络协议的设计和实现更加模块化和灵活，每个层次可以独立地进行开发和优化，而不影响其他层次。

（三）网络层次模型的主要作用

简化网络设计和实现。通过将复杂的网络通信过程划分为不同的层次，网络层次模型使得网络设计和实现变得更加简单和直观。每个层次都有其特定的功能和协议，开发人员可以专注于特定层次的设计和实现，而无须关心其他层次的细节。

提高网络的可扩展性和灵活性。网络层次模型使得网络协议的设计和实现更加模块化和灵活。当需要添加新的功能或修改现有功能时，只需在相应的层次上进行修改，而无须修改整个网络结构。这种模块化设计使得网络更加易于扩展和适应新的技术需求。

促进标准化和互操作性。网络层次模型为网络协议的制定提供了统一的标准和规范。通过遵循统一的层次结构和协议规范，不同厂商生产的设备可以无缝连接和通信，实现了网络的互操作性。这为用户提供了更加便捷和高效的网络服务体验。

（四）常见的网络层次模型

1. OSI 七层模型

OSI（open systems interconnection）七层模型是最早提出的网络层次模型之一，它将网络通信过程划分为物理层、数据链路层、网络层、传输层、会话层、表示层和应用层七个层次。每个层次都有其特定的功能和协议，共同实现了网络中的信息传输和处理任务。OSI 七层模型为网络协议的制定和实现提供了统一的标准和规范，促进了网络技术的发展和应用。

2. TCP/IP 四层模型

TCP/IP（transmission control protocol/internet protocol）四层模型是实际应用中广泛使用的网络层次模型。它将网络通信过程划分为网络接口层、网络层、传输层和应用层四个层次。与 OSI 七层模型相比，TCP/IP 四层模型更加简洁和实用，更适用于实际网络环境。TCP/IP 协议族中的许多协议都遵循这一层次结构，为互联网的发展和应用提供了坚实的基础。

网络层次模型的引入为网络通信提供了统一的标准和规范，简化了网络设计和实现的过程，提高了网络的可扩展性和灵活性，促进了网络的标准化和互操作性。在未来，随着网络技术的不断发展和应用需求的不断变化，网络层次模型将继续发挥重要作用，为网络技术的持续创新和发展提供有力支持。

第二节　OSI 参考模型与 TCP/IP 模型

一、OSI参考模型的结构与功能

OSI 参考模型，即开放系统互连参考模型，是由国际标准化组织（ISO）在 20 世纪 80 年代早期制定的一套普遍适用的规范集合。该模型为各种计算机互连构成网络提供了标准框架，使得全球范围内的计算机平台可进行开放式通信。OSI 参考模型是一个七层结构的体系模型，每一层都有其独特的功能和协议，以确保信息的准确、高效传输。以下是对 OSI 参考模型各层结构及其功能的详细阐述。

（一）物理层

物理层是 OSI 参考模型的最底层，负责传输比特流。它主要涉及物理电缆、接口、传输介质等硬件设备。物理层的主要功能包括定义传输数据的物理介质、传输方式以及数据表示方式等。它确保原始比特流能够在不同的网络结点之间准确无误地传输，为上层提供可靠的物理连接。

（二）数据链路层

数据链路层位于物理层之上，负责将比特流组装为帧，并进行可靠的传输。它主要关注如何在两个相邻结点之间无差错地传送数据帧。数据链路层通过实现差错控制和流量控制等功能，确保数据的完整性和有序性。此外，它还提供帧同步、透明传输、寻址等功能，以便在复杂的网络环境中准确地识别和传输数据。

（三）网络层

网络层是 OSI 参考模型中的核心层，负责实现不同网络之间的数据传输和路由选择。它主要关注如何将数据包从源地址路由到目的地址。网络层通过维护路由表、进行分组转发和拥塞控制等操作，确保数据包能够在网络中高效、准确地传输。此外，它还提供网络互联、分段和重组等功能，以适应不同网络之间的差异性。

（四）传输层

传输层位于网络层之上，负责实现可靠的数据传输和连接管理。它主要关注如何在源端和目的端之间建立可靠的通信连接，并确保数据的完整性和顺序性。传输层通过实现差错控制、流量控制、分段和重组等功能，确保数据在传输过程中的可靠性和高效性。此外，它还提供面向连接和无连接两种服务，以适应不同应用场景的需求。

（五）会话层

会话层负责管理网络中的会话。它建立、维护和终止不同主机间的会话连接，确保通信的持久性和可靠性。会话层通过同步对话双方的通信活动，如建立检查点、恢复通信等，以支持数据的可靠传输。此外，它还负责会话的认证和授权，确保只有合法的用户才能参与会话。

（六）表示层

表示层主要关注数据的表示和格式转换。它负责将上层数据转换为适合传输的格式，并进行加密和解密操作，以确保数据传输的安全性。此外，表示层还提供数据压缩和解压缩功能，以提高数据传输的效率。通过这些功能，表示层确保数据在不同系统之间能够准确、高效地传输。

（七）应用层

应用层是 OSI 参考模型的最高层，提供用户与网络的接口。它负责处理特定应用的数据，如电子邮件、文件传输等。应用层通过提供网络应用的接口和协议，如 HTTP、FTP 和 SMTP 等，使得用户能够方便地使用各种网络服务。此外，应用层还实现用户认证和授权等安全性功能，确保网络应用的安全性和可靠性。

OSI 参考模型通过其七层结构将复杂的网络通信过程划分为若干个相对独立的层次，每一层都完成特定的功能并遵循一定的协议。这种分层结构使得网络协议的设计和实现更加模块化和灵活，提高了网络的可扩展性和可维护性。同时，各层之间的接口和协议规范确保了不同厂商生产的设备能够无缝连接和通信，实现了网络的互操作性。

二、TCP/IP模型的结构与特点

TCP/IP 模型是互联网的基础通信模型，由一系列协议组成，旨在实现不同网络之间的互操作性。该模型不同于 OSI 参考模型的七层结构，而是将通信过程简化为四个主要层次。网络接口层、网络层、传输层和应用层。这种简化使得 TCP/IP 模型在实际应用中更加高效和灵活。以下是对 TCP/IP 模型各层结构及其特点的详细阐述。

（一）网络接口层

网络接口层是 TCP/IP 模型的最底层，负责处理与数据链路层和物理层相关的所有活动。该层将网络层传下来的 IP 数据包组装成帧，并通过特定的链路层协议在物理网络上进行传输。网络接口层还负责处理网络设备的驱动程序和硬件接口，以确保数据包能够在不同网络之间无缝传输。

网络接口层的特点在于其多样性和灵活性。由于不同的物理网络可能采用不同的链路层协议和硬件设备，网络接口层需要能够适应各种网络环境，并与这些环境进行无缝集成。此外，网络接口层还具备错误检测和纠正能力，以确保数据的准确性和完整性。

（二）网络层

网络层是 TCP/IP 模型中的核心层，负责将数据包从源地址路由到目的地址。该层主要关注 IP 的实现，包括 IP 地址的分配、路由选择、数据包的分段和重组等。网络层通过维护路由表，根据目标 IP 地址选择最佳路径，将数据包传递给下一跳路由器或目的主机。

网络层的特点在于其高效性和可扩展性。通过采用无连接的服务方式，网络层能够处理大量并发连接，实现高效的数据传输。同时，网络层还具备强大的路由选择能力，能够根据网络拓扑和流量情况动态调整路由路径，确保数据的快速传输。此外，网络层还支持多种网络协议和技术，如 IPv4、IPv6、ICMP 等，以适应不断变化的网络环境。

（三）传输层

传输层位于网络层之上，负责为应用程序提供可靠的端到端通信服务。该层主要关注数据的传输质量和效率，通过实现流量控制、差错控制等功能，确保数据的完整性和顺序性。传输层提供两种主要的服务。面向连接的 TCP 服务和无连接的 UDP 服务。

TCP 服务提供可靠的数据传输机制，通过建立连接、确认数据包、重传丢失的数据包等方式，确保数据的完整性和顺序性。这种服务方式适用于对数据传输可靠性和顺序性要求较高的应用场景，如文件传输、远程登录等。UDP 服务则提供无连接的数据传输机制，不保证数据包的顺序性和完整性，但具有更高的传输效率。这种服务方式适用于对实时性要求较高而对数据完整性要求相对较低的应用场景，如实时音视频传输、在线游戏等。

传输层的特点在于其灵活性和可靠性。通过提供多种服务方式和选项，传输层能够满足不同应用程序的需求。同时，传输层还具备强大的错误检测和纠正能力，能够在数据传输过程中发现并纠正错误，确保数据的准确性。

（四）应用层

应用层是 TCP/IP 模型的最高层，直接面向用户应用程序。该层负责处理特定应用的数据格式和通信协议，如 HTTP、FTP、SMTP 等。应用层通过提供统一的接口和协议规范，使得不同应用程序能够方便地进行通信和数据交换。

应用层的特点在于其多样性和开放性。由于不同的应用程序可能采用不同的通信协议和数据格式，应用层需要能够适应这种多样性，并提供相应的支持。同时，应用层还具备开放性，允许第三方开发人员根据需求定制和扩展应用程序，以满足不断变化的市场需求。

TCP/IP 模型通过其四层结构将复杂的网络通信过程划分为若干个相对独立的层次，每一层都完成特定的功能并遵循一定的协议。这种分层结构使得网络协议的设计和实现更加模块化和灵活，提高了网络的可扩展性和可维护性。同时，TCP/IP 模型还具有高效性、可靠性、灵活性和开放性等特点，使其在互联网领域得到广泛应用。

第三节　各层协议的功能与实现

一、物理层协议与功能

物理层协议与功能在TCP/IP模型中占据着举足轻重的地位。作为TCP/IP网络模型的最底层，物理层直接与传输介质交互，实现比特流的传输，为上层协议提供稳定的通信基础。

（一）物理层协议的功能

物理层的主要功能可以概括为以下几个方面。

数据的透明传输。物理层负责在发送方和接收方之间建立直接的物理连接，使得比特流能够无差错地传输。这要求物理层能够处理各种传输介质上的电气和机械特性，确保数据的完整性和准确性。

比特流的编码与解码。物理层需要将来自数据链路层的数据进行编码，转换为适合在传输介质上传输的信号。同时，在接收端，物理层还需要将这些信号解码，还原为原始的比特流。

同步与定时。物理层需要确保发送方和接收方之间的时钟同步，以便正确地识别比特流的开始和结束，以及每个比特的持续时间。

机械特性与电气特性的处理。物理层还需要处理与传输介质相关的机械特性和电气特性，如接口类型、信号电压和电流等，以确保不同设备之间的物理连接能够正确无误地对接和匹配。

（二）物理层协议的实现

物理层协议的实现涉及多个方面，以下是一些关键要素。

传输介质的选择与适配。物理层需要根据实际网络环境选择合适的传输介质，如光纤、同轴电缆或双绞线等。同时，物理层还需要适配不同的传输介质，确保信号能够在这些介质上稳定传输。

信号调制与解调。物理层采用调制技术将原始数据转换为适合在传输介质上传输的信号。这通常涉及将数字信号转换为模拟信号，以便在模拟介质上传输。在接收端，物理层采用解调技术将接收到的信号还原为原始数据。

差错控制。尽管物理层的主要目标是实现比特流的透明传输，但在实际传输过程中，由于各种原因（如噪声、干扰等）可能导致比特错误。因此，物理层还需要采用一定的差错控制技术，如奇偶校验、循环冗余校验等，来检测和纠正这些错误。

接口标准化。为了确保不同设备之间的物理连接能够正确无误地对接和匹配，物理层还需要制定统一的接口标准。这些标准规定了接口的类型、尺寸、引脚排列等机械特性，以及信号的电平、波形等电气特性。

（三）物理层协议的优化与发展

随着网络技术的不断发展，物理层协议也在不断优化和发展。以下是一些主要趋势。

高速化。随着数据传输速率的不断提升，物理层协议需要支持更高的传输速度，以满足日益增长的数据传输需求。

智能化。物理层协议正逐渐引入智能化技术，如自适应调制、自动增益控制等，以提高传输的可靠性和效率。

绿色化。在节能减排的背景下，物理层协议也在不断探索节能技术，如低功耗传输模式、节能唤醒机制等，以降低网络设备的能耗。

二、数据链路层协议与功能

数据链路层协议与功能在计算机网络中扮演着至关重要的角色。作为 TCP/IP 协议栈的第二层，数据链路层负责在物理层提供的服务基础上，实现数据帧的可靠传输，以及进行流量控制和差错控制。

（一）数据链路层的主要功能

数据链路层的主要功能包括以下几个方面。

帧同步。数据链路层将从物理层接收到的比特流划分为数据帧，以便在网络中进行传输。帧同步是指确定帧的起始和结束位置，以便接收端能够正确解析和提取数据。

差错控制。在数据传输过程中，由于物理层的特性或网络中的干扰，可能会出现比特错误。数据链路层通过采用差错控制机制，如循环冗余检验（CRC），检测和纠正这些错误，确保数据的完整性。

流量控制。为了避免发送方发送数据的速度过快导致接收方无法及时处理，数据链路层需要进行流量控制。通过控制发送方的发送速率，确保接收方能够及时处理接收到的数据。

访问控制。在共享介质网络中，多个设备需要竞争使用同一物理通道。数据链路层通过访问控制机制，如介质访问控制（MAC）协议，协调各个设备的发送顺序，确保公平、高效地利用网络资源。

（二）数据链路层协议的实现

数据链路层协议的实现涉及多个方面，以下是一些关键要素。

帧格式的定义。数据链路层协议需要定义数据帧的格式，包括帧的起始标志、目的地址、源地址、数据字段、帧检验序列（FCS）以及帧结束标志等。这些字段的定义有助于实现帧同步、差错控制和流量控制等功能。

差错控制机制的实现。数据链路层采用循环冗余校验（CRC）等差错控制机制来检测和纠正数据在传输过程中可能出现的错误。CRC 通过在数据字段后附加冗余校验码，使得接收方能够通过计算校验码来检测数据是否出错。如果出错，接收方可以要求发送方重传数据，以确保数据的准确性。

流量控制机制的实现。数据链路层通过滑动窗口机制等流量控制方法来实现对发送方发送速率的控制。滑动窗口机制允许接收方在确认接收到一定数量的数据帧后，向发送方发送一个确认信号，告知发送方可以继续发送下一个窗口大小的数据。通过这种方式，数据链路层能够确保接收方能够及时处理接收到的数据，避免数据丢失或拥塞。

访问控制机制的实现。在共享介质网络中，数据链路层采用介质访问控制（MAC）协议来协调各个设备的发送顺序。例如，以太网采用 CSMA/CD（载波侦听多路访问 / 碰撞检测）机制来避免数据帧在传输过程中的碰撞。当设备需要发送数据时，它首先侦听介质是否空闲；如果空闲，则发送数据；如果检测到碰撞，则设备会等待一段时间后再重新尝试发送。

（三）数据链路层协议的优化与发展

随着网络技术的不断进步和应用需求的不断增长，数据链路层协议也在不断优化和发展。以下是一些主要的优化与发展趋势。

高效性。为了提高数据传输效率，数据链路层协议不断优化帧格式和差错控制机制，减少冗余信息，降低传输开销。

安全性。随着网络安全问题的日益突出，数据链路层协议也在加强安全性方面的考虑。例如，通过加密和认证机制来保护数据帧的机密性和完整性，防止数据被非法截获或篡改。

智能化。数据链路层协议正逐渐引入智能化技术，如自适应流量控制、智能访问控制等，以适应不同网络环境和应用需求。

三、网络层协议与功能

网络层协议与功能在计算机网络体系中占据着核心地位，它负责实现不同网络之间的互联，确保数据包能够准确、高效地到达目的地。网络层协议不仅提供了路由选择、拥塞控制等关键功能，还通过实现各种协议来确保网络通信的可靠性和安全性。

（一）网络层的主要功能

网络层的主要功能包括以下几个方面。

路由选择。网络层负责根据目的地址选择合适的路径，将数据包从源主机传输到目的主机。路由选择算法会考虑网络拓扑、链路状态、流量负载等多种因素，以找到最优的传输路径。

拥塞控制。当网络中出现拥塞时，网络层需要采取措施来避免数据包丢失和延迟。拥塞控制机制包括流量控制、缓冲区管理、丢弃策略等，以确保网络资源的合理利用和数据的稳定传输。

分组转发。网络层将数据包封装成 IP 分组，并根据路由表将分组转发到下一个结点。每个结点都会根据分组的目的地址和路由表信息，将分组转发到正确的方向，直到分组到达目的地。

地址管理。网络层通过为每台主机分配唯一的 IP 地址，实现了网络中的地址管理。IP 地址不仅用于标识主机的身份，还用于路由选择和分组转发等过程。

（二）网络层协议的实现

网络层协议的实现涉及多个方面，以下是一些关键要素。

1. IP

IP 是网络层的核心协议，它定义了数据包的格式、地址编码方式以及路由选择等机制。IP 采用无连接的方式，即数据包在传输过程中不需要建立和维护连接状态。这使得 IP 具有较高的灵活性和可扩展性，适用于各种不同类型的网络。

2. 路由协议

路由协议用于实现路由选择功能，包括内部网关协议（IGP）和外部网关协议（EGP）。内部网关协议如 RIP、OSPF 等，用于在自治系统内部进行路由信息的交换和选择最优路径。外部网关协议如 BGP，用于在自治系统之间进行路由信息的传递和协调。

3. ICMP

ICMP 用于在 IP 主机和路由器之间传递控制消息，以报告网络层的错误或提供有关网络层操作的信息。例如，当数据包无法到达目的地时，ICMP 会发送一个错误消息给源主机，告知其数据包丢失的原因。

4. 多播和广播机制

网络层还支持多播和广播机制，使得数据包可以同时发送给多个目标主机或所有主机。多播允许发送者将数据包发送给一组特定的接收者，而广播则允许发送者将数据包发送给网络中的所有主机。这些机制在视频会议、在线游戏等应用中具有广泛的应用。

（三）网络层协议的优化与发展

随着网络技术的不断进步和应用需求的不断增长，网络层协议也在不断优化和发展。以下是一些主要的优化与发展趋势。

高效路由算法。为了提高路由选择的效率和准确性，网络层协议不断研究和引入新的路由算法。这些算法会考虑更多的网络状态信息、流量预测等因素，以找到更优的传输路径。

流量工程。流量工程是一种通过优化网络资源的分配和使用来提高网络性能的技术。网络层协议通过引入流量工程机制，可以更好地应对网络拥塞和流量波动等问题，提高网络的稳定性和可靠性。

安全性增强。随着网络安全问题的日益突出，网络层协议也在不断加强安全性方面的考虑。例如，通过加密和认证机制来保护路由信息的机密性和完整性，防止网络攻击和恶意篡改。

智能化网络管理。随着人工智能和大数据技术的发展，网络层协议正逐渐引入智能化网络管理机制。通过利用机器学习和数据分析技术，网络层协议可以实现对网络状态的实时监测和预测，以及自动化地进行路由选择和流量控制等操作。

四、传输层协议与功能

传输层协议与功能在计算机网络体系中占据着举足轻重的地位，它负责在源主机和目标主机之间提供可靠的数据传输服务。传输层协议不仅实现了端到端的通信，还通过一系列机制确保了数据传输的可靠性、有序性和安全性。

（一）传输层的主要功能

传输层的主要功能包括以下几个方面。

分段与重组。传输层将从应用层接收的数据分割成较小的段，并为其添加适当的头部信息，以便在网络中进行传输。在接收端，传输层会将这些段重新组合成完整的数据，并传递给应用层。这种分段与重组的机制有助于提高网络传输的效率和灵活性。

复用与分用。复用是指多个应用层进程可以同时使用同一个传输层协议进行通信。分用则是指传输层将收到的数据分发给相应的应用层进程。复用和分用机制使得不同应用之间可以共享网络资源，提高了网络资源的利用率。

流量控制。传输层通过控制发送方的发送速率，以防止接收方因缓冲区溢出而丢失数据。流量控制机制有助于确保数据的稳定传输，并防止网络拥塞的发生。

差错控制。传输层通过检测和纠正传输过程中出现的错误，确保数据的完整性和准确性。例如，传输层可以使用校验和、序列号等机制来检测和纠正数据中的错误。

连接管理。传输层负责建立、维护和终止端到端的连接。在建立连接时，传输层会进行握手过程以确认双方的通信参数和状态；在维护连接时，传输层会监控连接的状态并处理异常情况；在终止连接时，传输层会释放相关资源并通知对方。

（二）传输层协议的实现

传输层协议的实现涉及多个方面，以下是一些关键要素。

1. TCP

TCP（传输控制协议）是一种面向连接的、可靠的、基于字节流的传输层协议。它通过序列号、确认机制、重传机制等确保数据的可靠传输。TCP 还提供了流量控制、拥塞控制等功能，以适应不同网络环境和应用需求。

在 TCP 的实现中，发送方会将数据分割成多个 TCP 报文段，并为每个报文段添加头部信息。头部信息中包含了源端口号、目的端口号、序列号、确认号等关键信息。接收方在收到报文段后会根据头部信息进行相应的处理，如确认收到、请求重传等。

2. UDP

UDP（用户数据报协议）是一种无连接的、不可靠的传输层协议。它不提供流量控制、差错控制等机制，只负责将数据报从源主机发送到目的主机。UDP 具有简单、高效的特点，适用于对实时性要求较高但对数据完整性要求不高的应用场景，如视频流、音频流等。

在 UDP 的实现中，发送方会将数据封装成 UDP 数据报，并为其添加头部信息。头部信息中包含了源端口号、目的端口号、数据长度等关键信息。接收方在收到数据报后会根据头部信息进行相应的处理，如将数据传递给应用层等。

（三）传输层协议的优化与发展

随着网络技术的不断进步和应用需求的不断增长，传输层协议也在不断优化和发展。以下是一些主要的优化与发展趋势。

性能提升。为了提高传输性能，传输层协议不断引入新的技术和机制。例如，通过优化拥塞控制算法、减少协议开销等方式来提高数据传输的速率和效率。

安全性增强。随着网络安全问题的日益突出，传输层协议也在不断加强安全性方面的考虑。例如，通过加密机制来保护数据的机密性；通过身份认证和访问控制机制来防止未经授权的访问和攻击。

灵活性扩展。为了适应不同应用场景的需求，传输层协议需要具备一定的灵活性和可扩展性。例如，通过支持多种传输模式（如可靠传输、不可靠传输等）来满足不同应用的需求；通过提供可编程接口来支持自定义的传输策略和功能。

五、应用层协议与功能

应用层协议与功能在计算机网络中扮演着至关重要的角色，它们为各种网络应用提供了交互和通信的基础。应用层协议不仅定义了应用程序之间交换信息的格式和规则，还负责处理用户请求、实现数据编码与解码以及提供身份验证和加密等安全机制。

（一）应用层的主要功能

应用层协议的功能多种多样，以下是一些核心功能。

文件传输。应用层协议支持文件在网络中的传输，包括上传、下载以及文件共享等功能。这些协议通常提供了文件格式的转换、压缩和加密等特性，以满足不同应用场景的需求。

电子邮件服务。应用层协议还负责电子邮件的发送、接收和管理。它们定义了邮件的格式、编码方式以及传输机制，确保邮件能够准确、安全地传递到目的地。

远程登录与访问。应用层协议支持远程登录和访问功能，允许用户通过网络连接到远程服务器或计算机，执行各种操作和任务。这为用户提供了极大的便利性和灵活性。

网络管理与监控。应用层协议还提供了网络管理和监控功能，包括对网络设备的配置、性能监测以及故障排查等。这些功能有助于确保网络的稳定性和可靠性。

目录服务。应用层协议支持目录服务，用于在网络中查找和定位资源、用户和设备等信息。通过目录服务，用户可以轻松地找到所需的资源和服务。

（二）应用层协议的实现

应用层协议的实现涉及多个方面，包括协议规范、数据编码与解码、会话管理以及安全机制等。以下是一些关键要素。

协议规范。应用层协议的实现首先需要遵循相应的协议规范，包括消息格式、命令集以及交互流程等。这些规范确保了不同应用程序之间能够正确地理解和处理彼此发送的消息。

数据编码与解码。由于网络传输的是二进制数据，因此应用层协议需要对数据进行编码和解码。常见的编码方式包括 ASCII 编码、UTF-8 编码以及二进制编码等。解码过程则是将接收到的二进制数据转换回原始的消息格式。

会话管理。应用层协议还需要实现会话管理功能，以维护应用程序之间的通信状态。这包括建立会话、维护会话状态以及终止会话等操作。会话管理确保了双方能够按照约定的规则进行交互。

安全机制。为了保障网络通信的安全性，应用层协议通常包含一系列安全机制。这些机制包括身份验证、访问控制、数据加密以及消息完整性校验等。通过这些机制，应用层协议能够防止未经授权的访问、数据泄露以及恶意攻击等安全威胁。

（三）常见的应用层协议

在应用层协议的实现中，有许多常见的协议被广泛使用，以下是一些典型的例子。

1. HTTP

HTTP（超文本传输协议）是互联网上应用最为广泛的一种应用层协议。它用于在 Web 浏览器和 Web 服务器之间传输超文本页面和其他内容。HTTP 定义了请求和响应的格式以及交互流程，支持多种请求方法（如 GET、POST 等）和状态码（如 200、404 等）。

2. FTP

FTP（文件传输协议）用于在网络上进行文件的上传和下载。它提供了两种传输模式。ASCII 模式和二进制模式，以适应不同类型文件的传输需求。FTP 还支持匿名访问和权限控制等功能。

3. SMTP

SMTP（简单邮件传输协议）用于在电子邮件服务器之间传输电子邮件。它定义了邮件的格式和传输机制，确保邮件能够准确、可靠地传递到目的地。

SMTP 还支持身份验证和加密等安全特性。

4. DNS 协议

DNS（域名系统）协议用于将域名解析为 IP 地址。它允许用户通过易于记忆的域名来访问网络资源，而不是直接使用复杂的 IP 地址。DNS 协议在网络中扮演着至关重要的角色，为各种网络应用提供了便捷的域名解析服务。

（四）应用层协议的发展趋势

随着网络技术的不断发展和应用需求的不断增长，应用层协议也在不断创新和完善。未来，应用层协议的发展将呈现以下趋势。

智能化与自动化。随着人工智能和机器学习技术的不断发展，应用层协议将越来越注重智能化和自动化。它们将能够更好地理解用户的需求和行为模式，提供更加个性化和智能化的服务。

安全与隐私保护。随着网络安全威胁的不断增多和用户对隐私保护的关注度不断提高，应用层协议将更加注重安全和隐私保护。它们将采用更加先进的加密技术和身份验证机制，确保网络通信的安全性和用户的隐私权益。

跨平台与互操作性。为了适应不同设备和平台的需求，应用层协议将更加注重跨平台性和互操作性。它们将支持多种操作系统和设备类型，确保不同平台之间的无缝连接和协同工作。

第四章　网络设备与连接技术

第一节　网络传输介质

一、双绞线传输介质

双绞线，作为网络传输介质的一种，以其独特的物理特性和广泛的应用场景，在现代通信网络中占据了重要地位。

（一）双绞线的物理特性与结构

双绞线（twisted pair），是一种由两根具有绝缘保护层的铜导线按一定密度互相绞合而成的传输介质。这种独特的螺旋结构不仅有助于降低信号干扰，还使得双绞线成为综合布线工程中最常用的一种传输介质。双绞线一般由两根 22 ~ 26 号绝缘铜导线相互缠绕而成，其绝缘层能有效防止导线之间的电气干扰，保证信号传输的稳定性。

在双绞线电缆（也称双扭线电缆）内，不同线对具有不同的扭绞长度。这种设计有助于进一步减少电磁干扰，提高信号传输质量。相邻线对的扭绞长度也需保持在一定范围内，以确保信号传输的均匀性和稳定性。

（二）双绞线的传输特性

双绞线最普遍的应用是语音信号的模拟传输。在使用双绞线通过调制解调器传输模拟数据信号时，数据传输速率目前单向可达 56 kbit/s，双向可达 33.6 kbit/s。在 24 条音频通道的总数据传输速率可达 230 kbit/s。此外，双绞线也可用于发送数字数据信号，一般总的数据传输速率可达 2 Mbit/s。双绞线的应用场景包括小型局域网与家庭网络、传统电话网络等。

（三）双绞线的应用场景

1. 小型局域网与家庭网络

双绞线作为一种低成本、易于安装的传输介质，非常适用于小型局域网和家庭网络。在这些场景中，双绞线可以用于连接计算机、打印机、路由器等网络设备，实现设备之间的数据交换和通信。同时，双绞线也适用于家庭网络中的数据传输，如连接电视机、音响、游戏机等设备，为家庭娱乐和信息化生活提供便利。

2. 传统电话网络

在传统电话网络中，双绞线是最基础的传输介质之一。电话线路采用双绞线连接电话机和电话亭，实现语音通话功能。这种稳定性高、成本低的传输方式使得电话通信得以普及，成为人们日常生活中不可或缺的通信方式。

（四）双绞线的优势与局限性

双绞线的优势在于其低成本、易于安装和维护的特点。与同轴电缆和光纤等其他传输介质相比，双绞线的价格更为亲民，且安装过程相对简单，不需要特殊的工具和设备。此外，双绞线还具有良好的连通性和抗干扰性，在低频传输时其抗干扰能力相当于同轴电缆，能够满足一般网络传输的需求。

然而，双绞线也存在一定的局限性。首先，在高频传输时，双绞线的抗干扰能力会下降，容易受到外界电磁干扰的影响。其次，双绞线的传输距离相对有限，对于长距离、高速数据传输的应用场景，光纤等更高效的传输介质可能更为合适。

双绞线作为一种重要的网络传输介质，在现代通信网络中发挥着不可替代的作用。通过了解其物理特性、传输特性以及应用场景等方面的知识，我们可以更好地利用双绞线进行网络建设和维护，为信息化社会的发展提供有力支持。

二、同轴电缆传输介质

同轴电缆作为一种网络传输介质，以其独特的结构、优越的性能和广泛的应用领域，在通信领域中发挥着重要的作用。

（一）同轴电缆的结构与类型

同轴电缆由中心导体、绝缘层、网状编织屏蔽层以及外层护套组成。其中，中心导体负责传输信号，绝缘层用于隔离中心导体与屏蔽层，防止电气干扰。网状编织屏蔽层则用于减少电磁干扰，确保信号传输的稳定性。外层护套则起到保护电缆免受物理损伤和环境侵蚀的作用。

根据传输信号的不同，同轴电缆可分为基带同轴电缆和宽带同轴电缆两种类型。基带同轴电缆主要用于数字信号的传输，适用于计算机网络、数据传输等领域。宽带同轴电缆则主要用于模拟信号和视频信号的传输，广泛应用于广播电视、有线电视等领域。

（二）同轴电缆的性能特点

传输带宽高。同轴电缆具有较宽的传输带宽，能够支持高速数据传输和视频信号传输，满足现代通信网络的需求。

抗干扰能力强。同轴电缆的屏蔽层设计使其具有较强的抗干扰能力，能够有效减少电磁干扰对信号传输的影响，确保传输质量。

传输距离远。相比其他传输介质，同轴电缆具有更远的传输距离，能够满足大型网络布局和长距离通信的需求。

稳定性好。同轴电缆的物理结构使其具有较好的稳定性，不易受到外界环境的影响，能够保持长期的稳定传输。

（三）同轴电缆的应用场景

有线电视网络。同轴电缆在有线电视网络中应用广泛，用于传输电视节目和视频信号。其宽带特性和稳定性使得电视信号能够清晰、稳定地传输到用户家中，提供高质量的视听体验。

计算机网络。同轴电缆在早期的计算机网络中也有应用，特别是在以太网中。尽管现在光纤和双绞线已成为计算机网络的主流传输介质，但在某些特殊场景下，同轴电缆仍因其独特的性能特点而被使用。

监控系统。同轴电缆在监控系统中也发挥着重要作用。由于其传输距离远、稳定性好的特点，同轴电缆常被用于连接摄像头和监控中心，实现远程监控和视频传输。

电信网络。在电信网络中，同轴电缆可用于传输电话信号和其他电信业务。尽管现在光纤在电信网络中的应用越来越广泛，但在某些特定场景下，同轴电缆仍具有一定的应用价值。

（四）同轴电缆的局限性

尽管同轴电缆具有诸多优点，但在实际应用中也存在一些局限性。首先，同轴电缆的成本相对较高，尤其是在长距离和大规模部署时，成本问题更为突出。其次，同轴电缆的安装和维护相对复杂，需要专业人员进行操作。此外，随着光纤技术的不断发展，光纤在传输速度、带宽和抗干扰能力等方面具有明显优势，逐渐取代同轴电缆在某些领域的应用。

总之，同轴电缆作为一种重要的网络传输介质，在通信领域中发挥着举足轻重的作用。通过深入了解其结构、类型、性能特点和应用场景等方面的知识，我们可以更好地利用同轴电缆进行网络建设和维护，推动通信技术的不断发展和进步。

三、光纤传输介质

光纤传输介质作为现代通信领域的重要组成部分，以其独特的传输特性和广泛的应用场景，正逐渐改变着网络通信的面貌。

（一）光纤传输介质的基本原理

光纤传输介质的核心原理是利用光信号在光纤内部进行传输。光纤由纤芯、包层和护套三部分组成。纤芯是光信号传输的主要通道，其直径极小，通常只有几微米至几十微米。包层则包裹在纤芯外，其折射率略低于纤芯，确保光信号在纤芯内传播而不会泄漏到包层中。护套则起到保护光纤免受物理损伤和环境侵蚀的作用。

在光纤传输过程中，光信号通过激光器或发光二极管等设备产生，并通过调制技术将信息编码到光信号中。然后，光信号通过光纤进行传输，最终由光检测器接收并解码还原为原始信息。

（二）光纤传输介质的类型

根据传输模式的不同，光纤传输介质可分为单模光纤和多模光纤两种类型。

单模光纤是指光信号在光纤中只沿一条路径传输的光纤。其纤芯直径较小，通常只有几个微米，能够限制光信号在单一模式内传播。单模光纤具有传输距离远、带宽大、损耗小等优点，适用于长距离、大容量、高速率的网络通信。

多模光纤则允许光信号在光纤中沿多条路径传播。其纤芯直径较大，通常为 50 μm 或 62.5 μm，能够支持多个光信号模式同时传输。多模光纤具有成本低、安装维护简单等特点，广泛应用于局域网、接入网等短距离通信场景。

（三）光纤传输介质的性能特点

传输速度快。光纤传输介质利用光信号进行传输，其传输速度远高于传统电缆介质。光信号在光纤中的传播速度接近光速，使得光纤成为实现高速网络通信的理想选择。

传输容量大。光纤传输介质具有极宽的带宽，能够支持大量数据的并行传输。这使得光纤成为满足日益增长的数据传输需求的关键技术。

损耗低。光纤传输介质的损耗非常小，尤其是在长距离传输中，其损耗远低于传统电缆介质。这使得光纤能够在保证信号质量的同时，实现更远的传输距离。

抗干扰能力强。光纤传输介质不受电磁干扰的影响，因此其传输过程中不会受到外界电磁波的干扰。这使得光纤传输具有更高的稳定性和可靠性。

（四）光纤传输介质的应用场景

1. 长途通信骨干网

光纤传输介质以其高速、大容量、低损耗的特点，成为长途通信骨干网的首选传输介质。在长途通信中，光纤能够实现数百甚至数千公里的信号传输，为不同地区提供高质量、高速率的网络连接。

2. 城域网与接入网

在城域网和接入网领域，光纤传输介质同样发挥着重要作用。通过光纤到户（FTTH）等技术的应用，光纤能够将高速网络接入用户家中，为用户提供更加丰富的网络服务和应用体验。

3. 数据中心与云计算

随着数据中心和云计算技术的快速发展，对数据传输速度和容量的需求不断提高。光纤传输介质以其高性能特点，成为数据中心内部以及数据中心之间连接的关键技术。

4. 工业自动化与物联网

在工业自动化和物联网领域，光纤传输介质能够提供稳定、可靠的数据传输通道，支持各种智能设备和传感器的连接与通信。

随着通信技术的不断进步和应用需求的日益增长，光纤传输介质将继续朝着更高速度、更大容量、更低损耗的方向发展。同时，随着新型光纤材料和制造工艺的研发与应用，光纤传输介质的性能将得到进一步提升。此外，光纤与其他传输介质的融合与互补也将成为未来发展的重要趋势，以满足不同应用场景下的多样化需求。

四、无线传输介质

无线传输介质作为现代网络通信的重要组成部分，以其灵活、便捷和广泛的应用领域，正逐渐改变着人们的生活和工作方式。

（一）无线传输介质的基本原理

无线传输介质的基本原理是利用电磁波在空气中进行信号传输。电磁波是一种能量形式，可以在空间中传播而不需要物理连接。在无线传输过程中，发射设备将信息编码为电磁波信号，并通过天线将其发送到空气中。接收设备则通过天线接收这些电磁波信号，并将其解码还原为原始信息。

无线传输介质具有多种类型，包括无线电波、微波、红外线等。每种类型都有其独特的传输特性和适用场景。

（二）无线传输介质的类型

1. 无线电波传输

无线电波是无线传输中最常用的电磁波类型之一。它利用射频信号在空间中传播，可以实现长距离、广覆盖的通信。无线电波传输广泛应用于移动通信、广播、电视等领域。

2. 微波传输

微波是介于无线电波和红外线之间的一种电磁波类型。它具有较短的波长和较高的频率，能够实现高速、大容量的数据传输。微波传输常用于宽带无线通信、卫星通信等场景。

3. 红外线传输

红外线是一种波长比可见光稍长的电磁波类型。它利用红外光进行信号传输，具有传输速度快、安全性高等特点。红外线传输常用于近距离无线通信，如遥控器、红外传感器等。

（三）无线传输介质的性能特点

灵活性。无线传输介质摆脱了物理连接的束缚，使得设备之间的通信更加灵活自由。用户可以随时随地接入网络，实现无线通信和数据传输。

便捷性。无线传输介质不需要铺设线缆，避免了烦琐的安装和维护工作。同时，它也适用于那些难以布线或需要快速部署的场景。

可扩展性。无线传输介质可以方便地扩展网络覆盖范围，满足不断增长的用户需求。通过增加中继设备或调整传输参数，可以实现更广泛的网络覆盖和更高的数据传输速率。

（四）无线传输介质的应用场景

1. 移动通信

通过手机、平板计算机等移动设备，用户可以随时接入互联网，进行语音通话、数据传输和在线娱乐等活动。

2. 无线局域网（WLAN）

无线局域网利用无线传输介质实现设备之间的互联互通。在家庭、办公室、商场等场所，用户可以通过 Wi-Fi 等无线技术接入网络，享受高速、便捷的互联网服务。

3. 物联网（IoT）

物联网是指通过无线传输介质将各种智能设备连接起来，实现数据的收集、传输和处理。无线传输介质在物联网领域具有广泛的应用前景，可以支持智能家居、智能农业、智能城市等多个领域的发展。

4. 临时性网络部署

在临时性网络部署场景中，如大型活动、灾难救援等，无线传输介质能够迅速建立通信网络，提供必要的通信支持。

（五）无线传输介质的发展趋势

随着无线通信技术的不断发展和创新，无线传输介质将继续朝着更高速度、更大容量、更可靠的方向发展。以下是一些可能的发展趋势。

1.5G 及未来移动通信技术

随着 5G 技术的商用和推广，无线传输介质将实现更高的数据传输速率、更低的延迟和更广泛的覆盖范围。未来，随着 6G 等新一代移动通信技术的研发和应用，无线传输介质的性能将得到进一步提升。

2. 频谱共享与动态分配

随着无线通信设备的不断增加，频谱资源日益紧张。为了实现更高效的频谱利用，未来的无线传输介质将采用频谱共享和动态分配技术，提高频谱的利用率和网络的容量。

3. 安全性与隐私保护

随着无线通信的广泛应用，安全性和隐私保护成为越来越重要的问题。未来的无线传输介质将加强加密和认证技术，确保通信过程的安全可靠，并采取措施保护用户的隐私信息。

4. 融合与协同

无线传输介质将与有线传输介质以及其他通信技术进行融合与协同，形成更加完善、高效的通信网络。这种融合与协同将提高网络的整体性能，满足不同应用场景下的多样化需求。

总之，无线传输介质以其灵活、便捷和广泛的应用领域，在现代网络通信中发挥着重要作用。随着技术的不断进步和应用需求的不断增长，无线传输介质将继续发展和创新，为人们的生活和工作带来更多便利和可能性。

第二节　网络接口设备

一、网卡

随着信息技术的迅猛发展，网络已成为现代社会不可或缺的基础设施，而网卡作为连接计算机与网络的关键设备，发挥着至关重要的作用。

（一）网卡的定义与类型

网卡，全称为网络接口卡（network interface card，NIC），是计算机上的硬件设备，通常位于计算机的扩展槽上或集成在主板上。它允许计算机与网络进行物理连接，并负责将计算机中的数据转换成网络数据包并发送到网络上，同时接收并解析来自网络的数据包。

网卡有多种类型，以适应不同类型的网络连接需求。其中，以太网卡（Ethernet NIC）是最常见的一种，适用于有线以太网连接。此外，还有 Wi-Fi 适配器，用于实现 Wi-Fi 连接；调制解调器（modem）则用于拨号连接等场景。这些不同类型的网卡，使得计算机可以在各种网络环境中灵活地进行通信。

（二）网卡的功能

数据转换与处理。网卡具备将计算机内部的数据格式转换为适合网络传输的格式的能力。当计算机需要发送数据时，网卡将数据转换为网络可以识别的数据包；当网卡接收到网络数据包时，则将其解析为计算机可以识别的数据格式。

物理层连接。网卡通过其上的物理接口（如 RJ45 接口）与网络设备（如交换机、路由器等）相连，实现计算机与网络之间的物理层连接。这种连接确保了数据能够在计算机与网络之间顺畅地传输。

链路层通信。在数据链路层，网卡负责实现数据包的封装、解封装、发送和接收，以及错误检测和流量控制等功能。此外，通过 MAC 地址（media access control address）识别，网卡能够确保数据准确无误地传输到目标计算机。

网络协议支持。网卡支持多种网络协议，如 TCP/IP、IPX/SPX 等。这些协议使得计算机可以在不同的网络环境中进行通信，实现信息的共享和交换。

（三）网卡的选购

在选购网卡时，需要考虑多个因素以确保其满足实际需求。首先，根据计算机的连接方式（有线或无线）以及网络类型（以太网、Wi-Fi 等）选择适合的网卡类型。其次，关注网卡的速率和稳定性，以确保网络连接的畅通无阻。此外，还需要考虑网卡的兼容性，确保其与计算机的主板、操作系统以及其他网络设备能够良好地配合工作。

在市场上，网卡的品牌和型号众多，消费者可以通过查阅产品评测、用户评价等方式了解不同产品的性能和质量。同时，选择知名品牌的网卡通常更有保障，因为这些品牌通常拥有更先进的技术和更完善的售后服务。

（四）网卡的应用

网卡广泛应用于各种计算机和网络设备中，为网络通信提供了坚实的基础。在家庭、办公室、学校等场所，网卡使得计算机能够接入互联网，实现信息的获取、交流和共享。在企业网络中，网卡则扮演着连接各个部门和设备的桥梁，使得企业内部的通信更加高效和便捷。

此外，随着物联网、云计算等技术的不断发展，网卡在更多领域发挥着重要作用。例如，在智能家居领域，网卡使得各种智能设备能够相互连接并实现智能化控制；在工业自动化领域，网卡则实现了生产设备之间的数据交换和协同工作。

网卡作为连接计算机与网络的关键设备，在现代社会中发挥着不可或缺的作用。通过深入了解网卡的定义、类型、功能以及选购和应用等方面的知识，我们可以更好地利用网卡来实现高效、便捷的网络通信，推动信息技术的不断发展和创新。

二、中继器与集线器

在现代计算机网络中，中继器和集线器作为关键的网络接口设备，扮演着举足轻重的角色。它们不仅扩展了网络的覆盖范围，还提高了网络的可靠性和性能。

（一）中继器的定义与功能

中继器（repeater）是一种网络互联设备，它的主要作用是在网络信号传输过程中，对信号进行再生和放大，从而延长网络的传输距离。中继器通常用于连接两个或多个相同的局域网段，当信号在一个网段上传输到最远距离时，可以被中继器接收、放大并转发到另一个网段，从而实现信号的跨网段传输。

中继器的工作原理相对简单，它接收来自一个网段的信号，对其进行放大和再生，然后将处理后的信号发送到另一个网段。通过这种方式，中继器能够扩展网络的覆盖范围，使得网络能够覆盖更广阔的区域。

然而，中继器也存在一些局限性。首先，它只能工作在物理层，对接收的信号不进行任何错误检测，也不纠正信号中的任何错误。其次，中继器对数据的传输速率有一定的影响，因为它需要对信号进行再生和放大，这可能会导致信号延迟。

（二）集线器的定义与功能

集线器（hub）是一种多端口的中继器，它能够将多个计算机或其他设备连接到一个网络中。集线器工作在物理层，主要功能是将来自一个端口的信号广播到所有其他端口，实现设备之间的通信。

集线器的工作原理是，当接收到来自一个端口的信号时，它会将信号广播到所有其他端口。这样，所有连接到集线器的设备都能够接收到这个信号。这种广播机制使得集线器能够方便地将多个设备连接在一起，形成一个局域网。

集线器与中继器相比，具有更多的端口和更强大的功能。它不仅可以扩展网络的覆盖范围，还可以提供更多的连接选项，使得更多的设备能够接入网络。集线器还可以通过级联的方式连接多个集线器，从而构建更大规模的网络。

然而，集线器也存在一些缺点。首先，由于它采用广播机制，当网络中的数据量较大时，容易发生碰撞和冲突，导致网络性能下降。其次，集线器没有提供任何形式的错误检测和纠正功能，因此无法确保数据传输的可靠性。

（三）中继器与集线器的优缺点比较

中继器和集线器作为网络接口设备，各自具有独特的优缺点。

中继器的优点在于能够扩展网络的覆盖范围，使得网络能够覆盖更广阔的区域。同时，它还可以提高网络的可靠性，通过再生和放大信号来确保信号的稳定传输。然而，中继器只能工作在物理层，无法对信号进行错误检测和纠正，且对数据传输速率有一定影响。

集线器的优点在于能够连接多个设备，形成一个局域网，并提供更多的连接选项。通过级联多个集线器，可以构建更大规模的网络。然而，集线器采用广播机制，容易导致网络碰撞和冲突，影响网络性能。此外，集线器也无法提供错误检测和纠正功能。

（四）中继器与集线器在实际网络中的应用

在实际网络中，中继器和集线器各自扮演着重要的角色。中继器常用于扩展网络的覆盖范围，特别是在需要覆盖较长距离或跨越不同物理介质的场景中。例如，在大型校园网络或企业网络中，中继器可以帮助将不同楼层的局域网段连接在一起，实现整个网络的互联互通。

而集线器则更多地应用于小型局域网中，如家庭网络、办公室网络等。通过集线器，可以将多台计算机、打印机等设备连接在一起，形成一个共享资源的局域网。此外，集线器还可以与其他网络设备（如路由器、交换机等）配合使用，构建更复杂的网络拓扑结构。

中继器和集线器作为网络接口设备，在现代计算机网络中发挥着不可或缺的作用。它们通过扩展网络覆盖范围、提供更多连接选项以及构建更复杂的网络拓扑结构，为网络的高效、稳定运行提供了有力支持。然而，在实际应用中，我们也需要根据网络的具体需求和特点来选择合适的设备，以充分发挥其优势并避免潜在的问题。

三、调制解调器

在现代通信网络中，调制解调器作为一种关键的网络接口设备，扮演着将数字信号与模拟信号进行转换的重要角色。它使得计算机等设备能够通过电话线、光纤等传输介质与其他网络设备进行通信，从而实现数据的传输和共享。

（一）调制解调器的定义与工作原理

调制解调器，简称“猫”（modem），是一种能够实现数字信号与模拟信号相互转换的设备。在发送端，调制器将数字信号转换为模拟信号，以适应模拟传输介质的特性；在接收端，解调器则将接收到的模拟信号转换回数字信号，以供计算机等设备进行处理。

调制解调器的工作原理基于调制与解调技术。调制是将信息编码到载波信号的过程，使得载波信号的某些参数（如频率、振幅、相位等）随信息的变化而变化。解调则是调制的逆过程，即从已调制的载波信号中提取出原始信息。通过调制与解调，调制解调器能够实现数字信号与模拟信号之间的转换，从而实现数据的传输。

（二）调制解调器的功能特点

调制解调器具有以下功能特点。

信号转换。调制解调器能够将数字信号转换为模拟信号，以及将模拟信号转换回数字信号，实现不同信号类型之间的转换。

数据传输。通过调制解调器，计算机等设备可以通过电话线、光纤等传输介质与其他网络设备进行通信，实现数据的传输和共享。

速率适配。调制解调器能够根据传输介质的特性调整数据传输速率，以适应不同网络环境和应用需求。

错误检测与纠正。一些高级的调制解调器具有错误检测和纠正功能，能够发现并纠正传输过程中的错误数据，提高数据传输的可靠性。

（三）调制解调器在实际网络中的应用

调制解调器在实际网络中具有广泛的应用。以下是一些常见的应用场景。

家庭互联网接入。通过电缆调制解调器或光纤调制解调器，家庭用户可以接入互联网，享受高速上网、在线视频、在线游戏等应用。

企业网络通信。在企业网络中，调制解调器可用于实现远程办公、视频会议、数据传输等功能，提高企业的通信效率和协作能力。

远程教育与医疗。通过调制解调器，教育机构和医疗机构可以实现远程教学和远程医疗咨询，打破地域限制，提高服务质量和效率。

物联网应用。在物联网领域，调制解调器可用于连接各种智能设备，实现数据的采集、传输和处理，推动智能化应用的发展。

调制解调器作为现代通信网络中的关键设备，在数字信号与模拟信号的转换中发挥着重要作用。通过不同类型的调制解调器，我们可以实现各种网络应用，如家庭互联网接入、企业网络通信、远程教育与医疗以及物联网应用等。

第三节　网络交换与路由设备

一、交换机

在现代网络通信体系中，交换机作为一种核心的网络交换与路由设备，扮演着至关重要的角色。它负责在网络结点之间高效地转发数据，为网络的稳定运行提供了坚实的支撑。

（一）交换机的定义与概述

交换机（switch）是局域网（LAN）中最常用的网络设备之一，它工作在 OSI 模型的数据链路层（第二层）。交换机的主要作用是根据数据帧中的 MAC 地址信息，将数据包从一个端口转发到另一个端口，以实现局域网内部各设备之间的高效通信。

（二）交换机的功能与特点

地址学习。交换机通过监听网络上传输的数据帧，自动学习并记录每个设备的 MAC 地址与端口的对应关系，建立 MAC 地址表。

数据转发。当交换机接收到一个数据帧时，它会查看帧的 MAC 地址，并在 MAC 地址表中查找对应的端口。如果找到匹配项，则直接将数据帧转发到该端口；如果未找到，则可能采用广播或泛洪的方式将数据帧发送到除接收端口以外的所有端口。

避免广播风暴。通过智能地转发数据帧，交换机能够显著减少不必要的广播流量，避免广播风暴的发生。

VLAN（虚拟局域网）支持。现代交换机支持 VLAN 技术，可以将一个物理网络划分为多个逻辑上独立的虚拟网络，提高网络的安全性和灵活性。

（三）交换机的工作原理

交换机的工作原理主要基于数据链路层的转发决策和地址学习机制。当交换机接收到一个数据帧时，它会首先对数据帧进行解析，提取出源 MAC 地址和目的 MAC 地址等关键信息。然后，交换机会根据其内部的地址表（通常称为转发表或 CAM 表）来查找目的 MAC 地址对应的端口。如果找到了匹配的条目，交换机就会直接将数据帧转发到对应的端口；如果没有找到匹配的条目，交换机则会采用广播的方式将数据帧发送到除接收端口外的所有端口，以便找到目的设备。

在转发数据的同时，交换机还会不断更新其地址表。每当交换机从某个端口接收到一个数据帧时，它都会将源 MAC 地址与该端口进行关联，并更新到地址表中。这样，当后续有针对该源 MAC 地址的数据帧到达时，交换机就能够快速地进行转发，而无须再次进行广播。

此外，交换机还采用了多种优化机制来提高转发效率和网络性能。例如，交换机支持全双工通信模式，允许数据在发送和接收方向上同时进行传输，从而提高了带宽利用率。同时，交换机还采用了流量控制机制，通过监测网络流量并调整转发速率，避免了网络拥塞和数据丢失。

（四）交换机的类型

根据不同的分类标准和应用场景，交换机可分为多种类型。以下是一些常见的交换机类型。

以太网交换机。以太网交换机是最常见和广泛应用的一种交换机类型。它主要用于连接以太网设备，如计算机、服务器等，实现数据的高速传输和共享。以太网交换机支持多种速率和接口类型，可根据实际需求进行灵活配置。

光纤交换机。光纤交换机采用光纤作为传输介质，具有传输距离远、带宽高、抗干扰能力强等优点。它通常用于连接大型网络或需要高速数据传输的场景，如数据中心、云计算平台等。

堆叠式交换机。堆叠式交换机允许多台交换机通过堆叠线缆连接在一起，形成一个逻辑上的整体。这种方式可以简化网络管理，提高网络的可靠性和灵活性。同时，堆叠式交换机还可以实现端口扩展和性能提升，满足大型网络的需求。

模块化交换机。模块化交换机是一种可扩展性强的交换机类型。它允许用户根据实际需求添加或删除模块，如端口模块、处理模块等，从而灵活地调整交换机的功能和性能。模块化交换机通常用于大型网络或需要高度定制化的场景。

（五）交换机在实际网络中的应用

交换机在实际网络中的应用非常广泛。无论是家庭网络、企业网络还是大型数据中心，交换机都发挥着重要的作用。以下是一些具体的应用场景。

家庭网络。在家庭网络中，交换机通常用于连接多台计算机、智能电视、游戏机等设备，实现设备之间的数据共享和互通。通过交换机，家庭成员可以方便地访问互联网、共享文件、进行在线游戏等。

企业网络。在企业网络中，交换机扮演着连接各个部门和设备的桥梁角色。通过交换机，企业可以实现内部网络的互联互通，提高员工之间的协作效率。交换机还可以与路由器等设备配合，实现远程办公、视频会议等高级功能。

数据中心。在数据中心中，交换机通常用于构建高性能的网络架构，以支撑云计算、大数据等应用的运行。数据中心交换机需要具备高速转发、低延迟、高可靠性等特点，以确保数据的快速传输和处理。

交换机作为现代网络通信体系中的关键设备，其工作原理和类型的多样性为网络的稳定运行和高效传输提供了有力支持。通过对交换机工作原理的深入了解和对不同类型交换机的比较分析，我们可以更好地选择和应用交换机，以满足不同场景下的网络需求。

二、路由器

在当今数字化快速发展的时代，网络交换与路由设备成为构建现代通信网络的基石。其中，路由器作为关键的网络设备，其工作原理和功能对于确保网络的稳定运行和高效数据传输起着至关重要的作用。

（一）路由器的定义与概述

路由器（router）是连接不同网络的桥梁，它工作在 OSI 模型的网络层（第三层）。路由器的主要功能是根据数据包中的 IP 地址信息，选择最佳的路径将数据包从一个网络转发到另一个网络，实现跨网络的通信。

（二）路由器的工作原理

路由器是网络层的一种互联设备，其核心作用在于实现不同网络之间的连接和数据传输。其工作原理主要基于网络层的路由选择和转发机制。

首先，路由器在接收到数据包后，会对其进行解析，提取出源 IP 地址和目的 IP 地址等关键信息。然后，路由器会根据其内部的路由表来确定数据包的最佳传输路径。路由表通常包含了网络中各个结点之间的连接信息和最佳路径选择算法，路由器会根据这些信息来进行路由决策。

一旦确定了最佳路径，路由器就会对数据包进行封装，并通过选定的路径将其转发到下一个网络结点。这个过程涉及数据包的封装、转发和解封装等多个步骤，以确保数据包能够准确地到达目的地。

此外，路由器还具备动态路由协议的功能，可以与其他路由器进行通信，实时更新路由表信息，以适应网络拓扑结构的变化。这种动态路由协议可以确保路由器在面对网络故障或变化时能够迅速做出调整，保证网络的连通性和稳定性。

（三）路由器的功能

路由器在网络通信中扮演着至关重要的角色，其功能主要体现在以下几个方面。

路由功能。路由器能够根据路由表信息，选择最佳路径，实现数据包在不同网络之间的传输。这种路由功能使得不同网络之间能够实现互联互通，为数据的跨网络传输提供了可能。

转发功能。路由器能够将接收到的数据包转发到下一个网络结点，确保数据包能够按照预定的路径到达目的地。这种转发功能需要路由器具备高速转发能力和强大的处理能力，以应对大量数据包的传输需求。

网络隔离与防护功能。路由器可以将网络划分为不同的逻辑子网，实现网络的隔离和防护。通过配置访问控制列表和安全策略，路由器可以限制不同子网之间的通信，防止非法访问和攻击行为的发生。

地址转换功能。路由器可以实现网络地址转换（NAT），将私有 IP 地址转换为公网 IP 地址，使得内部网络可以接入互联网。同时，NAT 功能还可以有效节约公网 IP 地址资源，提高网络的安全性。

负载均衡与流量控制功能。路由器可以根据网络流量和负载情况，对数据包进行负载均衡处理，确保网络的稳定性和高效性。此外，路由器还可以通过流量控制机制，限制特定用户的带宽使用，防止网络拥塞和恶意攻击。

（四）路由器的应用场景

路由器在实际应用中，具有广泛的应用场景。以下是一些典型的应用案例。

家庭网络。在家庭网络中，路由器作为连接互联网的关键设备，可以实现家庭内部设备（如计算机、手机、智能电视等）的上网功能。同时，路由器还可以提供无线 Wi-Fi 信号，方便家庭成员随时随地进行网络连接。

企业网络。在企业网络中，路由器扮演着连接内部网络和外部网络的重要角色。通过配置路由协议和安全策略，路由器可以确保企业网络的连通性和安全性，同时提供高效的数据传输服务。

数据中心。在数据中心环境中，路由器需要支持高速、大容量的数据传输，以满足云计算、大数据等应用的需求。此外，数据中心路由器还需要具备高可用性和高可靠性，以确保数据中心的稳定运行和业务的连续性。

路由器作为网络交换与路由设备的重要组成部分，其工作原理和功能对于构建稳定、高效的网络环境具有重要意义。通过深入理解路由器的工作原理和功能，我们可以更好地选择和配置路由器设备，以满足不同应用场景下的网络需求。

三、交换机与路由器的比较与选择

在构建现代通信网络的过程中，交换机与路由器作为网络交换与路由设备的核心组件，各自扮演着至关重要的角色。交换机主要负责局域网（LAN）内的数据交换，而路由器则专注于不同网络之间的连接和数据传输。两者在功能、应用场景以及性能特点上存在差异，因此，在选择时需要根据实际需求和网络环境进行权衡。

（一）功能比较

交换机作为数据链路层的设备，其核心功能在于实现局域网内数据的快速交换。交换机通过 MAC 地址学习机制，建立和维护 MAC 地址表，从而实现数据帧的准确转发。交换机支持多端口并发传输，能够显著提高网络带宽利用率，降低网络拥塞的可能性。

路由器则工作在网络层，负责不同网络之间的连接和数据传输。路由器通过路由表来确定数据包的最佳传输路径，实现跨网络的数据转发。此外，路由器还具有网络隔离、地址转换、负载均衡等功能，能够提供更全面的网络管理和安全防护。

（二）性能特点

交换机在性能上主要关注转发速率和端口密度。高速交换机能够提供线速转发能力，确保局域网内数据的快速传输。同时，交换机支持多端口连接，能够轻松应对大量设备的接入需求。

路由器在性能方面则更注重路由处理能力、吞吐量和延迟等指标。高性能路由器能够处理复杂的路由协议和大量数据包的转发，确保网络连接的稳定性和高效性。此外，路由器还具备强大的网络管理和维护功能，有助于提升网络的可靠性和安全性。

（三）应用场景

交换机主要适用于局域网内的数据交换和通信。在中小型企业和家庭网络中，交换机作为核心交换设备，能够提供稳定的网络连接和高速的数据传输服务。此外，交换机还支持 VLAN 划分和端口隔离等功能，有助于提升网络的安全性和管理性。

路由器则广泛应用于不同网络之间的连接和数据传输。在企业网络中，路由器用于连接内部网络和外部网络（如互联网），实现远程访问、资源共享等功能。在数据中心和云计算环境中，路由器需要具备高速、大容量的数据传输能力，以满足大规模数据处理和存储的需求。

（四）选择策略

在选择交换机与路由器时，需要综合考虑网络规模、业务需求、性能要求以及预算等因素。

首先，对于小型网络（如家庭网络或小型办公室），由于设备数量有限且主要关注局域网内的数据交换，因此选择一台性能稳定、端口密度适中的交换机即可满足需求。此时，交换机的成本相对较低，且易于管理和维护。

其次，对于中大型网络（如企业网络或数据中心），由于需要连接不同网络并实现远程访问、资源共享等功能，因此需要选择具备高性能路由处理能力、支持复杂路由协议和安全防护功能的路由器。同时，还需要考虑路由器的端口数量、接口类型以及扩展能力等因素，以确保网络的灵活性和可扩展性。

此外，在选择过程中还需关注设备的品牌、售后服务以及技术支持等方面。知名品牌的产品通常具有较高的性能和质量保障，同时提供完善的售后服务和技术支持，有助于降低使用过程中的风险和成本。

交换机与路由器作为网络交换与路由设备的重要组成部分，各自具有独特的功能和性能特点。在选择时，需要根据网络规模、业务需求以及预算等因素进行综合考虑。对于小型网络，交换机是更经济的选择；而对于中大型网络，则需要选择具备高性能路由处理能力和安全防护功能的路由器。通过合理选择和使用这些设备，可以构建稳定、高效的网络环境，满足不同应用场景下的网络需求。

第五章 计算机网络安全概览

第一节 IP 地址与子网划分

一、IP地址概述

（一）IPv4 地址

IPv4 是目前广泛使用的 IP 地址版本，它采用 32 位二进制数表示，通常以点分十进制的形式呈现，如 192.168.1.1。IPv4 地址空间有限，总共只有约 43 亿个地址，随着互联网的快速发展，这一数量已经接近枯竭。

IPv4 地址被划分为五类，分别是 A、B、C、D、E 类。其中，A、B、C 类地址用于普通网络设备的标识，D 类地址用于多播（multicast），E 类地址则保留为实验和特殊用途。在 A、B、C 类地址中，网络部分和主机部分的长度是固定的，例如 C 类地址中，前 24 位是网络部分，后 8 位是主机部分。

（二）IPv6 地址

为了解决 IPv4 地址耗尽的问题，IPv6 应运而生。IPv6 采用 128 位二进制数表示，提供了几乎无限的地址空间。IPv6 地址的表示方法更加灵活，可以使用冒号分隔的十六进制数表示，如 2001:0db8:85a3:0000:0000:8a2e:0370:7334。IPv6 还引入了多种新的特性，如地址自动配置、流标签等，以支持更加高效和安全的网络通信。

二、子网划分

（一）子网划分的原理

子网划分的核心在于修改 IP 地址的结构，通过借用主机部分的一部分位作为子网号（subnet mask），从而将原本单一的网络划分为多个子网。子网掩码用于指示 IP 地址中哪些位是网络部分，哪些位是子网部分和主机部分。

例如，对于一个 C 类地址 192.168.1.0/24，默认子网掩码为 255.255.255.0（/24 表示前 24 位是网络部分）。如果我们希望将其划分为两个子网，可以借用主机部分的前 1 位作为子网号，此时子网掩码变为 255.255.255.128（/25），网络地址则分别变为 192.168.1.0 和 192.168.1.128，每个子网拥有 126 个可用主机地址（去除网络地址和广播地址）。

（二）子网划分的步骤

确定子网数量。根据实际需求确定需要划分的子网数量。

计算子网掩码。根据子网数量确定需要借用的主机位数，并计算出相应的子网掩码。

分配子网地址。根据子网掩码和网络地址，计算出各个子网的地址范围。

分配主机地址。在每个子网中，为需要连接的设备分配主机地址。

（三）子网划分的应用

子网划分在实际应用中具有广泛的用途。例如，在大型企业中，通过子网划分可以将不同的部门或区域划分为不同的子网，以实现网络资源的隔离和访问控制。在数据中心或云计算环境中，子网划分则有助于实现虚拟机的隔离和迁移，提高资源的利用率和管理效率。

此外，子网划分还可以与 VLAN（虚拟局域网）技术结合使用，进一步增强网络的安全性和灵活性。通过 VLAN，可以在逻辑上将网络划分为多个虚拟子网，而无须改变物理连接。VLAN 与子网划分的结合使用，使得网络管理更加便捷和高效。

第二节 网络安全基础

一、网络安全概念与重要性

网络安全，是指保护网络系统免受未经授权的访问、泄露、中断、修改或破坏，确保网络服务的可用性、完整性和机密性。这一概念涵盖了从硬件设备到软件应用，从数据传输到数据存储的全方位保护。在数字化时代，网络安全已成为国家安全、经济稳定、社会发展的重要基石，其重要性不言而喻。

（一）网络安全的核心要素

机密性。确保敏感信息不被未授权的个人或实体访问。这包括个人隐私数据、企业商业机密、国家安全信息等。

完整性。保证信息在传输或存储过程中不被篡改或破坏。任何未经授权的修改都可能对信息的真实性造成影响。

可用性。确保授权用户能够随时访问和使用网络资源和服务，避免因网络攻击或故障导致的服务中断。

（二）网络安全的重要性

经济安全。网络安全威胁可能导致企业数据泄露、系统瘫痪，进而造成经济损失。对于金融、电商等依赖网络运行的行业，网络安全更是直接关系到其生存与发展。

社会稳定。随着互联网的普及，网络已成为信息传播的主要渠道。网络安全问题可能引发社会恐慌、谣言传播，甚至影响社会稳定。

国家安全。网络空间已成为国家间竞争的新战场。网络安全直接关系到国家主权、安全、发展利益，是国家安全的重要组成部分。

二、安全威胁与风险

网络安全面临的威胁多种多样，既有来自外部的黑客攻击、病毒传播，也有内部人员的误操作、泄密等。这些威胁可能导致不同程度的风险，包括数据泄露、服务中断、系统瘫痪等。

（一）主要安全威胁

黑客攻击。黑客利用漏洞或技术手段非法入侵系统，窃取数据、破坏系统或进行勒索。

病毒与恶意软件。通过邮件、下载链接等途径传播，感染计算机或网络设备，破坏数据、占用资源或作为攻击跳板。

网络钓鱼。伪装成合法机构或个人，诱骗用户提供敏感信息，如账号密码、银行信息等。

内部威胁。包括员工误操作、故意泄密、滥用权限等行为，往往难以防范。

（二）风险评估与管理

为了有效应对安全威胁，组织需要定期进行风险评估，识别潜在的安全漏洞和威胁，评估其可能带来的风险，并制定相应的应对措施。风险评估应涵盖技术、管理、人员等多个方面，确保全面性和准确性。同时，组织还应建立风险管理机制，对风险进行持续监控和评估，及时调整安全策略，降低风险发生的概率和影响。

三、安全策略与标准

网络安全策略是组织为实现网络安全目标而制定的一系列原则、规定和措施。这些策略应与组织的业务需求和风险评估结果相匹配，确保既不过度保护也不存在明显漏洞。

（一）主要安全策略

访问控制策略。通过身份验证、权限管理等手段，限制用户对网络资源的访问权限，防止未经授权的访问。

数据加密策略。对敏感数据进行加密处理，确保数据在传输和存储过程中的机密性。

安全审计策略。记录和分析网络活动，及时发现并响应安全事件，为安全决策提供数据支持。

应急响应策略。制定应急预案和处置流程，确保在发生安全事件时能够迅速、有效地应对。

（二）安全标准与合规性

为了确保网络安全策略的有效实施，组织需要遵循相关的安全标准和法规要求。国际上有 ISO/IEC 27001 : 2022 信息安全管理体系标准、NIST 网络安全框架等；我国有《中华人民共和国网络安全法》《中华人民共和国数据安全法》等法律法规。组织应将这些标准和法规要求融入自身的安全管理体系中，确保合规性。

四、安全模型与框架

（一）常见安全模型

PPDR（policy protection detection response）模型，即安全策略、保护、检测和响应。该模型强调从制定安全策略出发，通过保护措施减少风险，利用检测手段及时发现威胁，并采取响应措施消除影响。

P2DR 模型（policy protection detection response），与 PPDR 模型类似，但更侧重于动态防护和自适应调整。它强调在保护、检测和响应之间形成一个闭环，根据安全态势的变化动态调整安全策略。

（二）安全框架示例

NIST 网络安全框架。该框架由美国国家标准与技术研究院（NIST）发布，为组织提供了一个灵活、可定制的方法来管理和降低网络安全风险。它包括识别、保护、检测、响应和恢复五个核心功能域，以及与之相关的参考实现、风险管理和度量等支持功能。

零信任安全框架。随着远程办公和云计算的普及，零信任安全框架逐渐成为新的趋势。该框架基于“永不信任，始终验证”的原则，无论用户或设备位于何处，都需经过严格的身份验证和访问控制才能访问网络资源。零信任安全框架强调最小化网络访问权限，仅当用户或设备满足所有安全要求时才允许访问特定资源，从而极大地降低了潜在的安全风险。

（三）安全框架的实施步骤

以 NIST 网络安全框架为例，其实施通常包括以下几个关键步骤。

框架定位与范围界定。组织需要明确实施网络安全框架的目标和范围，确定哪些系统和业务将纳入框架管理之中。

风险评估。基于已界定的范围，组织应进行全面的风险评估，识别网络资产、威胁、脆弱性和潜在影响，为后续制定安全策略提供依据。

制订安全策略与计划。根据风险评估结果，组织应制订详细的安全策略、标准和程序，明确保护、检测、响应和恢复等各方面的要求，并制订实施计划。

实施与集成。按照实施计划，逐步部署和实施各项安全措施，如访问控制、加密技术、入侵检测系统等，并将其与现有 IT 基础设施和业务流程无缝集成。

评估与改进。实施后，组织应定期对网络安全状况进行评估，检查安全策略的执行情况，识别存在的问题和不足，并采取相应的改进措施。同时，根据业务发展和技术进步，不断更新和完善网络安全框架。

（四）安全框架的优势与挑战

1. 安全框架的优势

系统性。安全框架提供了一种系统化的方法来理解和应对网络安全问题，有助于组织全面把握网络安全状况。

灵活性。安全框架通常具有较高的灵活性，可根据组织的实际情况进行定制和调整，以适应不同的安全需求和业务场景。

持续改进。安全框架强调持续改进和迭代更新，有助于组织不断适应新的安全威胁和技术挑战。

2. 安全框架的挑战

资源投入。实施和维护安全框架需要投入大量的人力、物力和财力资源，对于中小企业而言可能面临较大的成本压力。

技术复杂性。随着网络安全技术的不断发展，安全框架的实施和维护变得越来越复杂，需要组织具备较高的技术能力和专业人才支持。

跨部门协作。网络安全涉及多个部门和业务领域，需要组织内部各部门之间的紧密协作和沟通。然而，在实际操作中，跨部门协作往往面临诸多挑战和障碍。

第六章　网络协议与安全分析

第一节　数据链路层协议安全

一、链路与数据链路

在数据链路层的语境中，链路指的是一条无源的点到点的物理线路段，中间没有其他的交换节点，仅作为数据传输的通路。而数据链路则是在物理链路的基础上，通过添加实现必要通信协议的硬件和软件（如网卡）构成的逻辑链路，它确保了数据传输的可靠性和正确性。

二、常见的数据链路层协议

（一）以太网

以太网是目前应用最为广泛的数据链路层协议之一，它起源于 20 世纪 70 年代，由 Xerox 公司研发，随后与 DEC、Intel 共同合作，将其标准化为 IEEE 802.3 标准。以太网以其高带宽、低成本、易于部署和维护等特点，成为局域网（LAN）领域的主导技术。

1. 以太网的发展历史

以太网的发展经历了多个阶段，从最初的 10 Mbit/s 的以太网（也称为以太网 I 或 DIX 以太网），到快速以太网（fast Ethernet），再到千兆以太网（gigabit Ethernet）、万兆以太网（ten-gigabit Ethernet）乃至更高速度的以太网标准（如 40 Gbit/s、100 Gbit/s 以太网）。这些发展不仅提高了网络的传输速率，还扩展了以太网的应用范围，使其能够适应不同规模和需求的网络环境。

2. 以太网的物理层与数据链路层

以太网在 OSI 模型中主要对应物理层和数据链路层。物理层定义了网络传输介质的电气、机械、功能和规程特性，如双绞线、同轴电缆、光纤等。而数据链路层则负责数据帧的封装、传输和错误控制等任务。

在数据链路层，以太网采用了 CSMA/CD（载波监听多路访问 / 冲突检测）机制来管理网络访问。当一个结点想要发送数据时，它会首先侦听信道是否空闲，如果信道被占用，则等待一段时间后重试；如果信道空闲，则开始发送数据。在发送过程中，如果检测到冲突（即有其他结点同时发送数据），则立即停止发送，并等待一段随机时间后重试。这种机制有效地避免了网络拥塞和冲突，提高了网络的利用率。

3. 以太网帧的结构

以太网帧是数据链路层的数据传输单元，它由多个字段组成，包括前导码、帧起始定界符（SFD）、目的地址（DA）、源地址（SA）、类型 / 长度字段、数据字段、填充字段（可选）和帧校验序列（FCS）。

前导码。用于同步接收器的时钟，确保接收器能够正确接收数据。

帧起始定界符（SFD）。标志着数据字段的开始。

目的地址（DA）和源地址（SA）。分别表示帧的接收方和发送方的 MAC 地址。

类型 / 长度字段。在以太网 II 中用作类型字段，表示数据字段中的上层协议类型；在 IEEE 802.3 标准中则用作长度字段，表示数据字段的长度。

数据字段。包含上层协议（如 IP）的数据。

填充字段（可选）。用于确保帧的最小长度，当数据字段长度不足时，会添加填充字节。

帧校验序列（FCS）。用于检测帧在传输过程中是否发生错误。

4. 以太网的扩展与新技术

随着网络技术的发展，以太网也在不断演进和扩展。为了支持更大的网络规模和更高的传输速率，以太网引入了多种新技术和协议，如 VLAN（虚拟局域网）、以太网交换机、链路聚合、以太网通道等。这些技术不仅提高了网络的灵活性和可扩展性，还增强了网络的性能和可靠性。

VLAN 技术通过将局域网划分为多个逻辑上独立的虚拟网络，实现了网络资源的有效管理和隔离。以太网交换机则通过提供高速的端口交换和智能的转发决策，提高了网络的传输效率和带宽利用率。链路聚合和以太网通道技术则通过将多条物理链路捆绑成一条逻辑链路，实现了带宽的倍增和冗余保护。

5. 以太网的安全问题

尽管以太网具有诸多优点，但其安全性也面临着诸多挑战。由于以太网采用广播方式进行通信，且 MAC 地址容易被伪造和捕获，因此容易受到 ARP 攻击、MAC 地址欺骗等安全威胁。为了保障以太网的安全性，需要采取一系列安全措施，如使用 MAC 地址过滤、ARP 表项锁定、VLAN 隔离等技术来防范和应对这些威胁。

（二）Wi-Fi（无线局域网）

Wi-Fi（wireless fidelity）是一种基于 IEEE 802.11 标准的无线局域网技术，它允许设备在无须物理连接的情况下通过无线电波进行通信。Wi-Fi 技术以其便捷性、灵活性和高速度等特点，在家庭、办公室、公共场所等各个领域得到了广泛应用。

1. Wi-Fi 的发展历史

WiFi 技术起源于 20 世纪 90 年代，最初由 IEEE 802.11 工作组制定标准。随着技术的不断发展和演进，IEEE 802.11 标准也经历了多次修订和扩展，从最初的 IEEE 802.11（也被称为 Wi-Fi 1）到现在的 IEEE 802.11ax（也称为 Wi-Fi 6E），每次修订都带来了性能、效率和安全性的显著提升。

2. Wi-Fi 的物理层与数据链路层

在 Wi-Fi 中，物理层和数据链路层的工作紧密相连，共同实现无线信号的传输和处理。物理层定义了无线信号的调制、解调、频率选择等特性，确保信号能够在无线介质中有效传输。而数据链路层则负责数据帧的封装、传输控制、错误检测和纠正等功能，确保数据能够在不同的 Wi-Fi 设备之间可靠传输。

Wi-Fi 使用了多种调制技术来适应不同的信道条件和传输速率需求，如 DSSS（直接序列扩频）、OFDM（正交频分复用）等。这些技术通过调整信号的频率、相位和幅度等参数，实现高效的数据传输和频谱利用。

3. Wi–Fi 的帧结构

WiFi 的帧结构与以太网类似，但也存在一些差异。Wi–Fi 帧由多个字段组成，包括帧控制字段、持续时间 /ID 字段、地址字段（包括接收地址、发送地址、BSSID 等）、序列控制字段、帧体字段和帧校验序列（FCS）等。

帧控制字段。包含了关于帧类型、协议版本、是否加密、是否经过 QoS 处理等控制信息。

持续时间 / ID 字段。表明该帧及其确认帧将会占用信道的时长。跟有线传输不一样，在 Wi–Fi 的网络环境下，每个数据发送者都要轮流地使用信道才不会引起冲突。发送者用这个字段写明数据发送将占用信道多长时间，这样可以有利于后续的发送者发送数据。

地址字段。用于标识帧的发送方、接收方和可能的中继方（如接入点）。

序列控制字段。用于实现帧的序列号管理，帮助接收方进行帧的排序和重传控制。

帧体字段。包含了上层协议（如 IP）的数据。

帧校验序列（FCS）。用于检测帧在传输过程中是否发生错误。

4. Wi–Fi 的安全性

由于 Wi–Fi 信号在无线介质中传输，因此其安全性尤为重要。为了保障 Wi–Fi 网络的安全性，IEEE 802.11 标准引入了多种安全机制，如 WEP（有线等效加密）、WPA（Wi–Fi 保护访问）和 WPA3 等。

WEP 是最早的 Wi–Fi 安全标准，但由于其加密算法存在缺陷，已逐渐被淘汰。WPA 和 WPA3 则是更为先进的安全标准，它们采用了更为强大的加密算法和密钥管理机制，提供了更高的安全性和保护能力。

此外，Wi–Fi 还支持 SSID 隐藏、MAC 地址过滤等安全措施，以增强网络的安全性。

5. Wi–Fi 的扩展与新技术

随着无线网络技术的不断发展，Wi–Fi 也在不断演进和扩展。为了支持更高的传输速率、更低的延迟和更大的网络容量，Wi–Fi 引入了多种新技术和协议，如 MIMO（多输入多输出）、MU–MIMO（多用户 MIMO）、波束成形、OFDMA（正交频分多址）等。

MIMO 技术通过利用多个天线同时发送和接收信号，实现了空间复用和分集增益，提高了传输速率和可靠性。MU-MIMO 则进一步将 MIMO 技术扩展到多用户场景，允许多个设备同时利用 MIMO 增益进行高效通信。

波束成形技术通过调整天线的发射方向，将无线信号聚焦在特定的方向上，减少了信号的干扰和衰减，提高了传输效率。OFDMA 技术则将信道划分为多个子载波，允许多个设备在相同的时间和频率资源上并行传输数据，进一步提高了网络容量和效率。

6. Wi-Fi 的应用场景

Wi-Fi 技术广泛应用于各种场景，包括家庭、办公室、咖啡馆、机场、酒店等公共场所。在家庭环境中，Wi-Fi 为用户提供了便捷的无线上网体验；在办公室环境中，Wi-Fi 则成为员工之间、员工与服务器之间高效通信的重要手段。此外，Wi-Fi 还广泛应用于物联网（IoT）领域，为各种智能设备提供了无线连接能力。

三、数据链路层安全威胁与防护

（一）数据链路层安全威胁

1. MAC 地址欺骗与 CAM 表溢出攻击

在以太网等基于 MAC 地址的数据链路层协议中，交换机会利用 CAM（内容可寻址存储器）表来记录数据帧的源 MAC 地址与接收端口的对应关系。当 CAM 表已满时，如果交换机收到一个以 CAM 表中未记录的 MAC 地址为目的地址的数据包，它会采取广播方式将数据帧发送到所有端口，这被称为泛洪。攻击者可以利用这一机制，通过发送大量具有不同 MAC 地址的数据包来填满 CAM 表，从而实施 MAC 地址欺骗或监听网络中的所有通信。

2. ARP 欺骗攻击

ARP（地址解析协议）用于将网络层的 IP 地址解析为数据链路层的 MAC 地址。然而，ARP 的设计中存在主动发送 ARP 报文的漏洞，这使得攻击者可以伪造 ARP 请求或响应报文，将合法的 IP 地址映射到错误的 MAC 地址上。通过这种方式，攻击者可以截获或篡改网络中的通信数据，甚至伪造服务器接收所有发往其他网络的数据，导致整个网络瘫痪。

3. STP（生成树协议）攻击

STP 是一种用于解决网络环路问题的协议，它通过选举根网桥、根端口和指定端口来构建一个无环的树形拓扑结构。然而，STP 的实现依赖 BPDU（桥协议数据单元）报文，这些报文在网络中传输以选举根网桥和确定路径。攻击者可以伪造 BPDU 报文来赢得根网桥选举，从而控制网络中的流量流向，甚至导致广播风暴或网络瘫痪。

4. DHCP 欺骗攻击

DHCP（动态主机配置协议）用于为网络中的设备动态分配 IP 地址及相关参数。然而，DHCP 服务器在分配 IP 地址时缺乏严格的认证机制，这使得攻击者可以伪造大量的 DHCP 请求报文来耗尽服务器中的 IP 地址资源，使正常用户无法获得 IP 地址。此外，攻击者还可以利用 DHCP 的欺骗来窃取用户的网络配置信息或进行中间人攻击。

（二）数据链路层安全防护措施

1. 端口安全特性

为了防止 MAC 地址欺骗和 CAM 表溢出攻击，可以在交换机上启用端口安全特性。端口安全特性可以限制交换机通过一个端口接收到的源 MAC 地址数量，一旦超过设定的阈值，交换机将拒绝接收来自该端口的任何数据帧。这样可以有效地防止攻击者通过发送大量不同 MAC 地址的数据包来填满 CAM 表。

2. ARP 防护机制

为了防范 ARP 欺骗攻击，可以在网络中部署 ARP 防护机制。ARP 防护机制可以监控网络中的 ARP 报文，并验证其真实性和合法性。一旦发现伪造的 ARP 报文，ARP 防护机制将立即阻止其传播，并通知网络管理员进行处理。此外，还可以采用静态 ARP 表或 IP–MAC 绑定等技术来增强 ARP 防护的效果。

3. STP 与 BPDU 防护技术

为了防止 STP 攻击，可以在网络中部署 BPDU 防护机制。BPDU 防护机制可以限制非根网桥设备生成 BPDU 报文，从而防止攻击者通过伪造 BPDU 报文来赢得根网桥选举。同时，还可以在网络中配置 STP 的根网桥和根端口，以确保网络拓扑结构的稳定性和可靠性。

4. DHCP 防护机制

为了防止 DHCP 欺骗攻击，可以在网络中部署 DHCP 防护机制。DHCP 防护机制可以验证 DHCP 请求报文的合法性，并限制 DHCP 服务器的响应范围。此外，还可以采用 DHCP 中继或 DHCP Snooping 等技术来增强 DHCP 防护的效果。DHCP 中继可以将 DHCP 请求报文转发到指定的 DHCP 服务器上进行处理，而 DHCP Snooping 则可以监控网络中的 DHCP 报文并验证其真实性。

5. 加密技术与数据完整性验证

在数据链路层上，还可以采用加密技术和数据完整性验证来保障数据传输的安全性。加密技术可以将数据转换成密文形式进行传输，以防止未经授权的人员读取或篡改数据。常见的加密技术包括对称加密和公钥加密两种类型。数据完整性验证则可以通过哈希函数或数字签名等技术来实现，以确保数据在传输过程中未被篡改或损坏。

6. 访问控制与审计

在数据链路层上，还可以通过访问控制和审计来增强网络的安全性。访问控制可以限制不同用户或设备对网络资源的访问权限，以防止未经授权的访问和操作。审计则可以对网络中的操作行为进行记录和分析，以便及时发现潜在的安全威胁和漏洞。

第二节　网络层协议安全

一、网络层概述

网络层是计算机网络体系结构中的核心层次之一，它位于数据链路层与传输层之间，主要负责实现数据包的独立传输与路由选择。网络层的主要功能包括数据包的封装与解封装、路由选择、流量控制以及错误处理等。在网络层，数据包被称为 IP 数据报，它是网络层传输的基本单元。

网络层中最核心的协议是 IP（internet protocol），它定义了数据包的格式和传输规则。除 IP 外，网络层还包括其他重要的协议，如 ICMP（internet control message protocol）、IGMP（internet group management protocol） 和 ARP（address resolution protocol）等。这些协议共同协作，实现了网络层的各种功能。

二、IP安全

IP 作为网络层的核心协议，其安全性直接关系到整个网络的安全性和稳定性。然而，IP 本身在设计时并没有充分考虑安全性问题，这导致了一些潜在的安全威胁。

（一）IP 的安全漏洞

IP 欺骗。攻击者可以伪造 IP 源地址，发送虚假的 IP 数据包，从而绕过安全机制或进行欺骗攻击。例如，攻击者可以伪造一个看似来自可信源的数据包，欺骗目标主机执行恶意操作。

IP 分片攻击。IP 支持数据包的分片传输，这可能导致安全漏洞。攻击者可以发送多个分片的数据包，其中只有部分分片包含恶意内容，而其他分片是合法的。当这些分片在目标主机上重新组合时，可能会触发安全漏洞或执行恶意代码。

无连接特性。IP 是一种无连接的协议，它不对数据包进行任何形式的连接管理或身份验证。这意味着攻击者可以轻松地发送大量的数据包到目标主机，造成拒绝服务攻击（DoS）或分布式拒绝服务攻击（DDoS）。

（二）IP 的安全防护措施

使用 IPsec。IPsec（IP security）是一组协议套件，用于在 IP 层提供加密、认证和数据完整性验证等安全服务。通过 IPsec，可以对 IP 数据包进行加密和签名，确保数据在传输过程中的机密性、完整性和来源的可靠性。

防火墙。防火墙是网络安全的重要组成部分，它可以检查进入和离开网络的数据包，并根据预设的安全策略进行过滤和拦截。通过配置防火墙规则，可以有效地防止 IP 欺骗和 DoS/DDoS 攻击。

访问控制列表（ACL）。ACL 是一种基于源 IP 地址、目的 IP 地址、端口号等条件的数据包过滤机制。通过配置 ACL，可以限制特定 IP 地址或端口号的访问权限，从而增强网络的安全性。

入侵检测与防御系统（IDS/IPS）。IDS/IPS 可以实时监测网络中的异常流量和攻击行为，并采取相应的防御措施。通过部署 IDS/IPS 系统，可以及时发现并阻止 IP 欺骗、分片攻击等安全威胁。

三、ICMP与安全

ICMP（internet control message protocol）是网络层的一个重要协议，它用于传输控制消息，如目的不可达、时间戳请求 / 应答等。然而，ICMP 也存在一些安全漏洞和威胁。

（一）ICMP 的安全漏洞

ICMP 洪水攻击。攻击者可以向目标主机发送大量的 ICMP 请求（如回显请求）或 ICMP 应答（如目标不可达），从而造成目标主机的 CPU 资源耗尽或网络带宽拥塞。这种攻击方式称为 ICMP 洪水攻击。

ICMP 重定向攻击。ICMP 重定向消息用于通知主机存在更好的路由选择。然而，攻击者可以伪造 ICMP 重定向消息，欺骗主机将数据包发送到错误的目的地，从而窃取数据或进行其他恶意操作。

ICMP 信息泄露。ICMP 应答包可能无意中泄露了关于目标网络或主机的敏感信息，比如网络拓扑结构、主机操作系统类型等。这些信息对于攻击者来说是非常有价值的，可以用于进一步的攻击计划。

（二）ICMP 的安全防护措施

限制 ICMP 消息类型。在网络边界的防火墙或路由器上配置规则，限制只允许必要的 ICMP 消息类型通过，如时间戳请求和应答（如果确实需要）以及目标不可达和源抑制消息（用于流量控制）。禁止或限制其他不必要的 ICMP 消息类型，如回显请求 / 应答（常被用于 ICMP 洪水攻击）和 ICMP 重定向消息。

速率限制。对 ICMP 消息的发送速率进行限制，以防止 ICMP 洪水攻击。通过配置防火墙或路由器的速率限制功能，可以设定每个 IP 地址或子网在特定时间段内可以发送的 ICMP 消息数量。

日志记录和监控。启用对ICMP消息的日志记录和监控功能，以便在发生ICMP洪水攻击或其他异常行为时能够及时检测和响应。通过对ICMP流量的分析，可以识别出潜在的攻击模式，并采取相应的防御措施。

增强主机安全性。确保主机操作系统和应用程序的安全性，及时更新补丁和修复已知漏洞。通过配置主机的安全策略，限制对ICMP消息的响应或处理，以减少ICMP消息可能带来的安全风险。

使用网络入侵检测系统（NIDS）。部署网络入侵检测系统（NIDS）来监控网络流量，并检测潜在的ICMP攻击。NIDS能够分析网络中的数据包，识别出恶意的ICMP消息，并触发警报或采取自动防御措施。

教育和意识提升。加强网络用户的安全意识教育，使他们了解ICMP及其潜在的安全风险。通过培训和教育，用户可以更好地识别和处理与ICMP相关的安全威胁，并避免成为攻击者的目标。

ICMP虽然在网络层中扮演着重要的角色，但其安全性也需要得到充分的重视和防护。通过限制ICMP消息类型、速率限制、日志记录和监控、增强主机安全性、使用NIDS以及提升用户安全意识等措施，可以有效地降低ICMP协议带来的安全风险，维护网络的安全和稳定。同时，随着网络技术的不断发展，还需要持续关注新的安全威胁和漏洞，并采取相应的防护措施来应对。

四、ARP欺骗与防护

（一）ARP欺骗概述

ARP（address resolution protocol），即地址解析协议，是一种将网络层的IP地址解析为链路层的MAC地址的协议。这种映射关系存储在ARP缓存表中，用于快速查找和传输数据包。然而，ARP欺骗（ARP spoofing），也称为ARP毒药（ARP poison），是一种利用ARP的漏洞进行网络攻击的手段。攻击者通过伪造IP地址和MAC地址的映射关系，欺骗网络设备，导致数据流向错误的目的地，从而截获或篡改网络通信数据。

ARP欺骗攻击通常发生在局域网中，攻击者通过发送伪造的ARP响应包，欺骗目标主机或路由器，使其更新ARP缓存表中的错误映射关系。一旦ARP缓存表被篡改，目标主机发送的数据包就可能被发送到攻击者控制的设备上，而不是真正的目的地。这种攻击方式不仅会影响网络的正常通信，还可能导致数据泄露、会话劫持等严重后果。

（二）ARP 欺骗的攻击方式

ARP 欺骗攻击主要有两种形式。

对路由器 ARP 表的欺骗。攻击者通过伪造 ARP 响应包，欺骗路由器将目标主机的 IP 地址与攻击者的 MAC 地址关联起来。这样，目标主机发送给路由器的数据包就会被发送到攻击者的设备上，而不是真正的路由器。

对内网计算机 ARP 表的欺骗。攻击者同样通过伪造 ARP 响应包，欺骗内网计算机将路由器的 IP 地址与攻击者的 MAC 地址关联起来。这样，内网计算机发送给路由器的数据包同样会被发送到攻击者的设备上，导致无法正常上网或访问其他网络资源。

（三）ARP 欺骗的防御措施

为了防范 ARP 欺骗攻击，可以采取以下措施。

静态 ARP 绑定。在路由器和计算机上设置静态 ARP 绑定，即将 IP 地址与 MAC 地址进行固定关联。这样，即使攻击者发送伪造的 ARP 响应包，网络设备也不会更新 ARP 缓存表中的映射关系，从而确保数据流向正确的目的地。

路由器设置。在路由器上启用 IP 与 MAC 地址绑定功能，并手动添加局域网内所有计算机的 IP 地址和 MAC 地址对应关系。同时，可以关闭路由器的 DHCP 功能，避免自动分配 IP 地址导致 ARP 绑定失效。

计算机设置。在 Windows 操作系统中，可以使用 ARP 命令行程序进行静态 ARP 绑定。通过输入 arp –s 路由器 IP+ 路由器 MAC 命令，将路由器的 IP 地址和 MAC 地址进行静态绑定。为了简化操作，可以创建一个批处理文件，并在系统启动时自动执行该命令。

使用 ARP 防护软件。安装并运行 ARP 防护软件，如 ARP 防火墙等。这些软件能够实时监控网络中的 ARP 数据包，并检测是否存在伪造的 ARP 响应包。一旦发现异常，软件会立即发出警报并采取相应的防御措施，如阻断伪造的数据包、更新 ARP 缓存表等。

网络隔离与访问控制。通过 VLAN（虚拟局域网）等技术将网络划分为不同的逻辑区域，实现网络隔离。同时，设置合理的访问控制策略，限制不同区域之间的通信，以减少 ARP 欺骗攻击的影响范围。

定期检查和更新网络设备。定期检查网络设备的固件和操作系统是否存在安全漏洞，并及时更新补丁。同时，关注网络设备的安全配置和访问权限管理，确保网络设备的安全性。

加强网络安全意识培训。加强网络用户的安全意识培训，使其了解 ARP 欺骗攻击的危害和防范措施。通过培训和教育，增强用户的安全意识和自我保护能力，减少因人为因素导致的网络安全风险。

五、IPv6 安全增强

（一）IPv6 概述

IPv6（internet protocol version 6）是互联网协议的一个新版本，用于替代当前广泛使用的 IPv4 协议。与 IPv4 相比，IPv6 在地址容量、安全性、路由效率等方面都有显著的提升。随着 IPv4 地址资源的枯竭和互联网的发展需求，IPv6 的部署和应用已经成为必然趋势。

（二）IPv6 的安全增强特性

巨大的地址空间。IPv6 地址长度为 128 位，提供了巨大的地址空间。这使得网络中的每个设备都可以拥有一个唯一的全球地址，无须使用 NAT（网络地址转换）技术。这不仅简化了网络配置和管理，还提高了网络的安全性和可扩展性。

内置的安全机制。IPv6 协议内置了 IPSec（IP security）安全机制，为网络层提供了数据加密、身份验证、数据完整性和抗重放攻击等安全功能。IPSec 可以无缝地为 IP 数据包提供安全保护，确保数据在传输过程中的机密性、完整性和真实性。

邻居发现协议（NDP）。IPv6 使用 NDP 协议取代了 IPv4 中的 ARP 和部分 ICMP 控制功能。NDP 通过交换 ICMPv6 信息报文和差错报文来实现链路层地址及路由发现、地址自动配置等功能。NDP 独立于传输介质，可以更方便地进行功能扩展和安全性增强。

SEND 协议。SEND（secure neighbor discovery）是 IPv6 邻居发现协议的一个安全扩展，全称为 secure neighbor discovery protocol。SEND 协议通过使用公钥加密和数字签名等技术，增强了 NDP 的安全性。它允许网络中的设备验证邻居结点的身份和消息的完整性，从而防止 ARP 欺骗等攻击手段在 IPv6 网络中的应用。

（三）SEND 协议的工作机制

SEND 协议主要通过以下几个步骤来确保 NDP 消息的安全性。

证书颁发。在 IPv6 网络中，每个设备都需要拥有一个由可信赖的证书颁发机构（CA）颁发的公钥证书。这个证书包含了设备的公钥、身份信息（如 IP 地址、MAC 地址等）以及证书的有效期等信息。

证书分发。设备在加入网络时，需要将自己的公钥证书分发给网络中的其他设备。这通常通过 NDP 消息中的特定选项字段来实现，也可以通过其他安全通道进行分发。

消息签名。在发送 NDP 消息时，设备会使用自己的私钥对消息进行数字签名。接收方在收到消息后，会使用发送方的公钥对签名进行验证，以确认消息的真实性和完整性。

身份验证。通过验证消息的签名，接收方可以确认发送方的身份。如果签名验证失败，接收方可以认为该消息是伪造的，从而拒绝接收或进行进一步的处理。

密钥管理。SEND 协议还支持密钥的自动更新和管理。当设备的公钥证书过期或需要更换时，可以通过 NDP 消息中的特定选项字段来通知网络中的其他设备，并分发新的公钥证书。

（四）IPv6 安全增强的其他特性

除 SEND 协议外，IPv6 还提供了其他多种安全增强特性。

隐私地址（privacy addresses）。IPv6 协议允许设备使用隐私地址来隐藏其真实的 MAC 地址信息。隐私地址是随机生成的，并且会定期更换，从而增加了攻击者追踪设备的难度。

流量选择验证（flow label validation）。IPv6 数据包中的流标签字段可以用于标识特定的数据流。通过验证流标签的合法性，网络设备可以确保只转发符合预期的数据流，从而防止未经授权的流量注入攻击。

无状态地址自动配置（SLAAC）。IPv6 支持无状态地址自动配置机制，允许设备在加入网络时自动获取 IP 地址和配置网络参数。这种机制减少了人为配置的错误和复杂性，同时也提高了网络的安全性。

防火墙和入侵检测系统（IDS）。与 IPv4 网络类似，IPv6 网络也需要部署防火墙和入侵检测系统等安全设备来检测和防御网络攻击。这些设备可以根据 IPv6 协议的特性进行定制和优化，以提供更好的安全保护。

IPv6 协议在地址容量、安全性和可扩展性等方面都有显著的提升。通过内置的安全机制（如 IPSec）和特定的安全扩展（如 SEND 协议），IPv6 为网络层提供了更强大的安全保护。同时，IPv6 还提供了隐私地址、流量选择验证等特性来进一步增强网络的安全性。随着 IPv6 的逐步部署和应用，这些安全特性将发挥越来越重要的作用，为互联网的发展提供更加坚实的保障。然而，值得注意的是，任何安全机制都不是完美的，IPv6 网络仍然需要与其他安全措施相结合，共同构建一个安全、可信的网络环境。

第三节　传输层协议安全

一、传输层的服务类型

传输层服务分为三种类型，以满足不同的传送质量、速度和费用需求。以下为这些服务类型。

A 类服务。低差错率连接，具有可接受的残留差错率和故障通知率。

B 类服务。介于 A 类和 C 类服务之间，提供中等质量的连接。

C 类服务。高差错率连接，具有不可接受的残留差错率和故障通知率。

二、TCP与安全

TCP（传输控制协议）是互联网中最重要、最广泛使用的传输层协议之一。

它提供了一种面向连接的、可靠的、基于字节流的传输服务。TCP 的设计目标是为两个通信端点之间提供无差错、无丢失、无重复、无乱序的数据传输。

（一）TCP 的基本工作机制

建立连接。TCP 连接建立采用三次握手机制。首先，客户端发送一个 SYN 包（同步序列编号）到服务器，请求建立连接。然后，服务器响应一个 SYN-ACK 包（同步—确认包），表示同意建立连接并发送自己的同步序列编号。最后，客户端发送一个 ACK 包（确认包）以确认连接建立。

数据传输。一旦连接建立，通信双方就可以开始传输数据。TCP 将数据分成小块（称为报文段），并为每个报文段添加头部信息，包括序列号、确认号、控制位等。然后，通过 TCP 将这些报文段发送给接收方。接收方收到报文段后，通过校验其完整性和序列号来重新组装成完整的数据流。

释放连接。数据传输完成后，通信双方需要释放 TCP 连接。这通常通过四次挥手过程实现，即双方交换 FIN（结束）和 ACK 包来确认连接的关闭。

（二）TCP 的安全挑战

尽管 TCP 在设计之初就考虑了数据的可靠性和完整性，但随着网络技术的不断发展，TCP 也面临着越来越多的安全挑战。

SYN Flood 攻击。攻击者利用 TCP 三次握手的特性，发送大量的 SYN 请求包来消耗服务器的资源，导致服务器无法处理正常的连接请求。这种攻击被称为 SYN Flood 攻击，是一种常见的拒绝服务（DoS）攻击手段。

数据截获和篡改。TCP 本身并不提供加密功能，因此数据在传输过程中容易被截获和篡改。这可能导致敏感信息的泄露或数据的完整性被破坏。

会话劫持。由于 TCP 是基于连接的，一旦连接被恶意用户劫持，攻击者就可以伪装成合法的用户进行通信，从而窃取数据或进行其他恶意操作。

（三）TCP 的安全增强措施

为了应对这些安全挑战，可以采取以下措施来增强 TCP 的安全性。

使用加密协议。在传输层提供安全套接字层（secure sockets layer，SSL）或其继任者传输层安全协议（transport layer security，TLS），为网络通信提供安全及数据完整性保护。SSL/TLS 协议通过加密技术确保数据在传输过程中的机密性，并通过数字签名和证书验证来确保通信双方的身份真实性。

限制 SYN 请求频率。通过限制 SYN 请求的频率和连接数量，可以有效防止 SYN Flood 攻击。例如，在服务器上设置 SYN 请求的速率限制和连接队列的长度限制。

验证数据包来源。对于接收到的 TCP 数据包，要验证其来源是否合法，防止伪造数据包的攻击。这可以通过 IP 地址过滤、MAC 地址绑定等手段实现。

使用强密码和身份验证。在 TCP 连接中,虽然协议本身不直接处理身份验证，但可以在应用层或结合 TLS/SSL 等安全协议来加强身份验证机制。使用强密码和复杂的身份验证流程可以显著提高系统的安全性，防止未授权访问。

强密码策略。要求用户创建并维护强密码，这些密码应包含大小写字母、数字和特殊字符，并且长度足够长以抵抗暴力破解攻击。

多因素身份验证（MFA）。除密码之外，还可以要求用户提供其他形式的身份验证，如手机验证码、指纹识别或硬件令牌等。这样，即使密码被泄露，攻击者也需要额外的信息才能访问系统。

（四）TCP 连接的安全管理

除上述措施外，有效的连接管理也是增强 TCP 安全性的关键。

连接超时和限制。设置合理的连接超时时间，并在达到连接数上限时拒绝新的连接请求。这可以防止资源耗尽型攻击，如 DoS 和 DDoS 攻击。

会话管理和日志记录。对每个 TCP 会话进行管理和跟踪，记录关键信息如会话的起始和结束时间、传输的数据量、使用的端口等。这些日志信息对于事后分析和审计非常重要，可以帮助识别潜在的安全威胁。

安全更新和补丁管理。及时安装系统和应用程序的安全更新和补丁，以修复已知的漏洞和弱点。这可以防止攻击者利用已知漏洞进行攻击。

（五）网络层与传输层的协同安全

TCP 的安全性不仅仅取决于其自身的机制，还受到网络层和其他层协议的影响。因此，实现全面的网络安全需要各层协议之间的协同工作。

IPSec（internet protocol security）。在网络层使用 IPSec 协议可以提供端到端的安全性，包括数据的加密、完整性和身份验证。虽然 IPSec 主要在网络层工作，但它可以与传输层的 TCP 协同工作，为整个网络通信提供更强的安全保障。

防火墙和入侵检测系统（IDS）。在网络边界部署防火墙和入侵检测系统可以过滤和阻止恶意流量，防止攻击者渗透到内部网络。这些系统可以监控和分析网络流量，识别并响应潜在的安全威胁。

TCP 作为互联网中最重要的传输层协议之一，在提供可靠的数据传输服务方面发挥着至关重要的作用。然而，随着网络威胁的不断演变和复杂化，TCP 也面临着诸多安全挑战。为了增强 TCP 的安全性，需要采取一系列措施，包括使用加密协议、限制 SYN 请求频率、验证数据包来源、使用强密码和身份验证、进行有效的连接管理以及实现网络层与传输层的协同安全等。通过这些措施的综合应用，可以显著提高 TCP 连接的安全性，保护网络通信免受各种安全威胁的侵害。

三、UDP与安全

（一）UDP 概述

UDP（user datagram protocol，用户数据报协议）是 TCP/IP 协议栈中的一种无连接的传输协议，提供面向事务的、简单的、不保证数据可靠性的传输服务。与 TCP 不同，UDP 不建立和维护连接，每个数据报都独立发送，且发送方不保证数据报的到达顺序、完整性和无差错。这种设计使得 UDP 具有较低的协议开销和较高的传输效率，非常适合对实时性要求高且能容忍一定丢包和错误的应用场景，如 DNS 查询、流媒体传输、即时多媒体游戏和 VoIP（Voice over IP）等。

（二）UDP 的安全性挑战

尽管 UDP 在特定场景下表现出色，但其无连接和不可靠的特性也带来了显著的安全挑战。以下是一些 UDP 面临的主要安全问题。

易受欺骗攻击。由于 UDP 缺乏身份验证机制，攻击者可以伪造源 IP 地址和端口号，发送伪造的数据包到目标服务器，进行各种欺骗攻击。例如，UDP Flood 攻击就是一种典型的 DoS（拒绝服务）攻击，通过发送大量伪造的 UDP 数据包来耗尽目标服务器的资源。

数据完整性无法保证。UDP 本身不提供数据完整性校验机制，数据在传输过程中可能被篡改或损坏，而接收方无法及时发现和纠正这些问题。这可能导致应用程序接收到错误的数据，从而引发安全问题或性能问题。

缺乏加密支持。与 TCP 类似，UDP 在传输数据时也不对数据进行加密处理。因此，传输的数据可以被中间人截获并进行分析，导致敏感信息泄露。

（三）UDP 的安全增强措施

为了增强 UDP 的安全性，可以采取以下措施。

使用加密技术。对 UDP 传输的数据进行加密处理，可以有效防止数据在传输过程中被截获和篡改。常用的加密算法包括 AES、DES 和 RSA 等。这些算法可以对 UDP 数据包的内容进行加密和解密，确保数据的机密性和完整性。

实施身份验证。在 UDP 中引入身份验证机制，要求发送方在发送数据包时附加身份认证信息（如数字签名），接收方在收到数据包后进行身份验证，以确认数据包的来源和完整性。这可以防止伪造数据包的攻击。

限制 UDP 端口的使用。限制应用程序只能使用特定的 UDP 端口进行通信，并对这些端口进行严格的访问控制。这可以减少潜在的攻击面，降低被攻击的风险。

部署防火墙和入侵检测系统。在网络边界部署防火墙和入侵检测系统，对进入网络的 UDP 数据包进行过滤和检测。防火墙可以阻止未经授权的 UDP 数据包进入内部网络，而入侵检测系统则可以监控网络流量，及时发现并响应潜在的安全威胁。

优化协议设计。针对 UDP 的特性，优化协议设计以减少安全漏洞。例如，可以在协议中增加序列号或时间戳等字段，以检测数据包的重放和乱序等问题。

四、传输层安全协议(如TLS/SSL)

（一）TLS/SSL 协议概述

传输层安全协议（transport layer security, TLS）及其前身安全套接字层（secure sockets layer, SSL）是一种为互联网通信提供安全及数据完整性保障的安全协议。TLS/SSL 协议位于 TCP/IP 协议栈的传输层之上，用于在两个应用程序之间创建加密的通信通道，防止数据在传输过程中被窃听或篡改。

（二）TLS/SSL 协议的工作原理

TLS/SSL 协议的工作原理主要包括握手协议和记录协议两个部分。

握手协议。在数据传输开始之前，客户端和服务器之间通过握手协议进行协商，确定加密算法、密钥和会话参数等。握手过程包括多个步骤，如客户端发送 ClientHello 消息、服务器发送 ServerHello 消息和证书、客户端验证证书并发送 PreMasterSecret 等。最终，双方协商出一个共享的会话密钥，用于后续的数据加密和解密。

记录协议。在握手协议完成后，客户端和服务器之间开始传输加密的数据。记录协议负责将应用层数据封装成加密的数据包，并添加必要的控制信息和 MAC（消息认证码）以保证数据的完整性和真实性。加密的数据包通过 TCP 连接传输到对方后，由接收方进行解密和验证处理。

（三）TLS/SSL 协议的安全性优势

TLS/SSL 协议具有以下安全性优势。

数据加密。TLS/SSL 协议采用加密算法对传输的数据进行加密处理，确保数据的机密性。即使数据在传输过程中被截获，攻击者也无法解密获得原始数据。

数据完整性校验。TLS/SSL 协议通过 MAC 机制对传输的数据进行完整性校验，确保数据在传输过程中未被篡改。如果数据在传输过程中被篡改，接收方将无法通过 MAC 验证，从而及时发现并丢弃错误的数据包。

身份验证。TLS/SSL 协议通过证书机制实现了通信双方的身份验证。服务器通常使用由受信任的证书颁发机构（CA）签发的证书来证明其身份，而客户端可以通过验证证书的合法性确认服务器的真实性。在一些情况下，客户端也需要提供证书以完成双向身份验证。

会话密钥的协商与管理。TLS/SSL 协议支持多种密钥交换算法，允许通信双方协商出一个安全的会话密钥。这个会话密钥仅在当前会话中有效，且每次会话都会重新协商，从而增强了通信的安全性。同时，TLS/SSL 协议还提供了密钥更新机制，以应对长期会话中的潜在安全风险。

灵活的加密套件选择。TLS/SSL 协议支持多种加密算法和哈希函数，通信双方可以根据需要选择最适合当前环境和安全需求的加密套件。这种灵活性使得TLS/SSL协议能够适应不同的安全需求和性能要求。

（四）TLS/SSL 协议的应用场景

TLS/SSL协议广泛应用于各种需要保护数据传输安全的场景，包括但不限于以下应用场景。

Web浏览。HTTPS（hypertext transfer protocol secure）是HTTP的安全版本，它通过TLS/SSL协议对HTTP传输的数据进行加密和身份验证，从而保护Web浏览过程中的数据传输安全。

电子邮件。SMTPS（SMTP over TLS）和IMAPS（IMAP over TLS）是电子邮件传输和访问的安全协议，它们分别通过TLS/SSL协议对SMTP和IMAP进行加密和身份验证，确保电子邮件在传输和存储过程中的安全性。

即时通信。许多即时通信应用（如WhatsApp、Telegram等）采用TLS/SSL协议来保护用户之间的通信内容，防止数据被截获或篡改。

移动支付。在移动支付过程中，用户的银行账户信息和交易数据需要得到严格保护。TLS/SSL协议通过加密和身份验证机制，确保移动支付过程中的数据传输安全。

物联网（IoT）。随着物联网技术的发展，越来越多的设备开始连接到互联网并进行数据传输。TLS/SSL协议可以为这些设备之间的通信提供安全保障，防止数据泄露和篡改。

（五）TLS/SSL 协议的未来发展

随着网络安全威胁的不断演变和加密技术的不断进步，TLS/SSL协议也在不断发展和完善。未来的TLS/SSL协议可能会引入以下新特性和改进。

更强的加密算法。随着计算能力的提升，现有的加密算法可能会逐渐变得不安全。因此，未来的TLS/SSL协议可能会采用更强的加密算法来抵御潜在的攻击。

更高效的协议实现。为了提高通信效率和降低资源消耗，未来的TLS/SSL协议可能会优化协议实现方式，减少握手过程中的延迟和开销。

更灵活的身份验证机制。除传统的证书机制外，未来的TLS/SSL协议可能会引入更灵活的身份验证机制，如基于密码学的无证书身份验证等。

更完善的密钥管理机制。密钥管理是TLS/SSL协议中的一个重要环节。未来的TLS/SSL协议可能会引入更完善的密钥管理机制，以提高密钥的安全性和可用性。

对新应用场景的支持。随着新应用场景的不断涌现（如量子通信、边缘计算等），未来的TLS/SSL协议可能会增加对这些新应用场景的支持，以满足这些场景下的安全需求。

TLS/SSL协议作为互联网通信中不可或缺的安全协议，在保护数据传输安全方面发挥着重要作用。随着技术的不断发展和安全威胁的不断演变，TLS/SSL协议也将不断演进和完善，以应对新的挑战和需求。

第四节　应用层协议安全

一、常见的应用层协议

HTTP（hypertext transfer protocol）。用于在万维网上传输超文本和其他数据，是网页浏览的基础协议。

HTTPS（hypertext transfer protocol secure）。HTTP的安全版本，通过TLS/SSL协议对HTTP数据进行加密，提供安全的网页浏览环境。

FTP（file transfer protocol）。用于文件传输的协议，支持在本地和远程系统之间传输文件。

SFTP（SSH file transfer protocol）。基于SSH（secure shell）协议的安全文件传输协议，提供加密的文件传输服务。

SMTP（simple mail transfer protocol）。用于电子邮件传输的协议，定义了邮件服务器之间如何传输邮件。

POP3（post office protocol 3）和IMAP（internet message access protocol）。用于电子邮件客户端从邮件服务器检索邮件的协议。

DNS（domain name system）。将域名转换为IP地址的服务，是互联网运行的基础之一。

二、HTTP/HTTPS协议安全

（一）HTTPS 概述

HTTPS 是 HTTP 的安全版本，它通过 TLS/SSL 协议对 HTTP 传输的数据进行加密，确保数据传输的安全性。TLS/SSL 协议在传输层和应用层之间提供了一个加密层，用于加密和解密传输的数据，以及验证通信双方的身份。

（二）HTTPS 的安全机制

数据加密。HTTPS 使用 TLS/SSL 协议对数据进行加密，确保数据在传输过程中不被第三方截获和篡改。加密过程包括对称加密和非对称加密两种方式，通常先使用非对称加密协商出一个对称加密的会话密钥，然后使用会话密钥对传输的数据进行加密。

身份验证。HTTPS 通过证书机制实现了通信双方的身份验证。服务器通常使用由受信任的证书颁发机构（CA）签发的证书来证明其身份，客户端在建立连接时会验证证书的合法性。如果证书无效或不被信任，客户端将拒绝建立连接。

完整性校验。HTTPS 通过消息认证码（MAC）或数字签名等技术对传输的数据进行完整性校验，确保数据在传输过程中未被篡改。

会话密钥协商。HTTPS 支持多种密钥交换算法，允许通信双方协商出一个安全的会话密钥。这个会话密钥仅在当前会话中有效，且每次会话都会重新协商，从而增强了通信的安全性。

（三）HTTPS 的优势

数据安全性。通过加密和身份验证机制，HTTPS 确保了传输数据的安全性，防止了数据泄露和篡改。

隐私保护。HTTPS 保护了用户的隐私信息，如用户名、密码、信用卡号等敏感数据，防止了这些信息被第三方截获。

信任建立。HTTPS 通过证书机制建立了通信双方的信任关系，使得用户能够确信自己正在与正确的服务器进行通信。

SEO 优化。对于网站运营者来说，使用 HTTPS 还可以提高搜索引擎排名

（SEO），因为谷歌等搜索引擎将 HTTPS 视为网站安全性的一个重要指标。

三、FTP/SFTP安全

FTP（file transfer protocol）是一种用于文件传输的协议，它允许用户在本地和远程系统之间传输文件。尽管 FTP 在文件共享和传输中非常有用，但原始的 FTP 在安全性方面存在显著缺陷，如数据传输未加密、密码以明文形式发送等。为了解决这些问题,SFTP（SSH file transfer protocol）应运而生,它基于 SSH（secure shell）协议，提供了加密的文件传输服务。

（一）FTP 的安全性问题

数据传输未加密。FTP 在传输文件时不对数据进行加密，这意味着传输的数据（包括用户名、密码和文件内容）可以被网络上的任何监听者截获。

密码以明文形式发送。FTP 在建立连接时，用户名和密码以明文形式发送给服务器，这增加了密码被窃取的风险。

缺乏身份验证机制。FTP 本身不提供强大的身份验证机制，容易受到中间人攻击等安全威胁。

命令和数据传输在同一连接上。FTP 使用两个独立的连接来传输命令和数据，但这种设计在某些情况下可能导致安全问题，如命令注入攻击。

（二）SFTP 的安全性改进

数据加密。SFTP 通过 SSH 协议对传输的数据进行加密，确保文件在传输过程中不会被第三方截获和篡改。SSH 协议使用强大的加密算法和密钥交换机制来保护数据传输的安全性。

身份验证和授权。SFTP 使用 SSH 协议的身份验证机制，支持多种身份验证方法（如密码、公钥 / 私钥对等），确保只有经过授权的用户才能访问远程系统上的文件。此外，SFTP 还支持基于文件的权限控制，进一步增强了安全性。

单一连接。与 FTP 不同，SFTP 使用单个连接来传输命令和数据，这简化了协议的实现并减少了潜在的安全漏洞。

日志记录和审计。SFTP 服务器通常能够记录用户的活动日志，包括登录时间、传输的文件等，这为后续的审计和安全分析提供了依据。

隧道技术。SFTP 利用 SSH 的隧道技术，在客户端和服务器之间建立一个加密的通信隧道，该隧道不仅用于文件传输，还可以用于其他基于 SSH 的协议（如 SSH 远程登录）。

（三）SFTP 的优势

增强的安全性。SFTP 通过加密和身份验证机制提供了比 FTP 更高的安全性，保护了传输数据和用户凭证的机密性和完整性。

广泛的兼容性。由于 SFTP 基于 SSH 协议，它可以在支持 SSH 的任何平台上运行，因此具有广泛的兼容性。

易于使用。对于熟悉 SSH 协议的用户来说，SFTP 的使用非常直观和方便。许多现代的文件传输客户端和服务器都支持 SFTP。

多功能性。除文件传输外，SFTP 还可以利用 SSH 协议的其他功能，如端口转发、远程命令执行等，为用户提供了更多的选择和灵活性。

在应用层协议中，安全性和数据保护是至关重要的。HTTP/HTTPS 和 FTP/SFTP 这两组协议分别代表了 Web 文件传输和通用文件传输领域的两个重要方向。HTTPS 通过加密和身份验证机制为 Web 通信提供了强大的安全保障，而 SFTP 则通过 SSH 协议为文件传输提供了类似的安全保护。在选择和使用这些协议时，用户应根据具体需求和安全要求做出合理的选择。

四、SMTP/POP3/IMAP 安全

（一）SMTP 安全

SMTP（simple mail transfer protocol）是 TCP/IP 协议的一部分，用于在电子邮件客户端和邮件服务器之间传输电子邮件。尽管 SMTP 提供了基本的邮件传输功能，但在安全性方面存在一些固有的局限性。

1. 缺乏加密

原始的 SMTP 在传输邮件时并不对数据进行加密，这意味着邮件内容（包括敏感信息如密码、个人数据等）在传输过程中可能被截获。为了解决这个问题，SMTP 经常与 SSL/TLS 协议结合使用，形成 SMTPS（SMTP over SSL/TLS），以确保邮件在传输过程中的安全性和完整性。

2. 身份验证问题

SMTP 本身并不强制要求身份验证，这可能导致未授权的用户能够发送垃圾邮件或进行其他恶意活动。为了增强安全性，现代邮件系统通常要求 SMTP 客户端在发送邮件前进行身份验证，如使用用户名和密码进行登录。

3. 邮件注入攻击

如果 SMTP 服务器配置不当或存在漏洞，攻击者可能利用这些漏洞向服务器注入恶意邮件。这些邮件可能包含病毒、恶意软件或钓鱼链接，对收件人造成损害。因此，邮件服务器管理员需要定期更新和加固服务器配置，以防止此类攻击。

4. 邮件中继攻击

邮件中继攻击是指攻击者利用 SMTP 服务器的开放中继功能，将垃圾邮件或恶意邮件转发到目标收件人。为了防止这种攻击，邮件服务器应该配置为仅允许来自授权用户的邮件中继。

（二）POP3 协议安全

POP3（post office protocol 3）是一种用于从邮件服务器上下载邮件到本地设备的协议。尽管 POP3 提供了基本的邮件接收功能，但在安全性方面也存在一些不足。

1. 传输未加密

与 SMTP 类似，原始的 POP3 协议在传输用户名、密码和邮件内容时也不进行加密。这可能导致敏感信息在传输过程中被截获。为了解决这个问题，可以使用 POP3S（POP3 over SSL/TLS）来加密整个通信过程。

2. 邮件状态不同步

POP3 协议的一个主要缺点是它不支持邮件状态的同步。当用户从邮件服务器上下载邮件后，这些邮件通常会被标记为已读或删除，但这些更改不会同步到其他设备或服务器上。这可能导致用户在多个设备上查看邮件时出现不一致的情况。

3. 身份验证问题

与 SMTP 类似，POP3 协议也要求用户在下载邮件前进行身份验证。然而，如果身份验证过程存在漏洞或配置不当，攻击者可能能够窃取用户的邮箱凭据并下载其邮件。

（三）IMAP 安全

IMAP（internet message access protocol）是一种比 POP3 更先进的邮件接收和管理协议。它在安全性、同步性和功能性方面提供了更多的优势。

1. 加密通信

IMAP 支持使用 SSL/TLS 加密通信过程，确保用户名、密码和邮件内容在传输过程中的安全性。这使得 IMAP 成为比 POP3 更安全的邮件接收协议。

2. 邮件状态同步

IMAP 支持邮件状态的同步。当用户在一个设备上对邮件执行操作（如阅读、删除、标记等）时，这些更改会自动同步到其他设备和服务器上。这确保了用户在多个设备上查看邮件时的一致性。

3. 文件夹和邮件管理

IMAP 允许用户在服务器上创建、删除和重命名文件夹（也称为邮箱、标签等），以便更好地组织和管理邮件。此外，IMAP 还支持搜索和过滤邮件等功能，提高了邮件管理的效率和便捷性。

4. 离线访问

尽管 IMAP 主要用于在线访问邮件，但它也支持离线访问。用户可以在本地设备上缓存邮件的副本，以便在没有网络连接时查看和管理邮件。然而，需要注意的是，离线访问可能会增加本地设备的安全风险，因为缓存的邮件可能包含敏感信息。

五、DNS协议与安全

DNS（domain name system）是互联网的核心组成部分之一，它负责将人类可读的域名转换为计算机可识别的 IP 地址。然而，DNS 协议在安全性方面也面临一些挑战。

（一）DNS 协议的安全性问题

1. DNS 劫持

DNS 劫持是指攻击者通过篡改 DNS 记录或欺骗 DNS 服务器，将用户引导到恶意网站或服务器的行为。这种攻击可能导致用户数据泄露、恶意软件感染或财务损失等严重后果。

2. DNS 欺骗

DNS 欺骗（也称为 DNS 缓存中毒）是指攻击者将伪造的 DNS 记录注入 DNS 解析器的缓存中，导致解析器返回错误的 IP 地址。这种攻击可以欺骗用户访问恶意网站或服务器，从而窃取用户信息或执行其他恶意活动。

3. DNS 隧道

DNS 隧道是一种利用 DNS 查询和响应来传输其他类型数据（如 SSH、TCP 等）的技术。攻击者可以利用 DNS 隧道绕过防火墙和入侵检测系统，实现隐蔽的通信和数据传输。

4. 拒绝服务攻击（DoS/DDoS）

DNS 拒绝服务攻击（DoS）或分布式拒绝服务攻击（DDoS）是另一种针对 DNS 基础设施的严重安全威胁。在这种攻击中，攻击者会向 DNS 服务器发送大量的查询请求，导致服务器资源耗尽，无法正常响应合法的查询请求。DNS 服务的中断不仅会影响用户的正常访问，还可能对整个互联网的稳定性和可用性造成严重影响。

为了应对这种攻击，DNS 服务提供商通常会采取一系列的安全措施，如流量清洗、黑名单过滤、限流限速等，以减轻或阻止攻击的影响。

（二）DNS 安全增强措施

1. DNSSEC（DNS security extensions）

DNSSEC 是一种用于增强 DNS 安全性的协议扩展。它通过在 DNS 记录中添加数字签名来验证 DNS 数据的完整性和真实性。DNSSEC 可以确保用户查询到的 DNS 记录是未被篡改的，从而防止 DNS 劫持和欺骗等攻击。

2. 使用 HTTPS 而非 HTTP 进行 Web 访问

尽管 DNSSEC 增强了 DNS 查询的安全性，但用户最终访问的网站仍可能受到中间人攻击。因此，推荐用户通过 HTTPS（而非 HTTP）访问网站，以确保数据传输过程中的安全性和隐私性。HTTPS 使用 SSL/TLS 协议对数据进行加密和解密，从而保护数据不被窃听或篡改。

3. 配置安全的 DNS 服务器

使用可信的、安全的 DNS 服务器也是增强 DNS 安全性的重要措施。用户应避免使用公共 DNS 服务器，因为它们可能受到攻击或被恶意利用。相反，用户应该选择经过验证的、提供额外安全功能的 DNS 服务提供商，如支持 DNSSEC 的 DNS 服务器。

4. 定期更新和维护 DNS 服务器

DNS 服务器管理员应定期更新服务器软件和固件，以修复已知的安全漏洞和弱点。此外，他们还应定期审查和更新 DNS 记录，确保它们是最新的且未被篡改。

5. 监控和日志记录

对 DNS 服务器的监控和日志记录也是提高安全性的关键步骤。通过监控 DNS 流量和日志记录，管理员可以及时发现和响应潜在的攻击活动，并追踪攻击来源。这有助于他们采取适当的措施来防止进一步的损害。

6. 教育用户

提高用户对 DNS 安全性的认识也是至关重要的。用户应该了解 DNS 的工作原理和潜在的安全风险，并学会采取适当的安全措施来保护自己的数据和隐私。例如，他们应该避免点击来自未知来源的链接或下载未经验证的附件，以防止被恶意网站或软件所利用。

第七章　网络安全防御技术

第一节　防火墙技术

一、防火墙概述

防火墙作为网络安全的第一道防线，扮演着至关重要的角色。它位于网络边界，根据预设的安全策略，监控并控制进出网络的数据流，以阻止未授权的访问和潜在的恶意活动。防火墙的核心功能是提供访问控制、内容过滤、网络地址转换（NAT）以及日志记录与报警等，旨在保护内部网络资源免受外部威胁的侵害。防火墙的基本原理如下。

访问控制。通过设定规则集，允许或拒绝特定类型的数据包通过。这些规则基于 IP 地址、端口号、协议类型等条件进行匹配。

状态检测。不同于简单的包过滤，状态检测防火墙会跟踪会话的状态信息，如连接的建立、数据传输和终止，从而更智能地做出访问决策。

内容过滤。除了基于 IP 和端口的过滤，防火墙还能检查数据包的内容，如 URL、文件类型或关键字，以防止恶意内容的传播。

网络地址转换（NAT）。隐藏内部网络的真实 IP 地址，通过映射到公共 IP 地址的方式与外部网络通信，增加了一层安全保护。

日志记录与报警。记录所有通过防火墙的数据包信息，并在发现异常或违规行为时发出警报，便于管理员及时发现并处理安全问题。

二、防火墙类型

防火墙根据其工作原理和部署方式的不同，主要分为包过滤防火墙、状态检测防火墙和应用层网关（也称代理服务器）三种类型。

（一）包过滤防火墙

包过滤防火墙是最早出现的防火墙类型，它工作在网络层（OSI 模型的第三层）。通过检查每个经过的数据包的头部信息（如源 IP 地址、目的 IP 地址、源端口、目的端口、协议类型等），与预设的规则集进行匹配，来决定是否允许该数据包通过。包过滤防火墙的优点是处理速度快、透明度高，但缺点是安全性较低，容易被绕过，且无法对应用层协议进行深度检查。

（二）状态检测防火墙

状态检测防火墙，又称动态包过滤防火墙，是对传统包过滤防火墙的改进。它不仅检查数据包的头部信息，还跟踪会话的状态信息，如连接的持续时间、数据传输的字节数等。通过维护一个会话表，状态检测防火墙能够更准确地判断数据包的合法性，有效防止诸如 IP 欺骗、端口扫描等攻击。与包过滤防火墙相比，状态检测防火墙在安全性上有了显著提升。

（三）应用层网关（代理服务器）

应用层网关工作在 OSI 模型的第七层（应用层），它实际上充当了客户端和服务器之间的中介。所有进出内部网络的数据都必须先经过应用层网关的处理。代理服务器会解析应用层协议，并根据应用层的内容（如 HTTP 请求、FTP 命令等）进行访问控制。由于能够深入检查数据包的内容，应用层网关提供了最高的安全保护级别。然而，其缺点也显而易见。处理速度慢、需要针对每种应用协议单独配置，且可能引入单点故障风险。

三、防火墙配置与管理

（一）防火墙配置

防火墙的配置涉及多个方面，包括安全策略制定、规则集编写、NAT 地址映射的设置等。

安全策略制定。首先需要根据网络环境和业务需求，明确哪些流量应该被允许，哪些应该被阻止。安全策略应尽可能详细且具体，以减少误报和漏报的可能性。

规则集编写。基于安全策略，编写具体的防火墙规则集。规则集的编写需要遵循一定的顺序和逻辑，以确保规则的正确执行。通常，规则集会按照“最具体规则优先”的原则进行排序。

NAT 地址映射。对于需要对外提供服务的内部服务器，需要进行 NAT 地址映射，将内部 IP 地址映射到公共 IP 地址上。NAT 地址映射的设置需要考虑地址池的管理、端口映射的灵活性等因素。

（二）防火墙管理

防火墙的管理包括日常监控、日志分析、策略调整、软件升级等多个方面。

日常监控。通过防火墙的管理界面或第三方监控工具，实时监控防火墙的运行状态和流量情况。及时发现并处理异常情况，如过高的 CPU 使用率、异常的流量模式等。

日志分析。定期分析防火墙的日志文件，查找潜在的安全威胁和攻击尝试。通过日志分析，可以了解网络流量的分布情况、安全策略的执行效果等。

策略调整。根据业务需求的变化和安全威胁的新趋势，适时调整防火墙的安全策略。例如，新增或修改规则集、调整 NAT 地址映射等。

软件升级。定期更新防火墙的软件版本和补丁程序，以修复已知的安全漏洞和增强功能。软件升级是保持防火墙安全性的重要手段之一。

四、防火墙的局限性

尽管防火墙在网络安全中发挥着不可替代的作用，但它并非万无一失的解决方案。防火墙的局限性主要体现在以下几个方面。

（一）内部威胁

防火墙的主要设计初衷是防止外部攻击者进入内部网络，但它对于来自内部的威胁则显得力不从心。内部用户或系统可能因误操作、恶意行为或受感染的软件而成为安全漏洞的源头。防火墙无法阻止已经位于内部网络中的用户或系统发起的攻击或数据泄露。

（二）加密流量的挑战

随着 SSL/TLS 等加密技术的广泛应用，越来越多的网络流量被加密。防火墙虽然可以检查加密流量的头部信息（如 IP 地址和端口），但无法查看加密后的内容。这意味着如果攻击者利用加密通道传输恶意数据，防火墙可能无法进行有效拦截。为了应对这一挑战，一些先进的防火墙产品开始支持 SSL/TLS 解密功能，但这也带来了额外的性能开销和隐私保护问题。

（三）复杂性和配置错误

防火墙的配置和管理可能变得相当复杂，尤其是在大型或分布式网络环境中。配置错误或不当的安全策略可能导致安全漏洞或意外的服务中断。此外，随着网络环境和业务需求的变化，防火墙的规则集和策略也需要不断更新和调整，这进一步增加了管理的复杂性和出错的可能性。

（四）绕过防火墙的技术

攻击者可能会采用各种技术手段来绕过防火墙的防护。例如，他们可能利用防火墙的信任关系（如 VPN 通道或 DMZ 区域），通过合法途径进入内部网络后再发起攻击。此外，一些高级的攻击技术，如零日漏洞利用、社会工程学等，也可能使防火墙失效。

（五）依赖性和单点故障风险

在某些网络架构中，防火墙可能成为网络流量的唯一入口点，形成单点故障风险。如果防火墙出现故障或被成功绕过，整个网络的安全性将受到严重威胁。为了降低这种风险，可以采用冗余部署、负载均衡等技术手段来提高防火墙的可靠性和可用性。

（六）对新威胁的响应速度

随着网络安全威胁的不断演变和升级，新的攻击手段和技术层出不穷。防火墙需要不断更新其规则集和防护机制以应对这些新威胁。然而，由于安全厂商需要时间来分析新威胁并开发相应的防护策略，因此防火墙在响应新威胁时可能存在一定的滞后性。为了弥补这一不足，企业通常需要结合其他安全产品和技术（如入侵检测系统、端点安全软件等）来构建多层次的防御体系。

防火墙虽然是网络安全的重要组成部分，但其局限性也不容忽视。为了确保网络的整体安全性，企业需要采取综合性的安全策略和技术手段，将防火墙与其他安全产品和技术相结合，形成多层次的防御体系。同时，加强内部安全管理、提高员工安全意识、定期进行安全审计和漏洞扫描等也是保障网络安全的重要措施。

第二节 入侵检测与防御系统(IDS/IPS)

一、IDS/IPS概述

(一)IDS(入侵检测系统)

1. IDS 的定义与功能

IDS(intrusion detection system,入侵检测系统)是一种网络安全技术,旨在监控网络或系统活动,识别潜在的恶意行为或安全漏洞,并生成警报以通知管理员采取适当的相应措施。IDS 通过收集并分析网络流量、系统日志、应用程序日志等数据源,来检测并报告任何违反安全策略或潜在威胁的行为。

2. IDS 的分类

IDS 可以根据其部署方式和检测机制进行分类。按照部署方式,IDS 可分为网络型(NIDS)和主机型(HIDS)两种。网络型 IDS 部署在网络的关键结点上,如防火墙后或网关处,用于监控并分析经过该结点的网络流量。主机型 IDS 则直接安装在受保护的主机上,通过监控和分析该主机的系统日志、应用程序日志等数据源来检测入侵行为。

根据检测机制,IDS 又可分为基于特征的(signature-based)和基于异常的(anomaly-based)两种。基于特征的 IDS 通过比对网络流量或系统活动与已知的攻击模式库来识别入侵行为,这种方法具有较高的检测准确率和较低的误报率,但无法检测未知的攻击手段。基于异常的 IDS 则通过建立正常行为的基线模型,将偏离该模型的行为视为异常或入侵行为,这种方法能够检测未知的攻击手段,但误报率较高。

3. IDS 的优点与局限

IDS 的主要优点在于其能够实时监控网络活动,及时发现并报告潜在的安全威胁。此外，IDS 还可以作为防火墙的补充，提高整体网络安全防护水平。然而，IDS 也存在一些局限性。首先，IDS 只能检测已知的攻击模式，对于未知的攻击手段可能无法有效识别。其次，IDS 的误报率和漏报率也是其面临的重要问题。误报可能导致管理员对实际威胁的忽视，而漏报则可能使攻击者成功入侵系统。此外，IDS 还可能受到网络拓扑结构、加密流量等因素的限制，影响其检测效果。

（二）IPS（入侵防御系统）

1. 定义与功能

IPS（intrusion prevention system，入侵防御系统）是一种更为高级的网络安全技术，它不仅能够检测潜在的入侵行为，还能够自动采取措施来阻止这些行为的发生。IPS 通常部署在网络的关键路径上，通过实时分析网络流量，一旦发现恶意行为或攻击尝试，立即采取措施进行阻断或隔离，从而保护网络资源免受损害。

2. 工作原理

IPS 的工作原理与 IDS 类似，都依赖对网络流量或系统活动的监控和分析。不同之处在于，IPS 在检测到潜在威胁时能够自动采取行动进行防御。这些行动可能包括拦截恶意流量、断开攻击源连接、调整网络配置以阻止攻击等。IPS 的防御措施通常基于预设的安全策略或实时分析的结果，旨在最大限度地减少攻击对系统的影响。

3. 优点与局限

IPS 的主要优点在于其能够自动防御入侵行为，有效保护网络资源的安全。与 IDS 相比，IPS 具有更高的响应速度和更低的漏报率。然而，IPS 也存在一些局限性。首先，IPS 的误报率可能较高，因为在实际应用中很难准确区分正常流量和恶意流量。如果 IPS 误将正常流量视为恶意流量并进行阻断，可能会导致服务中断或用户投诉。其次，IPS 的部署和配置相对复杂，需要管理员具备较高的专业技能和丰富的经验。此外，IPS 还可能受到网络性能、加密流量等因素的影响，导致其防御效果受限。

二、入侵检测原理与方法

（一）入侵检测原理

入侵检测的原理基于对网络流量、系统日志、应用程序日志等数据源的分析和比对。具体来说，入侵检测系统首先建立正常行为的基线模型或特征库，然后将实际监控到的数据与该模型或库进行比对。如果数据表现出与正常行为不符的特征或模式，则可能被视为潜在的安全威胁或入侵行为。

入侵检测的核心在于如何准确地区分正常行为和异常行为。这通常依赖对大量历史数据的分析和学习，以及对安全威胁的深入理解和研究。通过不断优化和改进检测算法和模型，入侵检测系统可以逐步提高其检测准确率和降低误报率。

（二）入侵检测方法

1. 基于特征的检测（signature-based detection）

基于特征的检测方法通过比对网络流量或系统活动与已知的攻击模式库（即特征库）来识别入侵行为。特征库通常包含一系列已知的攻击签名或模式，这些签名或模式代表了特定类型的攻击行为。当入侵检测系统检测到与特征库中某个签名或模式相匹配的流量或活动时，即认为发生了入侵行为，并生成相应的警报。

基于特征的检测方法具有较高的检测准确率和较低的误报率，但只能检测已知的攻击手段。对于未知的攻击手段或攻击模式的变种，该方法可能无法有效识别。

2. 基于异常的检测（anomaly-based detection）

基于异常的检测方法通过建立正常行为的基线模型来检测异常行为。该模型通常基于对网络流量、系统日志等数据源的历史统计数据和模式分析。当入侵检测系统检测到与基线模型显著偏离的行为时，即认为这些行为可能是异常的，进而可能是入侵行为。这种方法不依赖已知的攻击签名或模式，因此能够检测未知的攻击手段。

（1）基于异常检测方法的优点。能够检测未知攻击，由于不依赖已知的攻击签名，基于异常的检测方法能够识别出新型或变种的攻击手段；灵活性高，随着网络环境和用户行为的变化，基线模型可以动态调整，以适应新的正常行为模式。

（2）基于异常检测方法的缺点。误报率较高，由于正常行为的多样性和复杂性，很难建立一个完美的基线模型来准确区分正常行为和异常行为，因此可能导致较高的误报率；依赖大量数据，为了建立准确的基线模型，需要收集和分析大量的历史数据，这可能需要较长的时间和较高的计算资源。

3. 统计分析方法

统计分析方法通过对网络流量或系统日志等数据源进行统计分析，识别出与正常行为模式显著不同的异常行为。这种方法通常涉及计算数据的均值、标准差、方差等统计量，并设置相应的阈值来判断行为是否异常。当数据超过设定的阈值时，即认为发生了异常行为。

（1）统计分析方法的优点。自动化程度高，统计分析方法可以通过编程实现自动化处理，减少人工干预；适用于大规模数据，能够处理大量的网络流量或系统日志数据，适用于大型网络环境。

（2）统计分析方法的缺点。阈值设置困难，如何设置合适的阈值是统计分析方法面临的一个挑战，阈值过高可能导致漏报，阈值过低则可能导致误报；依赖数据分布，统计分析方法的准确性依赖数据的分布情况，如果数据分布不均匀或存在异常值，可能会影响检测效果。

4. 机器学习与人工智能方法

随着机器学习和人工智能技术的发展，越来越多的入侵检测系统开始采用这些方法来提高检测准确率和降低误报率。机器学习方法通过训练模型来学习正常行为和异常行为的特征，并自动对新的数据进行分类。人工智能方法则利用更高级的技术，如深度学习、自然语言处理等，来处理复杂的网络流量和系统日志数据。

（1）机器学习与人工智能方法的优点。自动化学习能力强，机器学习和人工智能方法能够自动从大量数据中学习并提取特征，无须人工干预；适应性强，能够适应不断变化的网络环境和攻击手段，提高检测的准确性和时效性。

（2）机器学习与人工智能方法的缺点。需要大量训练数据，为了训练出准确的模型，需要收集大量的正常和异常行为数据；计算资源要求高，机器学习和人工智能方法的计算复杂度较高，需要较高的计算资源来支持。

5. 行为分析方法

行为分析方法通过监控和分析用户或系统的行为模式来检测入侵行为。这种方法不仅关注单个行为是否异常，还关注行为之间的关联性和时序性。通过构建用户或系统的行为轮廓（behavior profile），并与实际行为进行比较，可以识别出偏离正常行为模式的行为。

（1）行为分析方法的优点。能够识别复杂攻击，行为分析方法能够识别出那些通过多个步骤或阶段实施的复杂攻击；提高了检测的准确性，通过考虑行为之间的关联性和时序性，行为分析方法能够更准确地判断行为是否异常。

（2）行为分析方法的缺点。行为轮廓构建复杂，构建准确的行为轮廓需要深入了解用户或系统的正常行为模式，这可能需要较长的时间和较高的成本；实时性要求高，为了及时检测入侵行为，行为分析方法需要实时地监控和分析用户或系统的行为数据。

三、入侵防御机制

入侵防御机制（intrusion prevention mechanism）是网络安全防护的重要组成部分，它旨在实时检测并阻止潜在的网络攻击，从而保护网络资产和数据免受未授权访问、数据泄露或破坏等威胁。入侵防御机制通过集成多种技术和策略，实现高效、精准的威胁检测和防御。

（一）入侵防御系统（IPS）概述

入侵防御系统（intrusion prevention system, IPS）是一种主动的安全防御系统，它能够实时监控网络流量，分析数据包内容，并根据预设的规则和签名库识别潜在的恶意行为。一旦检测到攻击企图,IPS 会立即采取防御措施,如阻断攻击流量、重置连接或生成警报，从而有效阻止攻击的发生。

（二）入侵检测系统的功能

入侵检测系统在网络安全领域扮演着举足轻重的角色，其功能多样且关键。

1. 实时监测与事件检测

IDS 能够实时地监控网络流量和系统活动，对任何异常或可疑行为进行快速检测。通过对网络包进行深度分析，IDS 可以识别出潜在的入侵行为，如未经授权的访问、恶意代码的传播或数据泄露等。

2. 威胁识别与分析

IDS 具备强大的威胁识别能力，能够识别已知和未知的威胁。它使用先进的算法和模式识别技术，对网络流量进行特征提取和比对，从而发现潜在的攻击行为。此外，IDS 还能够对威胁进行深入分析，提取攻击者的行为模式和动机，为后续的防御和响应提供有力支持。

3. 安全策略执行与响应

IDS 能够根据预设的安全策略，对检测到的威胁进行自动响应。这些响应措施可以包括阻断攻击源、隔离受感染的系统、记录事件信息或触发报警等。通过及时采取适当的响应措施，IDS 能够有效地减轻威胁对网络的影响，保护系统的完整性和可用性。

4. 报告与日志记录

IDS 能够生成详细的报告和日志记录，记录检测到的所有事件、威胁和响应操作。这些报告和日志对于后续的安全审计、事件追溯和威胁分析至关重要。通过定期查看和分析这些报告，管理员可以了解网络的安全状况，及时发现并处理潜在的安全风险。

5. 与其他安全设备的集成

IDS 可以与防火墙、入侵防御系统（IPS）等其他安全设备进行集成，形成协同防御体系。通过与这些设备的联动，IDS 可以实现更全面的安全防护，提高整个网络的安全性。

（二）IPS 的工作原理

IPS 的工作原理可以分为以下几个步骤。

数据捕获。IPS 首先捕获流经网络的数据包，这些数据包包含了网络中的所有通信信息。

协议解析。IPS 对捕获的数据包进行协议解析，提取出数据包中的关键信息，如源地址、目的地址、端口号、协议类型等。

特征匹配。IPS 将解析后的数据包特征与预设的签名库进行匹配，这些签名代表了已知的网络攻击特征。

行为分析。对于未能匹配到签名的数据包，IPS 会进行行为分析，判断其行为是否符合正常网络通信的规范。

响应处理。一旦发现潜在的攻击行为，IPS 会根据预设的策略采取相应的响应措施，如阻断攻击流量、生成警报等。

（三）IPS 的防御技术

IPS 采用了多种防御技术来提高检测和防御能力。

签名检测技术。基于已知的攻击签名和规则库进行匹配检测，能够准确识别已知的网络攻击。

异常检测技术。通过分析网络流量的统计特征和行为模式，识别出与正常网络流量显著偏离的异常行为。

协议分析技术。深入解析网络协议的内容，识别隐藏在协议层中的恶意行为。

行为分析技术。结合用户行为和网络流量模式，识别出潜在的恶意用户或异常行为。

（四）IPS 的部署策略

IPS 的部署策略对于其防御效果至关重要，常见的部署策略包括以下几个方面。

直路部署。IPS 串联在网络中，所有数据流量都必须经过 IPS 进行检查和处理。这种部署方式能够确保所有流量都受到保护，但可能会对网络性能造成一定影响。

旁路部署。IPS 以旁路方式部署在网络中，不直接参与数据流量的转发。这种方式主要用于监控和审计网络流量，但无法直接阻止攻击的发生。

混合部署。结合直路部署和旁路部署的优点，根据实际需要选择适当的部署方式。例如，在关键网络结点采用直路部署，在其他结点采用旁路部署。

四、IDS/IPS部署与维护

（一）IDS/IPS 部署

IDS（intrusion detection system）和 IPS 的部署是网络安全防护的重要环节，合理的部署策略能够确保网络安全防护的全面性和有效性。

1. 部署位置

IDS/IPS 的部署位置应根据网络架构和安全需求来确定。常见的部署位置包括以下几个方面。

网络边界。在防火墙之后部署 IDS/IPS，用于监控和防御来自外部的攻击。

内部网络。在关键网络结点或业务服务器上部署 IDS/IPS，用于监控和防御内部网络的攻击。

数据中心。在数据中心入口处部署 IDS/IPS，对进出数据中心的数据流量进行全面监控和防御。

2. 部署方式

IDS/IPS 的部署方式包括物理部署和虚拟部署两种。

物理部署。将 IDS/IPS 设备直接部署在网络中，通过物理接口与网络设备相连。这种部署方式适用于网络规模较大、安全需求较高的场景。

虚拟部署。将 IDS/IPS 软件部署在虚拟化平台上，如虚拟机或容器。这种部署方式具有灵活、可扩展性强的优点，适用于云环境或资源受限的场景。

3. 部署策略

在部署 IDS/IPS 时，需要制定详细的部署策略，包括以下几个方面。

规则配置。根据网络环境和安全需求配置合适的规则和签名库，确保能够准确识别并防御潜在的威胁。

性能评估。在部署前进行性能评估，确保 IDS/IPS 设备的处理能力能够满足网络流量的需求，避免成为网络瓶颈。

冗余与故障转移。考虑部署冗余的 IDS/IPS 设备，并配置故障转移机制，以提高系统的可靠性和可用性。

集成与联动。将 IDS/IPS 与其他安全设备（如防火墙、SIEM、SOAR 等）进行集成和联动，实现安全事件的快速响应和协同防御。

（二）IDS/IPS 维护

IDS/IPS 的维护是确保其持续有效运行的关键，包括规则更新、性能监控、日志审计等多个方面。

1. 规则更新

随着新的网络威胁不断出现，IDS/IPS 的规则和签名库需要定期更新。维护人员应关注安全厂商发布的更新信息，及时下载并应用新的规则和签名库，以提高系统对新型威胁的检测能力。

2. 性能监控

IDS/IPS 的性能监控是确保其正常运行的重要手段。维护人员应定期检查 IDS/IPS 的 CPU 使用率、内存占用率、网络吞吐量等关键指标，及时发现并解决性能瓶颈问题。此外，还应关注 IDS/IPS 的告警和错误日志，以识别潜在的配置错误或系统故障。

3. 日志审计

日志审计是 IDS/IPS 维护的重要环节。通过对 IDS/IPS 生成的日志进行审计，可以了解系统的运行状况、检测到的攻击事件以及系统的响应情况。维护人员应定期审查日志内容，分析攻击趋势和特征，以便调整和优化安全策略。同时，还应对日志进行备份和存档，以便在需要时进行回溯和分析。

4. 安全漏洞管理

IDS/IPS 自身也可能存在安全漏洞。维护人员应关注安全厂商发布的安全漏洞信息，及时评估漏洞的影响范围和风险等级，并采取相应的补救措施。这包括安装补丁、升级固件、调整配置等，以确保 IDS/IPS 自身的安全性不受影响。

5. 培训与演练

为了提高维护人员的技能水平和应急响应能力，应定期进行安全培训和演练。培训内容可以包括 IDS/IPS 的工作原理、配置方法、故障排查技巧等。演练内容可以模拟真实的网络攻击场景，检验 IDS/IPS 的防御效果和应急响应流程的有效性。通过培训和演练，可以提高维护人员的专业素养和应对能力，确保 IDS/IPS 在关键时刻能够发挥应有的作用。

入侵防御机制作为网络安全防护的重要组成部分，对于保护网络资产和数据安全具有重要意义。IDS/IPS 作为入侵防御机制的核心技术之一，通过实时检测并阻止潜在的网络攻击，为网络提供了强有力的安全保障。然而，IDS/IPS 的部署和维护并非一劳永逸的工作，需要维护人员不断关注新的网络威胁、更新规则和签名库、监控性能指标、审计日志内容、管理安全漏洞以及进行培训和演练等。只有这样，才能确保 IDS/IPS 始终保持高效、稳定地运行状态，为网络安全保驾护航。

第三节　数据加密技术

一、数据加密基础

在数字化时代，数据的安全性和保密性成为至关重要的问题。数据加密作为保护数据免受未授权访问和篡改的关键技术，其基础原理和应用方法对于维护网络安全具有重大意义。

（一）数据加密的定义

数据加密是指将明文（原始数据）通过一定的算法转换为密文（加密后的数据）的过程，以确保数据在传输或存储过程中不被未经授权的第三方读取或篡改。解密则是加密的逆过程，即将密文转换回明文。

（二）数据加密的目标

数据加密主要追求以下四个目标。

机密性。确保数据仅能被授权用户访问。

完整性。防止数据在传输或存储过程中被篡改或破坏。

真实性。确保数据的来源和内容的真实性，防止伪造或冒充。

抗抵赖性。确保操作无法被否认，通过技术手段记录并验证数据的操作行为。

（三）数据加密的基本要素

数据加密系统通常由以下几个基本要素组成。

明文（plaintext）。原始数据，未加密的信息。

密文（ciphertext）。经过加密处理后的数据，非授权用户无法直接解读。

加密算法（encryption algorithm）。用于将明文转换为密文的数学函数或过程。

解密算法（decryption algorithm）。加密算法的逆过程，用于将密文转换回明文。

密钥（key）。加密算法和解密算法中使用的参数，用于控制加密和解密过程。

二、对称加密与非对称加密

（一）对称加密

对称加密，又称私钥加密或单钥加密，是指加密和解密使用同一密钥的加密方式。其特点在于加密和解密过程相对简单，且速度快，适合处理大量数据。然而，对称加密的密钥管理是一个难题，因为发送方和接收方必须事先安全地共享密钥，且密钥的泄露将直接导致加密系统的安全性受到威胁。

常见的对称加密算法包括 DES（数据加密标准）、AES（高级加密标准）等。AES 是目前广泛使用的对称加密算法之一，支持多种密钥长度（如 128 位、192 位、256 位），具有较高的安全性和灵活性。

（二）非对称加密

非对称加密，又称公钥加密或双钥加密，是指加密和解密使用不同密钥的加密方式。其中，公钥是公开的，可以用于加密数据或验证数字签名；私钥是保密的，用于解密数据或生成数字签名。非对称加密解决了对称加密中密钥管理的难题，因为公钥可以公开传播，而私钥则由接收方安全保管。

然而，非对称加密的加密和解密过程相对复杂，速度较慢，不适合处理大量数据。因此，在实际应用中，通常将非对称加密与对称加密结合使用，即使用非对称加密协商对称加密的密钥，然后使用对称加密处理大量数据。

常见的非对称加密算法包括 RSA（基于大数分解难题）、ECC（椭圆曲线密码学）等。RSA 算法是最早也是最为人熟知的非对称加密算法之一，而 ECC 算法则以其较短的密钥长度和较快的运算速度而受到青睐。

三、数字签名与证书

（一）数字签名

数字签名是一种用于验证数据完整性和来源真实性的技术。它通过使用私钥对数据进行加密处理，生成一个唯一的签名值，并将该签名值与数据一起传输或存储。接收方可以使用发送方的公钥对签名值进行解密和验证，以确认数据的完整性和来源的真实性。

数字签名具有以下几个特性。

完整性。确保数据在传输或存储过程中未被篡改。

真实性。确认数据的来源是真实的，防止伪造或冒充。

抗抵赖性。确保发送方无法否认其发送的数据。

（二）证书

证书是数字签名技术中的重要组成部分，用于验证数字签名的合法性和有效性。证书通常由可信的第三方机构（如证书颁发机构 CA）颁发，包含了证书持有者的公钥、身份信息、证书有效期等关键信息，并由 CA 使用其私钥进行签名以确保证书的真实性。

证书的使用流程通常包括以下几个步骤。

证书颁发。证书持有者向 CA 提交申请，并提供必要的身份信息和公钥。CA 验证后，颁发证书并签名。

证书分发。证书颁发后，证书持有者将证书分发给需要验证其身份或数字签名的用户或系统。

证书验证。接收方使用 CA 的公钥对证书进行验证，确认证书的真实性和有效性。然后，使用证书中的公钥对数字签名进行验证，确认数据的完整性和来源的真实性。

四、加密技术在网络中的应用

（一）TLS/SSL 协议

TLS（传输层安全协议）和 SSL（安全套接字层）协议是互联网上广泛使用的安全协议，它们为网络通信提供了加密、认证和数据完整性验证等功能。TLS 是 SSL 的继任者，目前所有现代 Web 浏览器和服务器都支持 TLS 协议。

TLS/SSL 协议的工作原理大致如下。

握手阶段。在通信双方开始传输数据之前，首先进行 TLS/SSL 握手。这个过程中，双方会协商加密算法、密钥长度等安全参数，并交换证书以验证对方的身份。如果双方都验证通过，则会生成一个共享密钥（使用非对称加密协商），用于后续通信的对称加密。

加密通信。握手完成后，双方使用协商好的对称加密算法和共享密钥对传输的数据进行加密和解密。由于对称加密的速度远快于非对称加密，因此这种方式非常适合大量数据的传输。

完整性验证。除加密外，TLS/SSL 协议还会使用消息认证码（MAC）等技术来验证数据的完整性，确保数据在传输过程中没有被篡改。

（二）VPN（虚拟专用网络）

VPN 是一种通过在公共网络上建立加密通道来保护数据传输安全的技术。它允许远程用户或分支机构通过安全的加密连接访问公司内网资源，就像他们直接连接在公司本地网络上一样。

VPN 的工作原理通常包括以下几个步骤。

隧道建立。VPN 客户端与服务器之间首先建立一条加密的通信隧道。这个隧道可以是基于 IPSec（互联网协议安全）、SSL/TLS 等协议的。

身份认证。在隧道建立之前或建立过程中，VPN 客户端和服务器会进行身份认证，以确保通信双方的身份是可信的。

加密通信。隧道建立并认证通过后，双方之间的通信数据会通过这条加密隧道进行传输，确保数据的安全性和隐私性。

（三）电子邮件加密

电子邮件作为一种广泛使用的通信方式，其安全性也备受关注。为了保护电子邮件内容的机密性，人们开发了多种电子邮件加密技术，如 S/MIME（安全/多用途互联网邮件扩展）和 PGP（pretty good privacy）。

S/MIME 是一种基于公钥加密和数字签名的电子邮件安全标准，它允许发送方对邮件内容进行加密和数字签名，确保邮件的机密性、完整性和来源的真实性。接收方则可以使用相应的私钥和数字证书来解密邮件和验证签名。

PGP 则是一种更为灵活的电子邮件加密工具，它支持多种加密算法和密钥长度，并提供了端到端的加密保护。用户可以使用 PGP 软件对电子邮件进行加密和解密，确保邮件在传输过程中的安全性。

（四）无线网络安全

随着无线网络的普及，无线网络安全问题也日益突出。为了保护无线网络中的数据传输安全，人们采用了多种加密技术，如 WEP（有线等效加密）、WPA（Wi-Fi 保护访问）和 WPA3 等。

WEP 是最早的无线网络加密标准之一，但由于其加密算法存在安全漏洞，现已被弃用。WPA 和 WPA3 则提供了更为强大的加密和认证机制，能够有效保护无线网络中的数据传输安全。WPA3 还引入了新的特性，如同时身份验证和密钥交换（SAE），进一步提高了无线网络的安全性。

加密技术在网络安全中扮演着至关重要的角色。通过对称加密、非对称加密、数字签名和证书等技术的综合运用，我们可以有效地保护数据的机密性、完整性、真实性和抗抵赖性。同时，TLS/SSL 协议、VPN、电子邮件加密和无线网络安全等具体应用也为我们提供了多种保护网络通信和数据传输安全的有效手段。

第四节　网络安全审计与日志管理

一、审计与日志管理的重要性

在数字化时代，网络安全已成为企业运营不可或缺的一部分。随着网络攻击手段的不断演进和复杂化，保护企业资产免受未授权访问、数据泄露、恶意软件感染等威胁变得尤为重要。网络安全审计与日志管理作为防御体系中的关键环节，其重要性不言而喻。

（一）监控与预防

日志是系统或应用运行过程中产生的详细记录，包含了用户活动、系统状态变化、异常事件等多种信息。通过日志管理，安全团队可以实时监控网络环境中的各种活动，及时发现并阻止潜在的安全威胁。例如，通过分析登录日志，可以识别出异常登录尝试，从而防止未授权访问。

（二）事后分析与取证

当安全事件发生时，日志是调查取证的重要依据。通过回溯日志，安全人员可以追踪攻击者的活动轨迹，了解攻击手段，评估损失范围，并据此制定补救措施。此外，日志还可用于法律诉讼，作为证明攻击行为存在的有力证据。

（三）合规性要求

许多行业都受到严格的监管要求，如金融、医疗、政府等。这些行业需要遵守相关的法律法规，如 GDPR（通用数据保护条例）、HIPAA（健康保险流通与责任法案）等，其中就包括了数据保护、隐私保护以及安全审计等方面的规定。通过实施有效的审计与日志管理，企业可以确保自身业务操作符合法律法规要求，避免因违规而面临的法律风险和罚款。

（四）提升安全意识

审计与日志管理不仅是对外部威胁的防御，也是提升内部员工安全意识的重要手段。通过定期审查日志，可以发现员工的不当行为，如违规访问敏感数据、滥用权限等，从而进行教育和纠正。这种持续的监督和教育有助于构建一种积极的安全文化氛围，提高整个组织的安全防护能力。

二、审计系统的构成与功能

审计系统是一个综合性的安全工具，它集成了多种技术和方法，以实现对网络环境中各种活动的全面监控和审计。一个典型的审计系统通常包括以下几个组成部分。

（一）数据采集模块

数据采集模块负责从各种源（如服务器、网络设备、应用系统等）收集日志数据。这些数据可能以不同的格式和协议存在，因此数据采集模块需要具备强大的适配能力和灵活性，以确保能够捕获所有必要的日志信息。

（二）数据存储模块

数据存储模块用于存储采集到的日志数据。由于日志数据量庞大且增长迅速，因此数据存储模块需要具备高效的数据压缩、索引和查询能力，以便快速检索和分析日志数据。同时，为了保障数据的安全性，还需要实施适当的数据加密和备份策略。

（三）数据分析模块

数据分析模块是审计系统的核心部分。它利用先进的算法和模型对日志数据进行深度挖掘和分析，以发现潜在的安全威胁和异常行为。数据分析模块可以支持多种分析方式，如实时分析、历史分析、关联分析等，以满足不同场景下的安全需求。

（四）报告与告警模块

报告与告警模块负责将分析结果以可视化的形式呈现给用户，并提供告警功能。通过生成详细的审计报告和仪表盘，用户可以直观地了解网络环境中的安全状况。同时，当检测到异常行为或安全事件时，系统能够自动触发告警机制，及时通知安全人员进行处理。

（五）权限管理模块

权限管理模块用于控制用户对审计系统的访问权限。通过实施严格的权限控制策略，可以确保只有授权用户才能访问敏感数据和执行关键操作。这有助于防止内部人员滥用权限或泄露敏感信息。

三、日志收集与分析

（一）日志收集

日志收集是日志管理的第一步。为了确保能够捕获到所有必要的日志信息，企业需要制定一套完善的日志收集策略。这包括确定日志来源、选择适当的日志收集工具和方法、配置日志格式和传输协议等。

日志来源。日志可以来源于各种设备和系统，如服务器、网络设备、数据库、应用系统等。企业需要明确哪些设备和系统需要收集日志，并了解它们的日志输出方式和格式。

日志收集工具。市场上有许多日志收集工具可供选择，如 Syslog、Fluentd、Logstash 等。这些工具可以帮助企业从各种源收集日志数据，并将其传输到中央存储库进行集中管理。

日志格式和传输协议。不同的设备和系统可能使用不同的日志格式和传输协议。为了确保日志数据的兼容性和一致性，企业需要制定统一的日志格式和传输协议标准。

（二）日志分析

日志分析是日志管理的核心环节。通过对日志数据进行深度挖掘和分析，可以发现潜在的安全威胁和异常行为。日志分析可以分为以下几个步骤。

数据清洗。首先需要对收集到的日志数据进行清洗处理，去除重复、无效或格式不正确的数据。这有助于提高后续分析的准确性和效率。

特征提取。然后需要从清洗后的日志数据中提取出关键特征信息，如时间戳、IP 地址、用户行为、错误代码等。这些特征信息将作为后续分析的基础。

模式识别。接下来，利用模式识别技术来发现日志数据中的异常模式和潜在的安全威胁。这可以通过统计分析、机器学习算法、规则匹配等多种方式实现。例如，通过统计用户登录失败的次数和频率，可以识别出暴力破解攻击的迹象。

关联分析。由于安全事件往往涉及多个系统和组件之间的交互，因此需要进行关联分析来揭示这些事件之间的内在联系。通过将不同来源和类型的日志数据进行关联，可以构建出完整的安全事件链，从而更准确地理解攻击者的行为路径和目的。

可视化展示。最后，将分析结果以可视化的形式展示出来，以便安全人员更直观地理解网络环境中的安全状况。这可以通过生成仪表盘、报告、图表等多种方式实现。

四、合规性与风险评估

（一）合规性

在网络安全领域，合规性是一个至关重要的方面。不同行业和地区都有各自的法律法规和监管要求，如 GDPR、HIPAA、PCI DSS、NIST 800 系列等。这些法规要求企业采取必要的安全措施来保护用户数据和网络环境的安全。因此，审计与日志管理在帮助企业满足合规性要求方面发挥着重要作用。

法规遵循。企业需要了解并遵循相关的网络安全法律法规，将其要求融入审计与日志管理的策略和实施中。例如，确保日志数据的收集、存储、处理和分析过程符合数据保护和个人隐私的要求。

审计准备。定期进行网络安全审计是满足合规性要求的重要手段之一。通过审计与日志管理，企业可以准备完整的审计材料，包括日志数据、安全策略、操作记录等，以证明自身业务操作符合法规要求。

持续改进。合规性要求并非一成不变，随着法规的更新和技术的演进，企业需要不断调整和完善审计与日志管理的策略和措施，以确保持续符合合规性要求。

（二）风险评估

风险评估是网络安全管理中的一个关键环节，它帮助企业识别、评估并应对潜在的安全威胁和风险。审计与日志管理在风险评估过程中发挥着重要作用。

威胁识别。通过分析日志数据，可以识别出潜在的安全威胁和异常行为。这些威胁可能来自外部攻击者（如黑客、病毒等），也可能来自内部人员（如误操作、滥用权限等）。

风险评估。在识别出威胁后，需要进一步评估其潜在的影响和危害程度。这可以通过分析威胁的严重性、可能性以及可能造成的损失来实现。审计与日志管理提供了丰富的数据和证据来支持这一评估过程。

风险应对。根据风险评估的结果，制定相应的风险应对策略和措施。这可能包括加强安全防护、改进安全策略、加强员工培训等多种方式。审计与日志管理可以为企业提供实时的监控和反馈机制，帮助企业及时调整和优化风险应对策略。

网络安全审计与日志管理在保护企业资产免受安全威胁、满足合规性要求以及进行风险评估和应对方面发挥着重要作用。通过实施有效的审计与日志管理策略和实施，企业可以构建一个更加安全、可靠和合规的网络环境。

第八章　网络安全攻击与防范策略

第一节　网络扫描与监听

一、网络扫描技术

（一）网络扫描基本概念

网络扫描技术是一种用于发现和评估网络安全漏洞的重要工具。它通过向目标网络或系统发送精心设计的探测数据包，并根据目标主机的响应来判断其是否存在安全漏洞。网络扫描的主要目的是帮助网络管理员和安全专家了解网络的安全状况，及时发现并修复潜在的安全风险。

网络扫描技术可以分为多种类型，包括端口扫描、漏洞扫描、操作系统识别等。其中，端口扫描是最基础也是最常见的一种扫描方式。它通过向目标主机的各个端口发送探测数据包，根据返回的响应来判断端口的开放状态以及可能运行的服务。

（二）端口扫描技术

端口扫描是网络扫描中的基础技术，主要用于探测目标主机上开放的端口及其提供的服务。常见的端口扫描技术包括 TCP 全连接扫描、TCP SYN 扫描、UDP 扫描等。

TCP 全连接扫描（TCP full Connect scan）。这是最传统也是最稳定可靠的端口扫描方式。扫描器会尝试与目标主机的每个端口建立正常的 TCP 连接（即完成三次握手）。如果连接成功，说明该端口开放；如果连接失败（如收到 RST 报文），则说明该端口关闭或不可达。这种扫描方式的优点是稳定可靠，但缺点是扫描速度较慢，且容易被目标主机或防火墙发现。

TCP SYN 扫描。为了提高扫描速度并降低被发现的风险，TCP SYN 扫描只完成三次握手中的前两个步骤。扫描器向目标端口发送 SYN 报文，如果收到 SYN+ACK 响应，则说明该端口开放；如果没有收到任何响应或收到 RST 报文，则说明该端口关闭或不可达。这种扫描方式的优点是速度较快且较为隐蔽，但缺点是需要管理员权限才能构造相应的数据包。

UDP 扫描。UDP 扫描通过向目标端口发送 UDP 数据包来探测端口的开放状态。如果端口开放且没有服务监听，则不会收到任何响应；如果端口未开放或不可达，则会收到 ICMP_PORT_UNREACH 错误报文。然而，由于 UDP 的无连接特性以及 ICMP 报文在传输过程中可能丢失或被限制，UDP 扫描的准确性相对较低。

（三）漏洞扫描技术

漏洞扫描是在端口扫描的基础上，结合已知的漏洞信息对目标系统进行更深入的安全检测。漏洞扫描器会向目标系统发送特定的探测数据包或执行特定的脚本文件，以模拟黑客攻击的行为并记录系统的反应。通过分析系统的响应数据，漏洞扫描器可以判断目标系统是否存在已知的漏洞，并给出相应的修复建议。

漏洞扫描技术通常包括以下几个步骤。

信息收集。收集目标系统的相关信息，如 IP 地址、域名、开放端口、操作系统类型等。

漏洞匹配。将收集到的信息与已知的漏洞数据库进行匹配，找出可能存在的漏洞。

漏洞验证。对疑似存在的漏洞进行进一步验证，确认其是否真正存在并可利用。

报告生成。生成详细的漏洞扫描报告，包括漏洞的详细信息、影响范围、修复建议等。

（四）操作系统识别技术

操作系统识别是网络扫描中的一项重要技术，它通过分析目标主机对探测数据包的响应特征来推断其运行的操作系统类型。常见的操作系统识别方法包括旗标信息识别、端口信息识别和 TCP/IP 协议栈指纹识别等。

旗标信息识别。客户端向服务器发起连接请求时，服务器会返回一段欢迎信息（即旗标信息）。不同的操作系统通常会有不同的默认服务及其响应信息，通过分析这些信息可以初步判断操作系统的类型。

端口信息识别。不同的操作系统会默认开放一些特定的端口，并监听这些端口上的服务。通过分析目标主机上开放的端口及其服务类型，可以进一步推断操作系统的类型。

TCP/IP 协议栈指纹识别。不同的操作系统在 TCP/IP 协议栈的实现上存在差异，这些差异会导致对相同探测数据包的响应不同。通过分析目标主机对特定探测数据包的响应特征（如响应顺序、响应值等），可以形成操作系统的指纹信息，从而准确识别操作系统的类型。

二、网络监听原理与工具

（一）网络监听原理

网络监听是一种监视网络状态、数据流程以及网络上信息传输的管理工具。它可以将网络界面设定成监听模式，并截获网络上所传输的信息。网络监听的基本原理是收集原本非目标主机要丢弃的报文，这些报文可能包含了敏感的数据信息，如用户密码、交易记录等。

网络监听通常被用于黑客攻击中，以截获目标网络上的重要信息。然而，它也可以被用于合法的网络管理和安全审计中，以监视网络的流量、状态和数据传输情况。但需要注意的是，未经授权的网络监听是违法的行为，会侵犯他人的隐私权和知识产权。

（二）网络监听工具

网络监听工具是实现网络监听功能的软件或程序。这些工具能够捕获网络中的数据包，并对其进行解析、分析和展示，从而帮助用户了解网络的状态和数据传输情况。以下是一些常见的网络监听工具及其特点。

Wireshark。Wireshark 是最受欢迎的开源网络协议分析工具之一。它能够捕获网络上的数据包，并支持广泛的协议解析，包括 TCP、UDP、HTTP、FTP 等。Wireshark 具有强大的过滤和搜索功能，可以帮助用户快速定位感兴趣的数据包。

此外，它还支持实时分析和数据包的保存与回放，是网络安全分析、故障排查和协议学习的强大工具。

TCPDump。TCPDump 是一个强大的命令行网络抓包工具，广泛用于 UNIX 和 Linux 操作系统。它能够捕获经过网络接口的数据包，并根据用户定义的规则进行过滤和显示。TCPDump 支持多种协议和复杂的过滤表达式，可以灵活地捕获和分析网络流量。由于其轻量级和高效性，TCPDump 常被用于网络监控和故障排查。

Sniffer Pro。Sniffer Pro（现在可能已更名为其他名称，如 OmniPeek）是一款商业级的网络分析工具，提供全面的网络监控、数据包捕获和分析功能。它支持实时网络流量监控、协议分析、性能评估和安全审计等功能。Sniffer Pro 还具备强大的报警和报告功能，能够帮助用户及时发现网络中的异常情况和潜在威胁。

Nmap。虽然 Nmap 主要被用作网络扫描工具，但它也包含了一些网络监听和监控的功能。通过 Nmap 的脚本引擎和扩展模块，用户可以编写自定义脚本来捕获和分析网络流量。Nmap 的灵活性和可扩展性使得它成为了一个多功能的网络工具集，适用于各种网络分析和安全评估任务。

tshark。tshark 是 Wireshark 的命令行版本，提供了与 Wireshark 相似的功能，但更加适合脚本化和自动化任务。tshark 支持捕获、解析和显示网络数据包，同时提供了丰富的命令行选项和脚本接口，方便用户进行批量处理和自动化分析。

（三）网络监听的风险与合法性

网络监听虽然具有强大的功能，但也伴随着潜在的风险和法律问题。未经授权的网络监听可能侵犯他人的隐私权和知识产权，导致严重的法律后果。因此，在进行网络监听时，必须确保符合相关法律法规和伦理规范。

在合法和合规的范围内，网络监听可以用于网络管理、安全审计和故障排查等目的。例如，企业可以使用网络监听工具来监控内部网络的流量和状态，以确保网络的安全和稳定运行。然而，在进行这些活动时，必须明确告知用户并遵守相关的隐私政策和安全标准。

三、防范扫描与监听的策略

为了有效防范网络扫描和监听攻击，组织和个人可以采取以下策略。

（一）加强网络安全意识教育

提高用户对网络安全的认识和意识是防范扫描和监听攻击的第一道防线。组织应定期开展网络安全培训和教育活动，向用户普及网络安全知识和技能，增强用户的安全防范意识。

（二）使用防火墙和安全设备

防火墙和安全设备是防范网络扫描和监听攻击的重要工具。防火墙可以监控和过滤进出网络的数据包，阻止未经授权的访问和恶意扫描行为。同时，安全设备如入侵检测系统（IDS）和入侵防御系统（IPS）可以实时监测网络流量，发现并阻止潜在的攻击行为。

（三）加密网络通信

加密网络通信可以有效防止数据在传输过程中被截获和窃取。通过使用SSL/TLS等加密协议对敏感数据进行加密传输，可以确保数据在传输过程中的安全性和完整性。此外，VPN（虚拟专用网络）技术也可以为远程用户提供安全的网络通道，保护数据传输的隐私和安全。

（四）定期更新和修补系统漏洞

系统漏洞是黑客进行扫描和攻击的重要入口。因此，组织应定期更新和修补系统漏洞，确保系统的安全性和稳定性。这包括操作系统、应用软件和网络设备的更新和补丁安装。同时，还应使用漏洞扫描工具定期扫描系统漏洞，及时发现并修复潜在的安全风险。

（五）监控和审计网络流量

通过监控和审计网络流量，可以及时发现并阻止潜在的扫描和监听攻击。组织应部署网络监控和审计系统，对网络流量进行实时监控和分析。同时，还应定期审查和分析网络日志和审计数据，以发现潜在的异常行为和可疑活动。

（六）访问控制和权限管理

严格的访问控制和权限管理是防范扫描和监听攻击的重要措施。组织应建立完善的访问控制机制，对用户的访问权限进行细粒度管理和控制。同时，还应定期对用户的访问权限进行审查和清理，确保只有合法用户才能访问敏感数据和资源。

第二节　漏洞利用与攻击技术

一、漏洞概念与分类

（一）漏洞概念

漏洞，也称为脆弱性（vulnerability），是计算机系统的硬件、软件、协议在系统设计、具体实现、系统配置或安全策略上存在的缺陷。这些缺陷使得攻击者能够在未授权的情况下访问或破坏系统，从而对系统安全构成威胁。漏洞的存在本身并不直接构成危害，只有当它们被攻击者恶意利用时，才会对系统安全产生实际影响。

（二）漏洞分类

漏洞可以根据不同的标准进行分类，以下是几种常见的分类方式。

1. 按利用地点分类

本地利用漏洞。这类漏洞要求攻击者必须在本机拥有访问权限的前提下才能攻击并利用。它们通常涉及对系统本地文件的访问或对系统进程的直接操作。

远程利用漏洞。远程利用漏洞允许攻击者通过网络直接发起攻击，无须在目标系统上拥有任何权限。这类漏洞是蠕虫病毒等恶意软件的主要利用对象。

2. 按形成原因分类

设计错误漏洞。由于系统设计时的疏忽或错误导致的漏洞。这类漏洞往往较为隐蔽，难以被发现和修复。

实现错误漏洞。在软件开发过程中，由于编码错误或实现不当导致的漏洞。这类漏洞相对容易发现和修复，但也可能对系统安全造成严重影响。

配置错误漏洞。由于系统或应用的配置不当导致的漏洞。这类漏洞通常与系统的安全策略和管理有关，通过合理的配置和管理可以有效避免。

3. 按生命周期阶段分类

0day 漏洞。指还未被公开披露的漏洞。这类漏洞只在攻击者个人或小范围黑客团体内使用，网络用户和厂商都不知情，因此没有任何防范手段，危害极大。

已公开漏洞。指已经被厂商公开披露并发布补丁或修补方法的漏洞。大多数用户都已经打过补丁的漏洞，其危害相对较小。

4. 按危险等级分类

高危漏洞。这类漏洞可以导致严重的后果，如网络蠕虫和病毒在用户不知情的情况下在网络上任意传播和繁殖，或者导致执行远程恶意代码。

中危漏洞。可能导致权限提升或用户数据泄露等中等程度的危害。

低危漏洞。利用难度较大，对用户数据的可用性、完整性等影响较小。

二、漏洞扫描与修复流程

（一）漏洞扫描

漏洞扫描是发现和识别系统中潜在漏洞的过程。以下是漏洞扫描的基本流程。

确定扫描目标。明确需要扫描的系统或应用程序，包括其 IP 地址、端口号、服务类型等信息。

收集信息和进行资产发现。了解目标系统的操作系统版本、网络拓扑结构、应用程序版本等基本信息，并确定目标系统上存在的所有设备和资源。

选择合适的扫描工具。根据扫描目标和需求选择合适的漏洞扫描工具。市场上流行的扫描工具包括 Nessus、OpenVAS、Nmap 等。

配置扫描参数。根据扫描目标和工具的要求配置扫描参数，如扫描范围、扫描深度、扫描策略等。

执行扫描。启动扫描工具对目标系统进行扫描，工具将自动检测系统中的已知漏洞并生成相应的报告。

分析扫描结果。对扫描报告进行深入分析，了解漏洞的具体类型、严重程度以及可能的利用方式。

（二）漏洞修复

漏洞修复是确保系统安全性的关键步骤，它涉及对发现的漏洞进行逐一处理，以减少或消除它们对系统安全的威胁。以下是漏洞修复的基本流程。

1. 优先级排序

根据漏洞的严重程度、影响范围以及可利用性等因素，对发现的漏洞进行优先级排序。优先处理那些高风险、易于被利用的漏洞。

2. 验证漏洞

在进行修复之前，验证漏洞的真实性和可复现性。这可以通过重新执行漏洞扫描、使用漏洞利用工具或手动测试来完成。

3. 评估影响

评估漏洞修复可能带来的影响，包括修复过程对系统可用性的影响、是否需要停机维护、是否需要备份数据等。

4. 制订修复计划

根据漏洞的优先级、影响评估以及现有资源，制订详细的修复计划。修复计划应包括修复步骤、所需时间、责任人以及备份和恢复策略等。

5. 获取补丁或修复方案

对于已知漏洞，通常可以从软件供应商处获取官方补丁或修复方案。如果是自定义系统或软件，则需要自行开发修复代码。

6. 测试修复方案。

在实施修复方案之前，在测试环境中对其进行测试，以确保修复有效且不会引发新的问题。测试应包括功能测试、性能测试和安全测试。

7. 实施修复

在确认修复方案无误后，按照修复计划实施修复。这可能涉及安装补丁、更新软件版本、修改配置文件或重新部署系统等操作。

8. 验证修复效果

进行漏洞扫描和渗透测试，以验证漏洞是否已被成功修复。同时，观察系统运行状态和用户反馈，确保修复没有引入新的问题。

9. 文档记录

记录整个修复过程，包括漏洞详情、修复方案、测试结果和修复效果等。这有助于未来对系统安全性的审计和改进。

10. 持续监控

修复漏洞并不意味着系统安全性的终结。相反，它应该是一个持续的过程。持续监控系统状态，及时发现并处理新的漏洞和威胁，是确保系统长期安全的关键。

11. 安全培训

对系统管理员和开发人员进行安全培训，增强他们的安全意识和技术水平。这有助于减少因人为错误导致的安全漏洞，并促进整个组织的安全文化建设。

12. 应急响应准备

建立应急响应机制，制定应急预案。在发生安全事件时，能够迅速响应、有效处置，减少损失并恢复系统正常运行。

通过遵循上述漏洞扫描与修复流程，组织可以及时发现并修复系统中的潜在漏洞，提高系统的安全性和稳定性。然而，需要注意的是，安全是一个持续的过程，需要不断地进行漏洞扫描、修复和监控，以应对不断变化的威胁环境。

第三节　网络入侵与防御

一、网络入侵类型与手段

在当今数字化时代，网络入侵已成为企业和个人面临的主要安全威胁之一。了解网络入侵的类型及其采用的手段，对于构建有效的防御体系至关重要。网络入侵大致可以分为以下几类。

（一）恶意软件攻击

恶意软件，包括病毒、蠕虫、特洛伊木马、勒索软件等，是网络入侵中最常见的手段之一。它们通过电子邮件附件、恶意网站、受感染的软件下载等途径传播，一旦进入系统，便能执行未经授权的操作，如窃取数据、破坏系统或加密文件以索要赎金。

（二）拒绝服务（DoS）和分布式拒绝服务（DDoS）攻击

拒绝服务攻击通过向目标系统发送大量无用的网络流量，导致系统资源耗尽，无法响应正常用户的请求。分布式拒绝服务（DDoS）攻击则是利用多台计算机或设备同时发起攻击，使得防御变得更加困难。

（三）钓鱼攻击

钓鱼攻击通过伪装成合法的电子邮件、网站或即时消息，诱骗用户点击恶意链接或下载附件，进而获取用户的敏感信息，如登录凭据、银行账户信息等。这种攻击方式往往结合社会工程学技巧，使得用户难以察觉其恶意性。钓鱼攻击有以下特点。

伪装性强。钓鱼攻击通常使用与合法网站或机构相似的外观和标识，以骗取用户的信任。

社会工程学应用。攻击者利用人们的好奇心、贪婪等心理弱点，精心设计诱饵，诱使用户上钩。

信息窃取风险。一旦用户点击了钓鱼链接或输入了敏感信息，这些信息就会被攻击者窃取。

（四）SQL 注入

SQL 注入是一种针对数据库的攻击手段，攻击者通过在 Web 表单或输入字段中插入恶意的 SQL 代码，绕过安全措施，对数据库进行未授权的查询、修改或删除操作。这种攻击方式常见于未对输入数据进行充分验证的Web应用程序中。

（五）跨站脚本（XSS）

跨站脚本攻击允许攻击者将恶意脚本注入用户浏览的网页中，当其他用户访问这些网页时，恶意脚本便会在用户的浏览器中执行，窃取用户的会话令牌、cookie 等敏感信息，或者进行其他恶意操作。

（六）跨站请求伪造（CSRF）

跨站请求伪造是一种利用用户在已登录网站的身份，执行非法操作的攻击方式。攻击者构造一个恶意的网页或链接，诱使用户点击，从而触发对目标网站的非法请求。跨站请求伪造有以下特点。

利用用户身份。CSRF 攻击利用的是用户已经登录的身份，因此攻击者无须破解用户的登录凭据即可进行攻击。

难以防范。由于 CSRF 攻击利用了用户的正常操作，因此很难通过传统的安全机制进行防范。

危害严重。一旦攻击成功，攻击者可以以用户的身份执行各种非法操作，如转账、发布恶意信息等，给用户带来严重的损失。

（七）中间人攻击（man-in-the-middle attack）

中间人攻击是一种在网络通信过程中，攻击者通过截获并篡改通信双方的数据包，从而窃取或篡改信息的攻击方式。中间人攻击有以下特点。

隐蔽性高。中间人攻击通常发生在网络通信的底层，用户很难察觉。

信息泄漏风险。攻击者可以截获并读取通信双方的数据包，从而窃取敏感信息。

数据篡改可能。攻击者不仅可以读取数据，还可以篡改通信内容，导致数据的不完整或错误。

二、入侵防御体系构建

为了有效抵御上述网络入侵，构建一套完善的入侵防御体系至关重要。以下是一些关键步骤。

（一）强化网络安全意识

提高员工对网络安全的认识和警惕性，通过定期的安全培训和教育，使员工了解常见的网络威胁和防御方法，避免成为攻击者的突破口。

（二）部署多层防御机制

采用防火墙、入侵检测 / 防御系统（IDS/IPS）、反病毒软件、Web 应用防火墙（WAF）等多层安全设备和技术，构建多层次的防御体系，以应对不同类型的网络攻击。

（三）定期进行安全审计与漏洞扫描

定期对网络系统进行安全审计和漏洞扫描，及时发现并修复系统中的安全漏洞和弱点，防止攻击者利用这些漏洞进行入侵。

（四）实施严格的访问控制策略

根据业务需求和安全要求，制定并实施严格的访问控制策略，限制对敏感数据和关键系统的访问权限，防止未授权访问和非法操作。

（五）加强数据保护与备份

采用加密技术对敏感数据进行加密存储和传输，确保数据的机密性和完整性。同时，建立定期的数据备份和恢复机制，确保在数据丢失或损坏时能够迅速恢复。

三、应急响应与恢复计划

制订并实施应急响应与恢复计划，是应对网络入侵和减少损失的关键措施。以下是一个应急响应与恢复计划的基本框架。

（一）应急响应团队组建

组建由网络安全专家、系统管理员、法律顾问等组成的应急响应团队，明确各成员的职责和分工，确保在发生网络入侵时能够迅速响应。

（二）应急响应流程制定

制定详细的应急响应流程，包括攻击发现、初步评估、深入分析、系统隔离、数据保护、攻击清除、系统恢复、事后分析等环节，确保在发生网络入侵时能够有序地进行应对。

（三）快速响应与隔离

一旦发现网络入侵迹象，立即启动应急响应流程，迅速隔离受感染的系统或网络区域，防止攻击扩散。同时，收集和分析攻击信息，确定攻击来源、方式和影响范围。

（四）系统恢复与数据恢复

在隔离受感染系统后，根据备份和恢复策略，对受损系统进行恢复。同时，对受影响的数据进行恢复和验证，确保数据的完整性和可用性。

（五）事后分析与改进

在应急响应工作完成后，组织团队进行事后分析，总结经验教训并提炼出改进建议。分析攻击事件的原因、过程、影响以及防御措施的不足之处，为未来的网络安全工作提供指导。根据分析结果调整和完善网络安全策略、应急响应计划和技术措施，确保组织能够持续应对不断变化的网络威胁。

第四节　恶意代码与反病毒技术

一、恶意代码分类与特征

恶意代码（malicious code），又称恶意软件，是指被设计用来在未经用户许可的情况下对计算机系统造成破坏、窃取私密信息或执行其他有害行为的软件。根据其功能和传播方式的不同，恶意代码可以细分为多种类型，主要包括病毒、蠕虫、木马、间谍软件、广告软件等。

（一）病毒（virus）

病毒是一种依附于其他程序、文档或文件的恶意代码。它们通过感染合法程序或文件来传播，并在用户执行这些程序或文件时激活，执行其恶意功能。病毒的特点在于其寄生性和传播性，它们通常利用用户的活动（如共享文件、使用移动存储设备、下载文件等）来传播到其他系统。一旦感染，病毒可能会对计算机系统造成破坏，如删除文件、破坏数据、降低系统性能等。

（二）蠕虫（worm）

蠕虫是一种相对独立的恶意软件，与病毒不同，它无须依附于其他程序即可运行。蠕虫通过网络传播，利用计算机网络的漏洞或弱点，自动复制并传送自己。蠕虫的传播速度通常比病毒更快，因为它们可以在网络中迅速扫描并感染其他脆弱系统。蠕虫的典型特征是自我复制和快速传播，这导致它们能够在短时间内形成规模庞大的感染，对网络带宽和系统资源造成严重影响。

（三）木马（trojan horse）

木马是一种伪装成正常程序的恶意软件，通过欺骗用户来获取系统权限并执行恶意操作。木马不会自行传播，而是通过欺骗用户（如伪装成游戏、工具软件等）

将其安装在计算机上。一旦安装成功，木马可能会提供远程访问权限，窃取敏感信息（如账号密码、银行信息等），或者在后台执行各种恶意活动（如监视用户行为、破坏系统安全等）。木马的目标是绕过用户的防御机制，悄悄地执行其背后的恶意任务。

（四）间谍软件（spyware）

间谍软件用于监视用户活动、收集个人信息并将其发送给第三方。这类软件通常会在用户不知情的情况下安装在计算机中，并运行于后台。间谍软件可以记录键盘输入、窃取敏感信息、跟踪用户的网络浏览记录等，对用户的隐私构成严重威胁。

（五）广告软件（adware）

广告软件是一种以弹出广告或在用户界面显示广告为主要特征的恶意软件。它常常捆绑在免费软件中，并在用户不知情的情况下安装在系统中。广告软件不仅会对用户产生干扰（如频繁弹出广告），还可能导致系统资源浪费和安全隐患。

二、病毒、蠕虫、木马等的工作原理

（一）病毒的工作原理

病毒通过感染合法程序或文件来传播。当被感染的程序或文件被执行时，病毒代码会被激活并执行其恶意功能。病毒通常会复制自身并附加到其他程序或文件中，从而实现自我复制和传播。

（二）蠕虫的工作原理

蠕虫通过网络传播，利用计算机网络中的漏洞或弱点进行复制和传送。它们可以独立运行，无须依附于其他程序。蠕虫会扫描网络中的脆弱系统，并尝试利用这些系统的漏洞进行感染。一旦成功感染，蠕虫会进一步复制自己并继续传播。

（三）木马的工作原理

木马通过伪装成正常程序来欺骗用户安装。一旦用户执行了木马程序，木马就会获取系统权限并执行恶意操作。木马可以执行多种恶意活动，如窃取用户信息、提供远程访问权限、破坏系统安全等。它们通常会在后台运行，以避免被用户发现。

三、反病毒软件与防护策略

反病毒软件是保护计算机免受恶意软件侵害的重要工具。它们通过扫描系统文件、监控网络活动等方式来检测和清除恶意软件。为了有效防范恶意软件的攻击，用户可以采取以下防护策略。

安装可靠的安全软件。使用专业的防病毒软件和防火墙来保护计算机免受恶意软件的侵害。

定期更新操作系统和软件。及时安装最新的安全补丁以填补漏洞并增强防护能力。

谨慎点击链接和附件。避免点击不明来源的链接和附件，它们可能包含恶意软件。

下载软件的合法来源。只从官方网站或信任的来源下载软件以避免下载带有恶意软件的文件。

强密码和多因素认证。使用强密码并启用多因素认证以提高账户的安全性。

四、恶意代码的检测与清除技术

恶意代码的检测与清除技术主要包括静态分析和动态分析两种方法。

（一）静态分析

特征码扫描技术。通过检测二进制文件中是否含有已知的恶意代码特征值来判断文件是否存在威胁。这是恶意代码检测的基石，依赖海量的已知恶意代码特征库。

基于签名的扫描技术。对文件进行签名计算并与已知的恶意代码签名进行比对。这种方法速度快但可能无法识别变种恶意代码。

导入表分析技术。通过分析程序调用的 API 及其权值累积来判断程序是否为恶意软件。

（二）动态分析

沙箱技术（sandboxing）。沙箱技术通过创建一个隔离的环境来运行可疑程序，观察其在该环境中的行为。如果程序表现出恶意行为（如尝试访问系统文件、修改注册表、进行网络通信等），则可以判断其为恶意软件。沙箱技术能够有效地识别和阻止未知恶意代码的执行，但可能因资源限制而难以模拟所有真实环境。

行为监控。行为监控技术通过监视程序在运行时执行的各种操作来判断其是否恶意。这种技术不仅关注程序的静态特征，还关注其动态行为模式。当程序执行了不符合正常程序行为规范的操作时，行为监控系统会发出警报并采取相应措施。

启发式扫描。启发式扫描技术不依赖已知的特征码或签名，而是通过分析程序代码的结构、逻辑和行为模式来识别潜在的恶意代码。该技术能够识别出未知或变种恶意代码，但其准确性可能受到算法复杂性和误报率的影响。

网络流量分析。恶意软件常常通过网络进行通信以执行其恶意功能。网络流量分析技术通过监视网络数据包来检测恶意软件的通信行为。当检测到异常的网络活动（如大量的未授权数据传输、尝试连接到已知的恶意服务器等）时，可以触发警报并采取相应的防御措施。

第九章 医疗卫生行业局域网技术与应用

第一节 医疗卫生行业局域网概述与标准

一、医疗卫生行业局域网的特点与需求

医疗卫生行业局域网作为支撑医疗信息化建设的基石，具有其独特的特点和明确的需求。局域网在医疗环境中扮演着关键角色，从支持日常医疗操作到推动医学研究和创新，其重要性不言而喻。

（一）医疗卫生行业局域网的特点

1. 高可靠性

医疗卫生行业的局域网必须具有高可靠性，以确保医疗信息的准确性和完整性。医疗数据往往涉及患者的生命健康，任何数据丢失或损坏都可能带来严重后果。因此，局域网必须具备冗余设计和容错机制，以应对可能的硬件故障或网络中断。

2. 高安全性

由于医疗数据包含大量个人隐私信息，医疗卫生行业局域网必须具备严格的安全防护措施。这包括数据加密、访问控制、入侵检测等手段，以防止数据泄露或被非法访问。同时，局域网还应定期进行安全漏洞扫描和风险评估，确保网络始终处于安全状态。

3. 高效性

医疗卫生行业的局域网需要支持大量的数据传输和共享，包括医学影像、病历资料、检验报告等。因此，局域网必须具备高效的数据处理能力，以满足医疗工作的高效运行需求。此外，局域网还应支持多种通信协议和设备接入，以便与

各种医疗设备和信息系统实现无缝对接。

4. 可扩展性

随着医疗卫生行业的不断发展，医疗信息系统也在不断更新和升级。因此，局域网必须具备良好的可扩展性，以适应未来技术发展和业务需求的变化。这包括网络架构的灵活性、设备接口的标准化以及软件平台的开放性等方面。

（二）医疗卫生行业局域网的需求

1. 稳定的网络连接

医疗卫生行业的局域网需要确保稳定的网络连接，以支持各种医疗应用的正常运行。无论是门诊挂号、住院管理还是远程医疗等应用，都需要稳定的网络支持。因此，局域网应具备高性能的网络设备和优化的网络布局，以确保网络的稳定性和可靠性。

2. 高速的数据传输

医疗数据通常具有大量的图像、视频和文档等多媒体信息，需要高效、快速地传输和处理。因此，医疗卫生行业的局域网需要具备高速的数据传输能力，以满足医疗工作对数据传输速度的需求。这可以采用高速的网络设备、优化网络带宽分配以及实施负载均衡等技术手段来实现。

3. 灵活的网络架构

随着医疗信息化建设的不断深入，医疗卫生行业的局域网需要支持更多的医疗应用和设备接入。因此，网络架构需要具备灵活性，能够适应不同应用场景和设备接入的需求。这可以通过采用模块化设计、支持多种通信协议和设备接口以及提供丰富的扩展接口等方式来实现。

4. 全面的安全防护

由于医疗数据具有高度的敏感性和隐私性，医疗卫生行业的局域网需要实施全面的安全防护措施。这包括物理安全、网络安全、应用安全和数据安全等多个方面。具体而言，需要采取加密技术、身份认证、访问控制等手段来保护数据的机密性和完整性；同时，还需要建立完善的安全管理制度和应急响应机制，以应对可能的安全威胁和事件。

5. 高效的资源利用

医疗卫生行业的局域网需要实现资源的有效利用，以降低成本并提高运营效率。这包括优化网络带宽的利用、减少能源消耗以及提高设备的利用率等方面。通过采用先进的网络管理技术和智能设备，可以实现对网络资源的实时监控和调度，从而确保资源的合理利用和高效运行。

6. 便捷的维护与管理

医疗卫生行业的局域网需要具备便捷的维护与管理功能，以方便管理人员对网络进行日常维护和故障排查。这可以通过采用统一的网络管理平台、提供友好的操作界面以及实现自动化的故障诊断和恢复等方式来实现。同时，还需要建立完善的维护管理制度和培训机制，以提高管理人员的技能水平和应对突发事件的能力。

医疗卫生行业局域网的特点与需求体现了医疗信息化建设的复杂性和重要性。为了满足这些特点与需求，我们需要采用先进的技术和管理手段来构建稳定、高效、安全的局域网环境，为医疗卫生行业的发展提供有力的支撑和保障。

二、局域网相关标准与规范

医疗卫生行业局域网作为支撑医疗业务运行的关键基础设施，其建设和管理必须遵循一系列相关标准和规范。这些标准和规范旨在确保局域网的稳定性、安全性、高效性和可扩展性，为医疗业务的顺利开展提供有力保障。

（一）网络架构与设备标准

1. 网络拓扑结构

医疗卫生行业局域网通常采用层次化的网络架构，包括核心层、汇聚层和接入层。各层次之间通过高速链路连接，实现数据的快速传输和交换。同时，网络拓扑结构应具备一定的冗余设计，以应对可能的单点故障。

2. 网络设备选型

网络设备应符合国家及行业的相关标准，具备高性能、高可靠性和高安全性。核心交换机、汇聚交换机和接入交换机等关键设备应采用知名品牌、经过严格测试的产品。此外，网络设备还应支持多种通信协议和设备接入，以满足不同医疗业务的需求。

（二）网络安全标准与规范

1. 网络安全防护

医疗卫生行业局域网应实施全面的安全防护措施，包括防火墙、入侵检测系统、病毒防护系统等。同时，应定期进行安全漏洞扫描和风险评估，及时发现和修复潜在的安全隐患。

2. 数据加密与传输安全

对于涉及个人隐私的医疗数据，应采取加密措施进行保护。在数据传输过程中，应使用安全的通信协议和加密技术，确保数据的机密性和完整性。

3. 身份认证与访问控制

医疗卫生行业局域网应建立严格的身份认证和访问控制机制，对用户的访问权限进行细粒度管理。通过用户名密码、数字证书等多种认证方式，确保只有合法用户才能访问网络资源和数据。

（三）网络管理与维护规范

1. 网络管理平台

医疗卫生行业局域网应建立统一的网络管理平台，实现对网络设备的集中管理和监控。平台应具备设备状态监测、故障排查、性能优化等功能，提高网络管理的效率和质量。

2. 网络维护流程

网络维护应遵循规范的流程，包括定期巡检、故障处理、软件升级等。维护人员应熟悉网络设备的操作和维护方法，能够快速响应和处理网络故障。同时，应建立完善的维护记录和文档，方便后续的故障排查和问题分析。

3. 网络安全事件应急响应

针对可能出现的网络安全事件，医疗卫生行业局域网应制定应急响应预案，明确应急处置流程、责任分工和沟通协调机制。当发生安全事件时，能够迅速启动应急预案，采取有效措施进行处置，降低事件对医疗业务的影响。

（四）其他相关标准与规范

1. 电磁兼容与防雷接地

医疗卫生行业局域网应符合国家电磁兼容和防雷接地的相关标准，确保网络设备的稳定运行和数据的安全性。

2. 环境与能耗标准

网络机房应满足一定的环境要求，如温度、湿度、洁净度等。同时，应关注网络设备的能耗问题，采用节能技术和设备，降低运营成本。

3. 文档与培训规范

医疗卫生行业局域网应建立完善的文档体系，包括网络拓扑图、设备配置文档、维护记录等。此外，还应定期对网络管理人员进行培训和考核，提高他们的专业技能和应对突发事件的能力。

医疗卫生行业局域网的相关标准与规范涵盖了网络架构、设备选型、安全防护、网络管理等多个方面。这些标准和规范的实施有助于确保局域网的稳定性、安全性、高效性和可扩展性，为医疗业务的顺利开展提供有力保障。同时，随着医疗信息化建设的不断推进和技术的不断发展，相关标准和规范也应不断更新和完善，以适应新的需求和挑战。

第二节 医疗卫生行业以太网技术

一、以太网基本原理与特点

以太网作为一种广泛应用的网络技术，其在医疗卫生行业中发挥着至关重要的作用。

（一）医疗卫生行业以太网的基本原理

以太网是一种基于 IEEE 802.3 标准的局域网技术，它采用载波监听多路访问 / 冲突检测（CSMA/CD）机制进行数据传输。在医疗卫生行业，以太网主要用于连接各种医疗设备、信息系统和终端用户，实现数据的高速、可靠传输。

1. 物理层与数据链路层

以太网的物理层负责数据的传输介质和接口规范，如双绞线、光纤等。数据链路层则负责数据的帧封装、差错控制以及流控制等功能。在医疗卫生行业，以太网物理层和数据链路层的设计需要考虑医院环境的特殊性，如电磁干扰、防雷击等要求。

2. 网络层与传输层

以太网在网络层采用 IP 进行数据的路由和转发，确保数据能够准确地到达目的地址。传输层则负责数据的可靠传输，如 TCP 提供面向连接的传输服务，确保数据的完整性和顺序性。在医疗卫生行业，网络层和传输层的设计需要考虑医疗数据的实时性、安全性和可靠性要求。

3. 应用层

在应用层，以太网支持各种医疗应用协议，如 HL7、DICOM 等，这些协议使得不同医疗设备和信息系统之间能够实现数据的互通和共享。通过应用层的协议支持，医疗卫生行业能够实现患者信息的统一管理、医疗影像的传输与存储等功能。

（二）医疗卫生行业以太网的特点

1. 高速传输性能

以太网具有高速传输性能，能够满足医疗卫生行业对大量医疗数据的高效传输需求。随着技术的不断发展，以太网的速度也在不断提升，从最初的 10 Mbit/s 到现在的 10 Gbit/s 甚至更高，为医疗业务提供了更快的响应时间和更高的数据处理能力。

2. 稳定性和可靠性

以太网技术经过多年的发展和完善，已经具备了很高的稳定性和可靠性。在医疗卫生行业中，以太网网络通常采用冗余设计和容错机制，以确保在设备故障或网络拥塞等情况下仍能保持数据的连续性和完整性。此外，以太网还支持各种故障检测和恢复技术，如链路聚合、生成树协议等，进一步提高了网络的可靠性。

3. 灵活性和可扩展性

以太网具有灵活性和可扩展性强的特点，可以方便地添加或移除网络设备，适应不同规模的医疗卫生机构。同时，以太网还支持多种网络拓扑结构和接入方式，如星形、树状、环形等，以及有线和无线接入方式，使得网络布局更加灵活多变。

4. 安全性与隐私保护

在医疗卫生行业中，数据的安全性和隐私保护至关重要。以太网通过采用多种安全技术，如访问控制、数据加密、安全审计等，确保医疗数据在传输和存储过程中的安全性和保密性。同时，以太网还支持网络隔离和虚拟化技术，将不同业务和数据隔离开来，降低安全风险。

5. 兼容性与互联互通

以太网作为一种广泛应用的网络技术，具有良好的兼容性和互联互通性。这使得医疗卫生行业能够轻松地将各种医疗设备、信息系统和终端用户连接到同一个网络中，实现数据的共享和互通。同时，以太网还支持与其他网络技术的互操作，如与物联网、云计算等技术的融合，为医疗卫生行业带来更多的创新和发展机遇。

医疗卫生行业以太网具有高速传输性能、稳定性和可靠性高、灵活性和可扩展性强、安全性与隐私保护好以及兼容性与互联互通性等特点。这些特点使得以太网成为医疗卫生行业网络建设的首选技术之一，为医疗业务的顺利开展提供有力支持。同时，随着技术的不断进步和应用需求的不断变化，医疗卫生行业以太网也将继续发展和完善，为医疗卫生事业的进步贡献更多力量。

二、高速以太网技术及其在医疗行业的应用

随着信息技术的迅猛发展，高速以太网技术以其高效、可靠、灵活的特点，逐渐成为现代网络通信的主流。而在医疗行业，随着数字化、信息化的深入推进，高速以太网技术也发挥着越来越重要的作用。

（一）高速以太网技术概述

高速以太网技术是在传统以太网技术基础上发展而来的，其最大的特点就是数据传输速率的大幅提升。目前，高速以太网主要包括千兆以太网（gigabit Ethernet）和万兆以太网（ten-gigabit Ethernet）等技术，其传输速率分别达到了 1 Gbit/s 和 10 Gbit/s，远超过传统以太网的 10 Mbit/s 或 100 Mbit/s。

高速以太网技术采用了先进的物理层和数据链路层设计，通过优化数据传输机制、提高网络带宽利用率等方式，实现了高速、稳定的数据传输。

（二）高速以太网在医疗行业的应用

1. 医疗影像传输与存储

医疗影像数据通常具有体积大、传输要求高的特点，而高速以太网技术的高速传输性能恰好能够满足这一需求。通过高速以太网，医疗影像数据可以实现实时、高效地传输，医生可以迅速获取患者的影像资料，从而进行准确的诊断和治疗。同时，高速以太网还支持大容量的数据存储，可以将大量的医疗影像数据保存在服务器上，方便医生随时查阅和调用。

2. 电子病历系统建设

电子病历系统是医疗信息化的重要组成部分，它能够将患者的病历信息、检查结果、用药记录等数据进行数字化管理。高速以太网技术为电子病历系统的建设提供了可靠的网络支持。通过高速以太网，医生可以方便地录入、查询和修改病历信息，实现病历数据的实时更新和共享。同时，高速以太网还支持数据的备份和恢复功能，确保病历数据的安全性和可靠性。

3. 远程医疗与协作

远程医疗是指利用信息技术手段，实现医生与患者之间的远程诊断和治疗。高速以太网技术为远程医疗提供了高效、稳定的网络通道。通过高速以太网，医生可以实时地与患者进行视频通话、数据传输等操作，实现远程会诊、手术指导等功能。此外，高速以太网还支持多点视频会议、在线协作等功能，使得医生之间可以更加方便地进行交流和合作。

4. 医疗物联网应用

随着物联网技术的不断发展，越来越多的医疗设备开始具备联网功能，形成了医疗物联网。高速以太网技术作为医疗物联网的重要支撑技术之一，能够实现医疗设备之间的互联互通和数据共享。通过高速以太网，医疗设备可以实时地将监测数据、操作信息等传输到数据中心或医生的工作站，为医生提供全面的患者信息支持。同时，高速以太网还支持设备的远程监控和管理功能，提高了医疗设备的运行效率和可靠性。

5. 网络安全与隐私保护

在医疗行业应用中，网络安全和隐私保护是至关重要的。高速以太网技术通过采用先进的加密技术、访问控制机制以及安全审计等手段，确保医疗数据在传输和存储过程中的安全性和保密性。同时，高速以太网还支持网络隔离和虚拟化技术，将不同业务和数据隔离开来，降低安全风险。这些安全措施有效地保护了患者的隐私权益和医院的运营安全。

高速以太网技术以其高速、稳定、灵活的特点在医疗行业得到了广泛的应用。通过高速以太网技术，医疗行业实现了医疗影像的高效传输与存储、电子病历系统的建设、远程医疗与协作以及医疗物联网的应用等功能，为医疗业务的顺利开展提供了有力支持。未来，随着技术的不断进步和应用需求的不断变化，高速以太网技术将在医疗行业发挥更加重要的作用，推动医疗信息化的深入发展。

第三节　医疗卫生行业无线局域网技术

一、无线局域网的基本原理与优势

无线局域网（WLAN）在医疗卫生行业的应用已经越来越广泛，其基本原理基于无线通信技术，实现了计算机设备之间的互联，构建了一个可以互相通信和实现资源共享的网络体系。在医疗卫生行业，无线局域网不仅解决了有线网络布线困难、成本高昂等问题，还提高了医疗服务的效率和质量。

（一）医疗卫生行业无线局域网的基本原理

无线局域网的基本原理主要依赖射频（RF）技术，通过电磁波在空中进行通信连接，使得设备之间无须物理线缆即可实现数据的传输和共享。在医疗卫生行业，无线局域网主要采用了 IEEE 802.11 标准，包括 802.11a、802.11b、802.11g、802.11n 以及最新的 802.11ac 等协议，这些协议为无线局域网提供了不同的传输速率和覆盖范围，以满足不同场景下的应用需求。

无线局域网在医疗卫生行业的应用中，需要特别关注网络的稳定性和安全性。

由于医疗数据具有高度的敏感性和隐私性，因此无线局域网必须采用先进的加密技术和访问控制机制，确保数据的传输和存储过程安全可靠。此外，无线局域网还需要支持设备的快速接入和无缝漫游，以满足医护人员在不同区域间移动办公的需求。

（二）医疗卫生行业无线局域网的优势

1. 网络建设方便快捷

在医疗卫生行业，传统的有线网络布线不仅成本高昂，而且施工周期长，给医院的运营带来不便。而无线局域网则无须大规模布线，只需在合适的位置部署无线接入点（AP），即可实现网络的覆盖。这使得医院在扩建、改建或临时搭建场所时，能够更快速地部署网络，满足业务需求。

2. 提高工作效率与服务质量

无线局域网为医护人员提供了更加便捷的工作方式。医护人员可以通过无线设备随时随地访问患者病历、检查结果、用药记录等信息，实现信息的实时共享和更新。这大大提高了工作效率，减少了因信息不畅通而导致的误诊、误治等风险。同时，无线局域网还支持移动查房、远程会诊等功能，使得医护人员能够更加方便地为患者提供高质量的医疗服务。

3. 促进医疗信息化发展

无线局域网是医疗信息化建设的重要基础设施之一。通过无线局域网，医院可以实现医疗设备、信息系统、管理系统之间的互联互通，推动医疗数据的集成和共享。这有助于医院实现业务流程的优化和重构，提高管理效率和服务水平。同时，无线局域网还支持医疗物联网的应用，使得医疗设备能够实现智能化、自动化的管理，提高设备的利用率和可靠性。

4. 降低运营成本与维护难度

相比有线网络，无线局域网的运营成本和维护难度更低。有线网络需要定期维护和更换线缆、接头等设备，而无线局域网则无须考虑这些问题。此外，无线局域网还支持设备的集中管理和远程监控，使得网络管理员能够更加方便地对网络进行维护和优化。

5. 位置追踪与定位服务

无线局域网中的 Wi-Fi 技术还具有位置追踪和定位服务的功能。在医院环境中，这一功能可以帮助医护人员快速找到患者或医疗设备的位置，提高响应速度和服务质量。同时，位置信息还可以用于统计分析，帮助医院优化资源配置和服务流程。

医疗卫生行业无线局域网的基本原理基于无线通信技术，通过电磁波实现设备之间的互联和通信。其在医疗卫生行业的应用具有诸多优势，包括网络建设方便快捷、提高工作效率与服务质量、促进医疗信息化发展、降低运营成本与维护难度以及提供位置追踪与定位服务等。随着无线技术的不断发展和完善，相信无线局域网将在医疗卫生行业发挥更加重要的作用，为医疗服务质量和效率的提升提供有力支持。

二、医疗行业无线局域网的安全与管理

随着信息技术的迅猛发展，无线局域网（WLAN）在医疗行业中的应用日益广泛。它提供了更加灵活、便捷的网络接入方式，极大地提升了医疗服务效率和质量。然而，无线局域网的安全与管理问题也随之凸显，成为医疗行业信息化建设过程中不可忽视的重要方面。

（一）医疗行业无线局域网的安全挑战

医疗行业无线局域网面临着来自多方面的安全威胁，主要包括以下几个方面。

未经授权的访问。由于无线网络的开放性和广播特性，未经授权的设备和人员可能尝试接入网络，窃取敏感信息或进行恶意攻击。

数据泄露与篡改。医疗数据具有高度的敏感性和隐私性，若未采取有效的加密措施，数据在传输过程中可能被截获或篡改，导致信息泄露或失真。

拒绝服务攻击。攻击者可能通过发送大量无用的数据包，使无线局域网陷入瘫痪状态，影响医疗服务的正常运行。

设备安全漏洞。无线接入点（AP）和终端设备可能存在安全漏洞，被攻击者利用进行入侵或破坏。

（二）医疗行业无线局域网的安全策略

为了应对上述安全挑战，医疗行业无线局域网需要采取一系列的安全策略。

1. 访问控制

实施严格的访问控制策略，通过身份认证和访问授权机制，确保只有合法用户和设备能够接入网络。可以采用基于 MAC 地址、用户名 / 密码、数字证书等多种认证方式，提高网络的安全性。

2. 数据加密

采用先进的加密技术，对无线局域网中的数据进行加密传输，防止数据在传输过程中被截获或篡改。常用的加密技术包括 WPA2、WPA3 等，能够提供足够的安全性保障。

3. 入侵检测与防御

部署入侵检测系统（IDS）和入侵防御系统（IPS），实时监测网络流量和异常行为，及时发现并应对潜在的威胁。IDS 能够检测网络中的异常流量和攻击行为，而 IPS 则能够主动拦截和阻断恶意流量。

4. 设备管理与更新

定期对无线接入点和终端设备进行管理和更新，及时修复已知的安全漏洞和缺陷。同时，要确保设备固件和软件的版本保持最新状态，以减少被攻击的风险。

（三）医疗行业无线局域网的管理措施

除了安全策略外，医疗行业无线局域网还需要采取一系列的管理措施，以确保网络的稳定运行和高效利用。

网络规划与设计。在部署无线局域网之前，需要进行详细的网络规划与设计。包括确定网络覆盖范围、选择合适的无线接入点、规划信道和频率等。合理的网络规划能够确保网络的稳定性和性能。

设备选型与配置。选择性能稳定、安全可靠的无线接入点和终端设备，并根据实际需求进行合理地配置。配置参数包括信道选择、功率控制、数据速率等，需要根据实际情况进行调整和优化。

监控与日志记录。建立完善的监控和日志记录机制，实时监测网络的运行状态和流量情况。通过收集和分析日志数据，可以及时发现网络故障和异常行为，为故障排除和安全管理提供依据。

应急响应与故障恢复。制定应急预案和故障恢复机制，以应对可能的网络故障和安全事件。预案包括备份方案、故障排查流程、安全事件处置流程等，确保在紧急情况下能够迅速响应并恢复网络的正常运行。

医疗行业无线局域网的安全与管理是确保医疗服务质量和信息安全的重要环节。通过实施严格的安全策略和管理措施，可以有效应对各种安全威胁和挑战，保障医疗数据的机密性、完整性和可用性。同时，也需要不断关注新技术和新方法的发展，持续优化和改进无线局域网的安全与管理工作。

第四节　医疗卫生行业局域网组网与应用实例

一、局域网组网设计与实施

（一）需求分析

在医疗卫生行业中，局域网的应用已变得不可或缺。它不仅是医疗数据传输和共享的基础，还是医疗信息系统稳定运行的关键。因此，在进行局域网组网设计与实施前，必须进行深入的需求分析。

首先，要考虑医疗机构的规模、业务流程以及信息化水平。大型医疗机构可能需要支持更多的医疗设备和终端，同时要保证数据传输的稳定性和高效性。其次，要考虑医疗数据的特殊性质，如数据的隐私性、安全性和完整性等。因此，局域网的设计必须满足医疗数据的安全传输和存储要求。

（二）网络架构设计

基于需求分析的结果，可以设计出一个符合医疗卫生行业特点的局域网架构。该架构应包括核心层、汇聚层和接入层三个层次。

核心层负责高速数据传输和交换，应采用高性能的交换机设备，以确保网络的高速稳定。汇聚层则负责将接入层的数据汇聚并传输到核心层，同时具备一定的安全和管理功能。接入层则直接连接医疗设备和终端，需要提供足够的端口和带宽，以满足医疗设备的接入需求。

此外，为了保证网络的安全性和稳定性，还需要考虑一些关键技术和设备，如虚拟局域网（VLAN）技术、防火墙、入侵检测系统等。VLAN 技术可以将网络划分为不同的逻辑子网，实现医疗数据的隔离和保密；防火墙和入侵检测系统则可以提供网络层面的安全防护，防止外部攻击和内部误操作。

（三）设备选型与配置

在设备选型方面，应根据网络架构设计和需求分析的结果，选择性能稳定、安全可靠的网络设备。核心交换机应具有高速交换能力、大容量缓存和丰富的接口类型；汇聚交换机和接入交换机则需要具备较高的端口密度和带宽性能。同时，还应考虑设备的可扩展性和可维护性，以适应未来医疗机构的发展需求。

在设备配置方面，应根据实际业务需求和网络架构，对设备进行合理地配置。包括 VLAN 的划分、IP 地址的分配、访问控制列表（ACL）的设置等。VLAN 的划分应根据医疗机构的部门结构和业务流程进行，以实现数据的隔离和保密；IP 地址的分配应遵循一定的规则，方便管理和维护；ACL 的设置则可以实现对网络访问的精细控制，防止非法访问和数据泄露。

（四）布线设计与实施

布线是局域网组网的重要组成部分，它直接关系到网络的稳定性和可靠性。因此，在进行布线设计与实施时，应遵循一定的标准和规范。

首先，要选择合适的线缆类型和规格，以满足数据传输的需求。在医疗卫生行业中，由于医疗设备的特殊性，可能需要使用特殊的线缆和接口。其次，要合理规划布线路径和长度，避免过长或过短的线缆造成信号衰减或干扰。同时，还要考虑布线的可维护性和可扩展性，以便在未来进行网络升级或扩容时能够方便地进行布线调整。

在实施布线时，应严格按照布线图纸进行操作，确保线缆的连接正确、可靠。同时，还应对布线系统进行测试和验收，确保网络的稳定性和可靠性。

（五）网络管理与维护

网络管理与维护是确保局域网稳定运行的关键环节。在医疗卫生行业中，由于医疗数据的特殊性质和网络环境的复杂性，网络管理与维护尤为重要。

首先，应建立完善的网络管理制度和规范，明确网络管理的职责和流程。包括网络设备的巡检、故障处理、性能优化等方面。其次，应采用专业的网络管理软件或系统，实现对网络设备的远程监控和管理。通过实时监控网络设备的运行状态和性能数据，可以及时发现并处理网络故障和异常。此外，还应定期对网络进行安全检查和评估，及时发现并修复安全漏洞和隐患。

医疗卫生行业局域网组网设计与实施是一个复杂而重要的过程。通过深入分析医疗机构的需求和特点，设计出合理的网络架构和布线方案，并选择合适的设备进行配置和管理，可以构建出一个稳定、安全、高效的局域网系统。这将为医疗机构的信息化建设提供有力的支持，促进医疗服务质量和效率的提升。同时，也需要不断关注新技术和新方法的发展，持续优化和改进局域网系统，以适应医疗卫生行业的快速发展和变化。

二、局域网在医疗信息系统中的应用案例

（一）应用的背景与概述

随着信息技术的不断发展和医疗行业的持续进步，局域网在医疗信息系统中的应用越来越广泛。局域网以其高速、稳定、安全的特点，为医疗数据的传输、存储和共享提供了强有力的支持，从而提升了医疗服务的质量和效率。

（二）应用案例一：电子病历系统

在某大型综合医院，局域网被广泛应用于电子病历系统。医生可以通过局域网访问患者的病历信息，包括病史、诊断、治疗方案等。这不仅提高了医生的工作效率，还避免了传统纸质病历易丢失、难查询的弊端。同时，局域网的应用还使得电子病历系统具备了实时更新的功能，医生可以随时了解患者的病情变化和治疗效果。

此外，局域网还为电子病历系统提供了安全保障。通过采用数据加密、访问控制等安全措施，确保了病历信息的安全性和隐私性。同时，局域网还具备故障恢复和备份功能，即使在发生意外情况时，也能保证病历信息的完整性和可靠性。

（三）应用案例二：医学影像传输与存储系统

医学影像传输与存储系统（PACS）是局域网在医疗信息系统中的又一重要

应用。在某三甲医院，局域网连接了放射科、超声科、核医学科等多个影像检查科室，实现了医学影像的实时传输和共享。医生可以通过局域网访问患者的影像资料，进行远程诊断和会诊，提高了诊断的准确性和效率。

此外，局域网还为 PACS 提供了大容量、高速度的存储解决方案。通过采用高性能的存储设备和技术，确保了影像资料的高质量和长期保存。同时，局域网还具备可扩展性，可以根据医院的实际需求进行容量和性能的扩展。

（四）应用案例三：远程医疗会诊系统

在医疗资源分布不均的地区，局域网在远程医疗会诊系统中发挥了重要作用。以某偏远地区医院为例，通过局域网连接上级医院或专家团队，实现了远程会诊和教学。当地医生可以将患者的病历信息和影像资料通过局域网传输给上级医院或专家团队，获取专业的诊断和治疗建议。这不仅提高了当地医院的诊疗水平，还缓解了医疗资源紧张的问题。

在远程医疗会诊系统中，局域网还起到了桥梁和纽带的作用。它连接了不同地区的医疗机构和专家团队，促进了医疗资源的共享和优化配置。同时，局域网还具备实时性和互动性强的特点，使得远程会诊和教学更加便捷和高效。

（五）应用案例四：医疗设备管理与监控系统

局域网在医疗设备管理与监控系统中也发挥了重要作用。在某医院，局域网连接了各类医疗设备，实现了设备的远程监控和管理。管理人员可以通过局域网实时了解设备的运行状态、使用情况和维护需求，从而及时进行维护和保养，确保设备的正常运行和延长使用寿命。

此外，局域网还为医疗设备管理与监控系统提供了数据分析和预测功能。通过对设备运行数据的收集和分析，可以预测设备的故障趋势和维护周期，为预防性维护提供了有力支持。同时，局域网还具备报警和通知功能，一旦设备出现故障或异常情况，可以及时向管理人员发送报警信息，以便及时处理和解决问题。

通过以上案例可以看出，局域网在医疗信息系统中的应用已经深入到医疗服务的各个环节。它不仅提高了医疗服务的质量和效率，还促进了医疗资源的共享和优化配置。随着信息技术的不断发展和医疗行业的持续创新，局域网在医疗信息系统中的应用将会更加广泛和深入。

未来，我们可以期待局域网在医疗信息系统中发挥更大的作用。例如，通过采用更先进的网络技术和协议，实现医疗数据的更高效传输和处理；通过结合人工智能、大数据等新技术，挖掘医疗数据的潜在价值，为医疗决策和科研提供有力支持；通过加强网络安全和隐私保护，确保医疗数据的安全性和隐私性。相信在不久的将来，局域网将为医疗行业的发展带来更加美好的未来。

第十章　医疗卫生行业互联网与广域网技术

第一节　医疗卫生行业互联网概述与工作原理

一、互联网的基本构成与工作原理

（一）医疗卫生行业互联网的基本构成

医疗卫生行业互联网的基本构成可以概括为以下几个关键部分：网络基础设施、医疗信息系统、医疗设备与传感器、数据管理与分析平台以及安全保障体系。

1. 网络基础设施

网络基础设施是医疗卫生行业互联网的基础，包括局域网、广域网、无线网络以及互联网接入等。这些网络设施负责实现医疗机构内部、医疗机构之间以及医疗机构与外部世界的连接和通信。局域网主要用于实现医疗机构内部的数据共享和通信，如电子病历系统、医学影像传输系统等；广域网则用于实现不同地区、不同医疗机构之间的数据交换和资源共享；无线网络则提供了更为灵活和便捷的接入方式，方便医护人员随时随地进行数据访问和操作；而互联网接入则使得医疗机构能够接入互联网，获取更为丰富的医疗资源和信息。

2. 医疗信息系统

医疗信息系统是医疗卫生行业互联网的核心组成部分，涵盖了各种用于医疗业务的信息系统。这些系统包括电子病历系统、医学影像系统、实验室信息系统、药品管理系统等。这些系统通过收集和整合患者的临床数据、影像资料、实验室检查结果以及药品信息等各类数据，为医护人员提供全面的患者信息支持，从而提高诊断的准确性和治疗的有效性。

3. 医疗设备与传感器

医疗设备与传感器是医疗卫生行业互联网中不可或缺的一部分。这些设备包括各种诊疗设备、监护设备以及手术机器人等，它们能够实时采集患者的生理参数、影像数据以及治疗过程中的各种信息。传感器则用于实时监测患者的生命体征、环境参数等，为医护人员提供实时的数据支持。这些设备和传感器连接到互联网，可以将采集到的数据实时传输到医疗信息系统中，实现数据的共享和利用。

4. 数据管理与分析平台

数据管理与分析平台是医疗卫生行业互联网中对数据进行处理和分析的关键环节。这些平台负责对从医疗信息系统和医疗设备中收集到的大量数据进行存储、管理、分析和挖掘。通过数据挖掘、机器学习等技术手段，这些平台可以帮助医护人员发现隐藏在数据中的规律和模式，为临床决策提供支持。同时，这些平台还可以用于构建预测模型，对疾病的发生和发展进行预测和预警。

5. 安全保障体系

安全保障体系是医疗卫生行业互联网中不可或缺的一部分。由于医疗数据具有高度的敏感性和隐私性，因此必须采取严格的安全措施来保护数据的安全和隐私。安全保障体系包括数据加密、访问控制、身份认证等技术手段，以及安全管理制度和人员培训等措施。这些措施共同构成了一个多层次、全方位的安全防护体系，确保医疗数据在传输、存储和使用过程中的安全性和可靠性。

（二）医疗卫生行业互联网的工作原理

医疗卫生行业互联网的工作原理主要基于网络通信技术、数据整合技术和信息处理技术。

首先，网络通信技术是实现医疗卫生行业互联网功能的基础。通过局域网、广域网、无线网络以及互联网接入等网络设施，实现医疗机构内部、医疗机构之间以及医疗机构与外部世界的连接和通信。这使得医护人员能够随时随地访问和使用医疗信息系统中的数据和资源，提高了医疗服务的效率和质量。

其次，数据整合技术是医疗卫生行业互联网中的关键环节。医疗信息系统和医疗设备能够产生大量的数据，这些数据可能来自不同的系统和设备，格式和标准也可能不同。因此，需要通过数据整合技术将这些数据进行整合和标准化处理，形成统一的数据格式和标准，方便医护人员使用和分析。

最后，信息处理技术是医疗卫生行业互联网中的核心。通过数据挖掘、机器学习等技术手段，对整合后的数据进行深入地分析和挖掘，发现隐藏在数据中的规律和模式，为临床决策提供支持。同时，还可以利用预测模型对疾病的发生和发展进行预测和预警，帮助医护人员制订更为科学和有效的治疗方案。

医疗卫生行业互联网的基本构成包括网络基础设施、医疗信息系统、医疗设备与传感器、数据管理与分析平台以及安全保障体系等部分。这些部分相互协作，共同实现了医疗数据的采集、传输、存储、管理和分析等功能，为医护人员提供了全面、准确、实时的患者信息支持，提高了医疗服务的效率和质量。

二、互联网在医疗卫生行业中的作用与意义

随着信息技术的迅猛发展，互联网已深度融入社会各个领域，医疗卫生行业亦不例外。互联网在医疗卫生行业中的应用不仅改变了传统的医疗服务模式，还极大地提升了医疗服务的效率和质量，为患者的健康管理和医疗体验带来了革命性的变化。

（一）提升医疗服务效率

互联网技术的应用使得医疗服务能够突破时间和空间的限制，实现远程医疗和在线问诊。患者无须亲自前往医院，便可通过在线平台与医生进行沟通，获取专业的医疗建议和治疗方案。这不仅节省了患者的时间和交通成本，还缓解了医院的就诊压力，使得医疗资源得到更加合理的分配。

此外，互联网还促进了医疗信息的共享和交流。通过构建医疗信息平台，医疗机构之间可以实时共享患者的病历资料、检查结果等信息，避免了重复检查和诊疗，提高了医疗服务的连续性和协调性。同时，医生也可以借助互联网获取更多的医学知识和最新研究成果，提升自身的专业素养和诊疗水平。

（二）改善患者就医体验

互联网的应用使得患者可以更加便捷地获取医疗服务。通过在线预约挂号、查询报告、支付费用等功能，患者可以省去排队等候的烦恼，享受更加便捷和高

效的服务。此外，互联网还提供了丰富的健康教育资源，患者可以通过在线课程、健康讲座等途径了解健康知识和疾病防治方法，提高自身的健康素养。

在心理健康方面，互联网也发挥了重要作用。通过在线心理咨询平台，患者可以获得专业的心理支持和疏导，缓解焦虑和抑郁等情绪问题。这对于提高患者的生活质量、促进康复具有重要意义。

（三）推动医疗技术创新

互联网的发展为医疗技术创新提供了广阔的空间。借助大数据、人工智能等先进技术，医疗机构可以对海量的医疗数据进行分析和挖掘，发现疾病的发病规律和影响因素，为临床决策提供科学依据。同时，互联网还推动了远程监护、智能诊断等新型医疗技术的发展，使得医疗服务更加智能化和个性化。

此外，互联网还促进了医疗设备的智能化和网络化。通过物联网技术，医疗设备可以实现与互联网的连接和数据传输，为医生提供更加准确和全面的患者信息。同时，智能医疗设备还可以实现自动监测、预警和干预等功能，提高医疗服务的及时性和有效性。

（四）促进医疗资源均衡分布

互联网的应用有助于缓解医疗资源分布不均的问题。通过远程医疗技术，优质医疗资源可以跨越地域限制，覆盖到偏远地区和基层医疗机构。这不仅可以提高这些地区的医疗服务水平，还可以缓解大城市的医疗压力，使得医疗资源得到更加合理的利用。

同时，互联网还可以促进医疗服务的公平性和可及性。通过构建覆盖城乡的医疗信息平台，可以使更多的患者享受优质的医疗服务，减少因地域、经济等因素导致的医疗差距。

（五）加强医疗监管与数据安全

互联网在医疗卫生行业中的应用也加强了医疗监管和数据安全。通过互联网平台，监管部门可以实时获取医疗机构的运营数据和医疗服务质量信息，进行更加精准和高效的监管。同时，借助先进的数据加密和隐私保护技术，可以确保患者的医疗信息安全可靠，防止数据泄露和滥用。

互联网在医疗卫生行业中的作用与意义重大而深远。它提升了医疗服务的效率和质量，提高了患者的就医体验，推动了医疗技术的创新和发展，促进了医疗资源的均衡分布和公平利用，同时也加强了医疗监管和数据安全。未来，随着互联网技术的不断发展和完善，相信其在医疗卫生行业中的应用将会更加广泛和深入，为人类的健康事业贡献更大的力量。

第二节 医疗卫生行业 IP 地址与域名系统

一、IP地址的分配与管理

随着信息技术的迅猛发展，医疗卫生行业对网络的依赖程度日益加深。IP 地址作为网络通信的基础，其分配与管理在医疗卫生行业中显得尤为重要。

（一）IP 地址分配的原则

在医疗卫生行业中，IP 地址的分配应遵循一定的原则，以确保网络的稳定、高效和安全。首先，应充分考虑网络规模和拓扑结构，合理规划 IP 地址段，避免地址浪费和冲突。其次，应根据业务需求和设备类型，为不同的医疗设备和系统分配合适的 IP 地址范围。此外，还应考虑 IP 地址的可扩展性，以便在网络规模扩大时能够方便地进行地址扩展。

（二）IP 地址管理策略

医疗卫生行业的 IP 地址管理需要制定一套完善的策略，以确保地址的有效利用和网络安全。首先，应建立 IP 地址管理制度，明确地址的申请、分配、变更和回收等流程，规范操作行为。其次，应建立 IP 地址数据库，记录每个地址的分配情况、使用状态和设备信息，方便查询和管理。此外，还应定期对 IP 地址进行审计和清理，及时发现和处理无效地址和冲突地址。

在 IP 地址的分配过程中，可以采用静态分配和动态分配相结合的方式。静态分配适用于固定设备或重要系统，确保地址的稳定性和可靠性；动态分配则适用于临时设备或移动用户，提高地址的利用率和灵活性。

（三）技术应用与工具支持

为了提高 IP 地址分配与管理的效率和准确性，医疗卫生行业可以借助一些先进的技术和工具。首先，可以利用 DHCP（动态主机配置协议）服务器实现 IP 地址的自动分配和回收，减少人工操作的烦琐和错误。其次，可以采用 CIDR（无类别域间路由）技术，通过合并连续的 IP 地址段，减少路由表的条目数量，提高网络性能。此外，还可以利用网络管理软件或平台，对 IP 地址进行实时监控、统计和分析，为管理决策提供有力支持。

在网络安全方面，可以采用防火墙、入侵检测系统等网络安全设备和技术，对 IP 地址进行过滤和监控，防止非法访问和攻击。同时，还可以利用 VPN（虚拟专用网络）技术，为远程医疗和移动用户提供安全的网络接入服务。

（四）面临的挑战与应对策略

尽管医疗卫生行业在 IP 地址分配与管理方面取得了一定的成果，但仍面临着一些挑战。

首先，随着医疗设备和系统的不断增加，IP 地址的需求量也在持续增长，给地址分配和管理带来了更大的压力。为应对这一挑战，可以优化网络架构，采用更高效的 IP 地址分配方案，如 IPv6 技术的应用等。IPv6 作为新一代的互联网协议，具有更庞大的地址空间和更高效的路由机制，能够有效缓解 IP 地址不足的问题。

其次，网络安全问题也是医疗卫生行业 IP 地址管理面临的重要挑战。随着网络攻击和威胁的不断增多，如何确保 IP 地址的安全性和稳定性成为亟待解决的问题。为应对这一挑战，应加强网络安全防护，完善安全管理制度和技术手段，提高网络安全意识和应对能力。同时，还应定期对网络进行安全检查和评估，及时发现和处理安全隐患。

此外，随着云计算、大数据等新技术在医疗卫生行业的应用，IP 地址的分配与管理也面临着新的挑战和机遇。如何将这些新技术与 IP 地址管理相结合，提高管理效率和安全性，是医疗卫生行业需要深入思考和探索的问题。

总体而言，医疗卫生行业 IP 地址的分配与管理是一项复杂而重要的任务。通过制定合理的分配原则、完善的管理策略、应用先进的技术和工具以及应对挑战的策略，可以有效提高 IP 地址的利用率和安全性，为医疗卫生行业的信息化建设提供有力保障。未来，随着技术的不断进步和应用场景的不断拓展，相信医疗卫生行业的 IP 地址分配与管理将会更加智能、高效和安全。

二、域名系统及其在医疗行业的应用

域名系统（domain name system,DNS）是互联网中负责将域名转换为 IP 地址的关键基础设施。在医疗卫生行业中，DNS 的应用同样广泛而重要，它为医疗机构的信息化建设提供了可靠的网络通信基础。

（一）域名系统的工作原理

域名系统是一个分布式的数据库系统，通过各级域名服务器之间的协作，实现域名到 IP 地址的解析。当用户需要访问某个网站时，浏览器会向本地 DNS 服务器发送域名解析请求。本地 DNS 服务器会首先查询本地缓存，如果缓存中有对应的 IP 地址，则直接返回给用户；如果缓存中没有，则会向上级 DNS 服务器发送递归查询请求。上级 DNS 服务器会根据域名后缀的不同，将请求转发给相应的权威 DNS 服务器。权威 DNS 服务器负责管理特定域名的解析记录，它会返回域名对应的 IP 地址给上级 DNS 服务器，最终由本地 DNS 服务器将 IP 地址返回给用户浏览器。

（二）域名系统的特点

域名系统具有以下几个显著特点。

层次化结构。DNS 采用层次化的域名空间结构，将域名划分为不同的层次，便于管理和维护。

分布式部署。DNS 服务器分布在全球各地，通过协作实现域名的解析，提高了系统的可靠性和性能。

缓存机制。DNS 服务器会缓存已解析的域名和 IP 地址对应关系，以减少网络负担和提高解析速度。

安全性。DNS 系统提供了多种安全机制，如 DNSSEC（域名系统安全扩展），用于保护域名解析过程中的数据安全。

（三）域名系统在医疗行业的应用

在医疗卫生行业中，域名系统的应用主要体现在以下几个方面。

1. 医院信息化建设

随着医疗信息化的不断推进，越来越多的医院开始建立自己的官方网站和电子病历系统。这些系统需要通过域名进行访问，DNS 系统为医院提供了稳定可靠的域名解析服务，确保用户能够顺利访问医院网站和系统。

2. 远程医疗服务

随着远程医疗技术的发展,患者可以通过互联网与医生进行远程咨询和诊疗。在这个过程中，DNS 系统发挥着至关重要的作用。它确保了远程医疗服务平台的域名能够被正确解析为 IP 地址，从而实现患者与医生之间的稳定通信。

3. 医疗数据共享与交换

在医疗行业中，数据的共享与交换对于提高医疗质量和效率具有重要意义。通过 DNS 系统，不同医疗机构之间可以建立统一的域名解析服务，实现医疗数据的快速、准确传输。这有助于促进医疗机构之间的合作与交流，提高医疗服务水平。

4. 医疗设备管理

现代医疗设备往往具备网络通信功能，需要与医院的信息系统进行连接和交互。通过DNS系统,可以为这些设备分配唯一的域名,方便管理人员进行设备识别、配置和维护。

5. 网络安全与隐私保护

在医疗行业中，网络安全和隐私保护是至关重要的。DNS 系统可以提供一些安全特性，如 DNSSEC，以增强域名解析的安全性。此外，医疗机构还可以利用 DNS 系统对访问其网站和系统的用户进行身份验证和访问控制，从而保护医疗数据的安全和隐私。

（四）面临的挑战与应对策略

尽管域名系统给医疗行业的应用带来了诸多便利，但也面临着一些挑战。其中最主要的挑战是网络安全问题。由于 DNS 系统是互联网通信的基础设施，一旦受到攻击或篡改，可能导致医疗服务的中断或数据泄露。因此，医疗机构需要加强对 DNS 系统的安全防护，采用安全协议和技术手段，确保域名解析的准确性和安全性。

此外，随着医疗行业的快速发展和信息化建设的不断推进，域名系统的规模和复杂度也在不断增加。医疗机构需要加强对 DNS 系统的管理和维护，确保其稳定运行和高效工作。

为应对这些挑战，医疗机构可以采取以下策略。首先，建立完善的安全管理制度和技术防护措施，保障 DNS 系统的安全性；其次，定期对 DNS 系统进行维护和优化，确保其稳定性和性能；最后，加强人员培训和技术支持，提高医疗机构对 DNS 系统的认知和管理水平。

第三节　医疗卫生行业互联网接入技术

一、ADSL接入技术

在信息化时代的浪潮下，医疗卫生行业正逐步走向数字化、网络化。而互联网接入技术作为这一转型的关键环节，对于提升医疗服务质量、加强医疗信息管理、促进远程医疗等方面具有重要意义。其中，ADSL（asymmetric digital subscriber line，非对称数字用户线路）接入技术以其独特的优势，在医疗卫生行业得到了广泛应用。

（一）ADSL 接入技术的原理与特点

ADSL 接入技术是以普通电话线为传输介质，通过调制解调技术实现数据的高速传输。它采用了频分复用技术，将电话音频信号和数据信号分别调制在不同的频段上，实现了上网和打电话互不干扰。同时，ADSL 技术还提供了上、下行不对称的传输带宽，即下行带宽远高于上行带宽，这正好适应了互联网应用中下载数据量大、上传数据量小的特点。

在医疗卫生行业中，ADSL 接入技术具有以下显著特点。

高速传输。ADSL 技术能够提供较高的数据传输速率，满足医疗机构日常工作中大量数据的传输需求。无论是电子病历、医学影像还是其他医疗信息的传输，都能够实现快速、稳定的数据交换。

稳定可靠。ADSL 接入技术采用了先进的调制解调技术和信号处理算法，能够有效抵抗线路噪声和干扰，保证数据传输的稳定性和可靠性。这对于医疗机构而言至关重要，因为医疗信息的准确性和完整性直接关系到患者的诊断和治疗。

成本低廉。相比其他宽带接入技术，ADSL 接入技术无须铺设专用的光纤线路，只需利用现有的电话线路即可实现高速上网。这不仅降低了医疗机构的网络接入成本，也方便了网络的部署和扩展。

易于维护。ADSL 接入技术的维护相对简单，只需定期对设备进行检查和调试即可。同时，由于其采用了标准化的接口和协议，使得网络设备的互联互通更加便捷。

（二）ADSL 接入技术在医疗卫生行业的应用

在医疗卫生行业中，ADSL 接入技术的应用范围广泛，主要体现在以下几个方面。

1. 电子病历系统

通过 ADSL 接入技术，医疗机构可以实现电子病历系统的网络化管理和应用。医生可以随时随地通过网络访问患者的病历信息，提高了工作效率和诊疗质量。同时，电子病历系统还可以实现病历信息的共享和交换，方便了医疗机构之间的协作和交流。

2. 远程医疗服务

ADSL 接入技术为远程医疗服务提供了可靠的网络支持。通过远程医疗服务平台，医生可以与患者进行实时视频通话、远程诊断和治疗等操作。这不仅缓解了医疗资源分布不均的问题，也为患者提供了更加便捷和高效的医疗服务。

3. 医学影像传输

医学影像数据量大、格式复杂，对传输速度和稳定性要求较高。ADSL 接入技术能够提供高速、稳定的数据传输服务，满足医学影像的传输需求。医生可以通过网络查看患者的影像资料，进行准确地诊断和治疗。

4. 医疗信息管理

医疗机构需要管理大量的医疗信息，包括患者信息、药品信息、设备信息等。通过 ADSL 接入技术，医疗机构可以建立统一的信息管理平台，实现信息的集中存储、查询和分析。这有助于提升医疗机构的管理水平和决策效率。

（三）ADSL 接入技术的发展趋势与挑战

随着医疗卫生行业的不断发展，ADSL 接入技术也将面临一些新的挑战和发展趋势。一方面，随着医疗信息化程度的不断提高，医疗机构对网络带宽和稳定性的要求将越来越高，这将对 ADSL 接入技术的性能提出更高的要求。另一方面，随着新技术的不断涌现，如光纤接入技术、无线接入技术等，ADSL 接入技术也将面临激烈的市场竞争。

为了应对这些挑战和抓住发展机遇，ADSL 接入技术需要不断进行技术创新和升级。例如，可以采用更先进的调制解调技术和信号处理算法，提高数据传输速率和稳定性；同时，也可以加强与其他新技术的融合和互补，形成更加完善的网络接入方案。

此外，对于医疗机构而言，还需要加强网络安全和隐私保护等方面的建设，确保医疗信息的安全性和完整性。通过采用先进的加密技术和安全协议，建立多层次的安全防护体系，可以有效抵御网络攻击和泄露风险。

二、光纤接入技术

在信息化和数字化浪潮的推动下，医疗卫生行业正经历着前所未有的变革。互联网光纤接入技术以其高速、稳定、大容量的特性，逐渐成为医疗卫生行业网络建设的首选方案。光纤接入技术不仅提升了医疗服务的效率和质量，也为医疗数据的安全传输和共享提供了强有力的保障。

（一）光纤接入技术的基本原理与特性

光纤接入技术利用光纤作为传输介质，通过光信号来传输数据。与传统的铜缆相比，光纤具有更高的带宽和更低的衰减，能够实现更远距离、更高速度的数据传输。同时，光纤还具有抗干扰能力强、安全性高等优点，使得其在医疗卫生行业的应用具有得天独厚的优势。

在医疗卫生行业中，光纤接入技术主要表现出以下特性。

高速传输。光纤接入技术能够提供极高的数据传输速率，满足医疗机构日益增长的数据传输需求。无论是医学影像、电子病历还是其他医疗信息的传输，光纤接入技术都能够实现快速、高效的数据交换。

大容量。光纤的带宽资源非常丰富，能够满足医疗机构大量数据的存储和传输需求。随着医疗信息化程度的不断提高，医疗机构需要处理的数据量呈指数级增长，光纤接入技术的大容量特性使其成为理想的网络解决方案。

高可靠性。光纤接入技术采用了先进的调制解调技术和信号处理技术，能够确保数据传输的稳定性和可靠性。对于医疗行业而言，数据的准确性和完整性至关重要，光纤接入技术的高可靠性能够有效保障医疗信息的安全传输。

高安全性。光纤传输采用光信号，不易被截获或干扰，因此具有较高的安全性。在医疗行业中，患者的隐私和医疗数据的安全至关重要，光纤接入技术为医疗数据的安全传输提供了有力保障。

（二）光纤接入技术在医疗卫生行业的应用实践

光纤接入技术在医疗卫生行业的应用十分广泛，主要体现在以下几个方面。

医疗信息系统建设。光纤接入技术为医疗信息系统的建设提供了稳定、高速的网络基础。通过光纤网络，医疗机构可以实现电子病历、医学影像、药品管理等信息的实时共享和交换，提高了医疗服务的质量和效率。

远程医疗服务。光纤接入技术为远程医疗服务提供了强有力的支持。通过高速、稳定的光纤网络，医生可以与患者进行远程视频会诊、手术指导等操作，打破了地域限制，使得优质医疗资源得以更广泛地分享。

医疗影像传输与存储。医疗影像数据量大、格式复杂，对传输速度和稳定性要求较高。光纤接入技术能够满足这些需求，实现医疗影像的高效传输和存储。医生可以通过光纤网络快速获取患者的影像资料，进行准确的诊断和治疗。

医疗数据备份与容灾。光纤接入技术为医疗数据的备份和容灾提供了可靠的解决方案。通过光纤网络，医疗机构可以将重要数据实时备份到远程数据中心，确保在自然灾害或人为事故发生时，数据能够得到及时恢复和保障。

（三）光纤接入技术的发展趋势与挑战

随着医疗卫生行业的不断发展，光纤接入技术也将面临新的发展趋势和挑战。一方面，随着医疗信息化程度的提高和医疗服务的升级，医疗机构对网络带宽和传输速度的需求将不断增长，这将对光纤接入技术的性能提出更高的要求。另一方面，随着新技术的不断涌现和市场竞争的加剧，光纤接入技术也需要不断创新和优化，以适应行业发展的需求。

为了应对这些挑战和抓住发展机遇，光纤接入技术需要不断进行技术创新和升级。例如，可以采用更先进的光纤材料和调制解调技术，提高光纤网络的传输速度和容量；同时，也可以加强与其他新技术的融合和互补，形成更加完善的网络解决方案。

此外，对于医疗机构而言，还需要加强网络安全和隐私保护等方面的建设。通过采用先进的加密技术和安全协议，建立多层次的安全防护体系，可以有效抵御网络攻击和数据泄露风险。同时，还需要加强对医疗人员的网络安全培训和教育，提高他们的网络安全意识和技能水平。

三、无线接入技术在医疗行业的应用

随着无线技术的迅猛发展和普及，无线接入技术已经深入各个行业，尤其是医疗行业。医疗行业作为一个对信息传输有特殊需求的领域，无线接入技术的应用不仅提升了医疗服务效率，还改善了患者的就医体验。

（一）无线接入技术概述

无线接入技术是指通过无线方式实现用户与通信网络的连接。与传统的有线接入方式相比，无线接入技术具有更高的灵活性和便捷性。在医疗领域，无线接入技术可以支持各种医疗设备、信息系统和终端设备的互联互通，实现数据的实时传输和共享。

（二）无线接入技术在医疗行业的具体应用

1. 移动医疗查房

无线接入技术使得医生在查房过程中可以随时随地访问患者的电子病历、检查报告等信息。通过手持终端或平板计算机，医生可以实时查看患者的病情变化，制订和调整治疗方案。这不仅提高了工作效率，还减少了纸质病历的使用，有利于环保和降低成本。

2. 远程监护与诊断

无线接入技术可以实现患者与医生之间的远程连接，使得医生能够实时了解患者的健康状况，进行远程监护和诊断。这对于偏远地区或行动不便的患者来说，无疑是一种福音。医生可以通过无线网络对患者进行远程会诊，提供及时的医疗建议和治疗方案。

3. 医疗影像传输与共享

医疗影像数据量大、格式复杂，传统的有线传输方式往往无法满足快速、高效的需求。而无线接入技术可以实现医疗影像的实时传输和共享，使得医生可以在第一时间获取患者的影像资料，进行准确的诊断和治疗。此外，无线接入技术还可以支持多点同时访问和协作，提高医疗团队的协作效率。

4. 医疗设备监控与管理

无线接入技术可以对医疗设备进行实时监控和管理，确保设备的正常运行和及时维护。通过无线传感器和网络技术，医疗机构可以实时获取设备的运行状态、使用情况和维护需求等信息，实现设备的智能化管理。这不仅可以提高设备的使用效率，还可以降低维护成本，提升医疗服务质量。

（三）无线接入技术带来的益处

1. 提升医疗服务效率

无线接入技术的应用使得医疗信息的传输和共享变得更加高效和便捷。医生可以随时随地获取所需的信息，快速做出诊断和治疗决策。同时，无线接入技术还可以支持多点协作和远程会诊，提高医疗团队的协作效率和服务水平。

2. 改善患者就医体验

无线接入技术的应用使得患者可以获得更加便捷和高效的医疗服务。患者可以通过无线网络查询自己的病历信息、预约挂号、咨询医生等，减少了排队等待和烦琐的手续。同时，无线接入技术还可以支持远程监护和诊断，使患者可以在家中就能享受专业的医疗服务。

3. 促进医疗信息化建设

无线接入技术是医疗信息化建设的重要组成部分。通过无线接入技术，医疗机构可以实现各种信息系统的互联互通和数据共享，推动医疗服务的数字化、智能化和网络化。这有助于提升医疗机构的综合竞争力和服务水平，推动医疗行业的可持续发展。

尽管无线接入技术在医疗行业的应用带来了诸多益处，但也面临着一些挑战。例如，无线网络的稳定性和安全性问题、医疗设备的兼容性和互操作性问题等。为了克服这些挑战，需要进一步推动无线接入技术的研发和创新，加强无线网络的规划和管理，提升医疗设备的标准化和规范化水平。

第四节 医疗卫生行业广域网技术与协议

一、广域网的基本概念与类型

（一）广域网的基本概念

广域网（wide area network，WAN）是计算机网络的一个关键组成部分，其设计初衷是为了满足地理位置相距遥远的设备之间的通信需求。在医疗卫生行业中，广域网的应用尤为重要，因为它能够支持医疗机构之间、医疗机构与行政管理部门之间以及医疗机构与患者之间的远程通信和数据交换。

广域网能够覆盖较大的地理范围，可以是城市范围、国家范围，甚至全球范围。它通过一系列的数据传输设备和技术，如路由器、交换机、光纤、卫星通信等，实现不同地理位置的网络互联。这种互联性使得医疗信息、数据和资源能够在广域范围内得到共享和有效利用。

在医疗卫生行业中，广域网的应用对于提升医疗服务质量、优化医疗资源配置以及推动医疗信息化发展具有重要意义。通过广域网，医疗机构可以实时获取和分享病人的电子病历、医学影像、检验报告等关键信息，从而实现远程医疗会诊、远程诊断和远程手术指导等高级应用。

（二）医疗卫生行业广域网的类型

医疗卫生行业的广域网可以根据其技术特点、应用场景和覆盖范围等多种因素进行分类。以下是一些常见的广域网类型。

1. 基于专线技术的广域网

专线技术是一种为特定用户或特定应用提供的点对点通信服务。在医疗卫生行业中，一些大型医疗机构或医疗机构集群可能会采用专线技术构建广域网，以确保数据传输的高速、稳定和安全。专线技术通常包括SDH、MSTP、MSTP+VPN等，它们能够提供高带宽、低时延的数据传输服务，满足医疗信息化对于数据传输的严苛要求。

2. 基于 VPN 技术的广域网

虚拟专用网络（VPN）是一种在公共网络上建立加密通道的技术，通过VPN技术，医疗机构可以在互联网上构建安全的私有网络，实现远程访问和数据传输。VPN技术具有成本低、灵活性高、易于扩展等优点，因此被广泛应用于中小型医疗机构和偏远地区的医疗网络建设中。

3. 基于云计算的广域网

随着云计算技术的快速发展，越来越多的医疗机构开始采用云计算来构建广域网。云计算可以提供弹性的计算资源和存储空间，使得医疗机构能够按需获取和使用IT资源。通过云计算，医疗机构可以实现医疗数据的集中存储、备份和恢复，提高数据的安全性和可用性。同时，云计算还可以提供丰富的应用和服务，如远程医疗、电子病历管理、医学影像处理等，进一步推动医疗信息化的发展。

4. 基于无线技术的广域网

无线技术如4G、5G移动通信网络、卫星通信等在医疗卫生行业广域网建设中也扮演着重要角色。无线技术能够提供移动性、灵活性和快速部署等优势，使得医疗机构能够在各种复杂环境下实现网络通信。例如，在应急救援、野外医疗等场景中，无线广域网能够提供及时、可靠的通信支持，保障医疗服务的连续性。

（三）医疗卫生行业广域网的应用与挑战

广域网在医疗卫生行业的应用已经深入到各个方面，从电子病历管理、远程医疗会诊到医学影像传输等。这些应用不仅提高了医疗服务的质量和效率，也降低了医疗成本，提高了患者的就医体验。

然而，广域网在医疗卫生行业的应用也面临着一些挑战。首先，数据安全性和隐私保护是首要考虑的问题。医疗数据涉及个人隐私和敏感信息，因此广域网必须采取严格的安全措施来保护数据的安全性和隐私性。其次，网络稳定性和可靠性也是关键因素。广域网需要能够应对各种网络故障和异常情况，确保医疗服务的连续性和稳定性。此外，随着医疗信息化的发展，广域网还需要不断升级和扩展以满足新的应用需求和技术挑战。

医疗卫生行业的广域网是一个复杂而重要的网络体系，它连接着医疗机构、行政管理部门和患者，为医疗服务提供了强大的支持和保障。随着技术的不断进步和应用场景的不断扩展，广域网将在医疗卫生行业中发挥更加重要的作用。

二、广域网通信协议及其在医疗行业的应用

（一）医疗卫生行业广域网通信协议概述

在医疗卫生行业中，广域网通信协议是确保医疗数据在远程节点之间安全、可靠和高效传输的关键要素。通信协议定义了网络设备如何交换信息、信息的格式以及如何处理这些信息的规则和标准。在医疗行业这一对数据安全、隐私和实时性要求极高的领域中，选择合适的通信协议至关重要。

常见的广域网通信协议包括TCP/IP、HTTP、FTP、SNMP等。这些协议在医疗卫生行业的应用中，需要考虑医疗数据的特殊性，如数据量大、实时性要求高、隐私保护严格等。因此，在医疗行业的广域网建设中，通常会采用一些针对医疗数据特点的通信协议或协议扩展。

（二）医疗卫生行业广域网通信协议的特点

1. 数据安全性与隐私保护

医疗卫生行业的数据安全性与隐私保护是首要考虑的因素。因此，广域网通信协议需要支持数据加密、身份验证和访问控制等安全机制，确保医疗数据在传输过程中不被非法截获或篡改。

2. 数据实时性与稳定性

医疗数据的实时传输对于诊断、治疗和患者监护至关重要。广域网通信协议需要保证数据传输的实时性和稳定性，避免因网络延迟或中断导致医疗服务的延误或中断。

3. 数据完整性与准确性

医疗数据需要保持高度的完整性和准确性，以支持医生的诊断和治疗决策。广域网通信协议需要确保在数据传输过程中数据的完整性和准确性不受损。

（三）医疗卫生行业广域网通信协议的应用

1. 远程医疗会诊

远程医疗会诊是医疗卫生行业中广域网通信协议应用的重要场景之一。通过广域网，医生可以实时获取患者的医疗图像、病历信息等关键数据，进行远程会诊和诊断。在这个过程中，通信协议需要支持高质量的视频和音频传输，以及大量医疗数据的快速传输和处理。

2. 电子病历与信息共享

电子病历是现代医疗卫生行业的重要组成部分，它包含了患者的所有医疗记录和信息。广域网通信协议在电子病历的共享和传输中发挥着关键作用。通过采用适当的通信协议，医疗机构可以安全地将电子病历数据传输到广域网中的其他医疗机构或行政管理部门，实现信息的共享和互通。

3. 医疗设备远程监控与维护

医疗设备是医疗卫生行业不可或缺的一部分，其正常运行对于医疗服务的提供至关重要。广域网通信协议在医疗设备的远程监控与维护中也发挥着重要作用。通过广域网，医疗机构可以实时获取设备的运行状态和故障信息，进行远程监控和维护，提高设备的可靠性和使用寿命。

4. 医疗大数据分析与挖掘

随着医疗信息化的发展，医疗大数据的分析和挖掘成为推动医疗服务质量提升的重要手段。广域网通信协议在医疗大数据的传输和处理中扮演着重要角色。通过优化通信协议，可以提高医疗数据的传输效率和处理速度，为大数据分析提供更可靠和高效的支持。

（四）医疗卫生行业广域网通信协议面临的挑战与发展趋势

尽管广域网通信协议在医疗卫生行业的应用取得了显著成果，但仍面临着一些挑战。随着医疗数据量的快速增长和网络技术的不断发展，现有的通信协议可能需要进一步优化和升级，以满足更高的数据传输和处理需求。

同时，随着物联网、云计算、大数据等新技术的不断融入医疗卫生行业，广域网通信协议也需要与这些新技术进行深度融合，以更好地支持医疗信息化的发展。

第十一章　医疗卫生行业网络安全基础

第一节　医疗卫生行业网络安全概述与重要性

一、网络安全的基本概念与定义

在当今日益数字化的世界中，网络安全已经成为各行各业都必须重视的问题，其中尤以医疗卫生行业为甚。医疗卫生行业作为社会的基础性行业，不仅关乎人们的生命健康，更涉及大量的个人隐私和敏感信息。因此，理解和把握医疗卫生行业网络安全的基本概念与定义，对于提升整个行业的网络安全防护能力具有重要意义。

（一）网络安全的基本概念

网络安全，顾名思义，是指网络系统的硬件、软件及其系统中的数据受到保护，不因偶然的或者恶意的原因而遭受到破坏、更改、泄露，系统连续可靠正常地运行，网络服务不中断。它涵盖了网络信息的保密性、完整性、可用性、可控性和可审查性等多个方面。

在医疗卫生行业，网络安全的概念更加具体和复杂。由于医疗数据具有极高的敏感性和隐私性，因此医疗卫生行业的网络安全不仅要求保护数据的机密性，防止数据泄露和非法访问，还要求确保数据的完整性和可用性，防止数据被篡改或破坏，同时保证医疗服务的连续性和稳定性。

（二）医疗卫生行业网络安全的定义

医疗卫生行业网络安全是指在医疗卫生信息系统中，通过采取一系列技术手段和管理措施，保护医疗数据的安全性、保密性、完整性和可用性，防止网络攻击、数据泄露、系统瘫痪等安全事件的发生，从而保障医疗服务的正常运行和患者的合法权益。

具体来说，医疗卫生行业网络安全涉及以下几个方面。

物理安全。包括网络设备、服务器、存储设备等硬件设施的安全防护，防止设备被盗、损坏或遭受自然灾害等物理性破坏。

网络安全。保障医疗信息系统在网络层面的安全，包括防止网络攻击、入侵、病毒传播等，确保网络通信的保密性、完整性和可用性。

数据安全。保护医疗数据的机密性、完整性和可用性，防止数据泄露、篡改或丢失，确保数据的真实性和可信度。

应用安全。确保医疗信息系统中的应用程序和服务在运行过程中的安全稳定，防止因程序漏洞或配置不当导致的安全事件。

管理安全。建立健全的网络安全管理制度和流程，包括安全策略制定、风险评估、应急响应等方面，提高整个医疗卫生行业的网络安全防护能力。

（三）医疗卫生行业网络安全的特殊性

与其他行业相比，医疗卫生行业的网络安全具有其特殊性。这主要体现在以下几个方面。

数据敏感性高。医疗数据涉及患者的个人隐私和健康状况，一旦泄露或被非法利用，将给个人带来极大的损失和伤害。

系统复杂度高。医疗卫生信息系统通常包括多个子系统和应用程序，它们之间需要进行数据交换和共享，这使得系统的复杂度增加，也增加了网络安全的风险。

服务连续性要求高。医疗服务具有连续性和实时性的特点，一旦网络安全事件导致系统瘫痪或数据丢失，将直接影响医疗服务的正常运行和患者的生命安全。

（四）医疗卫生行业网络安全的挑战与对策

当前，医疗卫生行业面临着日益严峻的网络安全挑战。随着医疗信息化的快速发展和网络技术的不断创新，网络攻击的手段和方式也在不断升级和变化。同时，由于医疗卫生行业的特殊性，网络安全防护的难度和复杂性也在不断增加。

为了应对这些挑战，医疗卫生行业需要采取一系列有效的对策和措施。首先，要加强网络安全意识教育和培训，提高医护人员和信息技术人员的网络安全意识和技能水平。其次，要建立健全的网络安全管理制度和流程，规范网络安全管理和操作行为。同时，要采用先进的网络安全技术和手段，如加密技术、入侵检测系统等，提升网络系统的安全防护能力。此外，还要加强与相关部门的合作和协调，共同应对网络安全的威胁和挑战。

二、医疗卫生行业网络安全的特殊性

在信息化和数字化的浪潮下，网络安全已经成为各行各业共同关注的重点。而在众多行业中，医疗卫生行业的网络安全问题尤为引人关注，因其涉及大量的个人隐私信息、医疗数据以及患者生命安全。

首先，医疗卫生行业网络安全的特殊性体现在数据的高度敏感性上。医疗数据不仅涵盖了患者的身份信息、病历记录、诊断报告等个人隐私内容，还涉及医疗机构的运营信息、药品库存、医疗设备状态等核心数据。这些数据一旦泄露或被非法利用，不仅会对患者和医疗机构造成重大损失，还可能影响整个社会的信任和稳定。因此，保护医疗数据的安全性、保密性和完整性成为医疗卫生行业网络安全的首要任务。

其次，医疗卫生行业网络安全的特殊性还体现在系统的复杂性和连通性上。现代医疗卫生信息系统通常包括电子病历系统、医学影像系统、远程医疗系统等多个子系统，这些子系统之间需要进行数据交换和共享，以实现医疗资源的优化配置和服务的提升。然而，这种复杂的系统架构和高度连通性也增加了网络安全的风险。一旦某个子系统遭受攻击或出现故障，可能会影响到整个信息系统的稳定运行，甚至造成医疗服务的中断。

此外，医疗卫生行业网络安全的特殊性还表现在服务连续性的高要求上。医疗服务具有连续性和实时性的特点，要求信息系统能够随时为患者提供准确、及时的医疗数据和服务。因此，网络安全事件一旦发生，必须迅速响应和处理，以确保医疗服务的正常运行。这就要求医疗卫生行业在网络安全建设上投入更多的资源和精力，建立健全的网络安全应急响应机制，提高应对网络安全事件的能力和效率。

再者，医疗卫生行业网络安全的特殊性还体现在法律法规的严格性上。由于医疗数据涉及个人隐私和敏感信息，各国都对医疗数据的保护制定了严格的法律法规。这些法律法规不仅要求医疗机构采取有效的技术措施保护医疗数据的安全，还要求医疗机构建立健全的网络安全管理制度和流程，确保医疗数据的合法使用和共享。因此，医疗卫生行业在网络安全建设上必须严格遵守相关法律法规的要求，确保合规运营。

针对医疗卫生行业网络安全的特殊性，我们需要采取一系列有效的措施来加强网络安全防护。

首先，加强网络安全意识教育和培训是关键。通过定期开展网络安全培训和演练活动，提高医护人员和信息技术人员的网络安全意识和技能水平，使他们能够更好地识别和应对网络安全威胁。

其次，建立健全的网络安全管理制度和流程也是必不可少的。医疗机构应制定详细的网络安全管理制度和操作规范，明确各级人员的职责和权限，规范网络安全管理和操作行为。同时，建立网络安全监测和预警机制，及时发现和处理网络安全事件，防止事态扩大。

此外，采用先进的网络安全技术和手段也是提升医疗卫生行业网络安全防护能力的重要途径。包括使用加密技术保护医疗数据的传输和存储安全，采用入侵检测系统和防火墙等技术手段防止网络攻击和非法访问，以及利用云计算和大数据等技术提升网络安全管理的智能化水平等。

最后，加强与相关部门的合作和协调也是应对医疗卫生行业网络安全挑战的重要策略。医疗机构应与政府部门、网络安全企业等建立紧密的合作关系，共同研究和应对网络安全威胁和挑战，形成合力提升整个行业的网络安全防护能力。

三、网络安全对医疗卫生行业的重要性

在信息化、数字化浪潮席卷全球的今天，网络安全问题已成为各行各业必须正视的重要议题。对于医疗卫生行业而言，网络安全的重要性更是不言而喻。这一行业不仅涉及大量的个人健康信息，还直接关系到人们的生命安全和社会的稳定。因此，深入理解和重视网络安全对医疗卫生行业的意义，对于提升行业整体的安全水平和服务质量至关重要。

首先，网络安全是保护患者个人隐私的基石。在医疗卫生行业，患者的个人信息、病历资料、诊断结果等都是高度敏感的数据。这些数据一旦泄露或被非法获取，不仅会对患者造成严重的隐私侵犯，还可能导致其遭受诈骗、身份盗用等风险。因此，确保网络安全，防止数据泄露和非法访问，是医疗卫生行业保护患者个人隐私的基本要求。

其次，网络安全是保障医疗服务连续性和稳定性的关键。现代医疗卫生行业高度依赖信息化系统，从电子病历到远程医疗，从医学影像到医疗设备管理，都离不开网络的支持。一旦网络遭受攻击或出现故障，可能导致医疗服务的中断或延误，严重影响患者的诊疗效果和生命安全。因此，确保网络安全，防范网络故障和攻击，对于维持医疗服务的连续性和稳定性至关重要。

此外，网络安全也是提升医疗卫生行业公信力和社会形象的重要保障。作为服务民生的重要行业，医疗卫生行业的形象和信誉对于其长期发展和社会认可具有重要意义。一旦发生网络安全事件，不仅可能损害患者的信任，还可能引发社会舆论的质疑和批评。因此，加强网络安全建设，提高网络防护能力，有助于提升医疗卫生行业的公信力和社会形象。

再者，网络安全对于医疗卫生行业的创新和发展也具有重要意义。随着大数据、人工智能等技术的快速发展，医疗卫生行业正迎来前所未有的创新机遇。然而，这些技术的应用往往依赖大量的医疗数据和信息。如果网络安全得不到保障，那么这些数据的收集、存储和分析就可能面临风险，进而影响到创新的推进和发展。因此，加强网络安全建设，为创新提供安全的环境和保障，是推动医疗卫生行业持续发展的关键。

四、加强网络安全防护的措施

首先，加强网络安全教育和培训是关键。通过提高医护人员和信息技术人员的网络安全意识，让他们了解网络安全的基本知识和防护措施，能够有效减少因人为因素导致的安全风险。

其次，建立完善的安全管理制度和流程也至关重要。通过制定明确的网络安全政策、规范操作流程、建立应急响应机制等，可以确保网络安全工作有章可循、有据可依，提高应对网络安全事件的能力和效率。

此外，采用先进的技术手段也是提升网络安全防护能力的重要手段。包括使用加密技术保护数据的安全传输和存储、部署防火墙和入侵检测系统防范网络攻击、利用大数据和人工智能技术进行安全分析和预警等。这些技术手段的应用可以有效提升医疗卫生行业的网络安全防护水平。

最后，加强与其他行业和部门的合作也是提升医疗卫生行业网络安全的重要途径。通过共享安全信息、共同研发安全技术和产品、开展联合演练等方式，可以形成合力共同应对网络安全挑战。

第二节　医疗卫生行业网络安全威胁与风险

一、常见的网络安全威胁类型

在数字化和信息化的推动下，医疗卫生行业正逐步迈向智能化、高效化。然而，随着医疗数据的不断增加和网络应用的广泛普及，网络安全问题也日益凸显。医疗卫生行业面临着多种网络安全威胁，这些威胁不仅可能导致数据泄露、系统瘫痪，还可能危及患者的生命安全和隐私。因此，深入了解医疗卫生行业常见的网络安全威胁类型，对于提升行业网络安全防护能力具有重要意义。

（一）勒索软件攻击

勒索软件是近年来医疗卫生行业面临的一种主要网络安全威胁。这种恶意软件通过加密受害者的文件或系统，然后要求支付赎金以恢复访问权限。由于医疗数据的重要性以及医疗服务的紧迫性，医疗机构往往成为勒索软件攻击的主要目标。一旦医疗机构遭受勒索软件攻击，可能导致关键医疗服务的中断，甚至影响患者的生命安全。此外，勒索软件还可能窃取患者的敏感信息，如病历、诊断结果等，进一步加剧隐私泄露的风险。

（二）数据泄露与窃取

数据泄露和窃取是医疗卫生行业面临的另一大网络安全威胁。由于医疗数据具有极高的价值，包括患者个人信息、诊疗记录、药品信息等，这些数据一旦泄露或被窃取，可能导致严重的后果。例如，患者的个人信息可能被用于身份盗用或诈骗活动；诊疗记录可能被用于不正当的商业活动或学术研究；药品信息可能被用于制造假冒伪劣药品或进行非法交易。因此，保护医疗数据的完整性和保密性至关重要。

（三）DDoS 攻击与网络钓鱼

分布式拒绝服务（DDoS）攻击和网络钓鱼也是医疗卫生行业常见的网络安全威胁。DDoS 攻击通过大量无效的请求拥塞目标网络，使其无法正常处理合法请求，从而导致医疗服务的瘫痪。而网络钓鱼则通过伪装成合法的邮件、链接或应用程序，诱导用户点击或下载恶意内容，进而窃取用户的信息或执行恶意操作。这些攻击不仅可能影响医疗服务的正常运行，还可能危及患者的隐私和安全。

（四）内部威胁与误操作

除了外部攻击，医疗卫生行业还面临着内部威胁和误操作的风险。内部威胁可能来自医护人员的疏忽或恶意行为，如未经授权访问敏感数据、滥用权限或故意破坏系统等。而误操作则可能由于医护人员在处理医疗数据时的不当行为导致，如误删重要数据、错误配置安全设置等。这些内部威胁和误操作都可能对医疗数据的完整性和保密性造成威胁。

（五）医疗设备安全漏洞

随着医疗设备的智能化和网络化，医疗设备的安全漏洞也成为医疗卫生行业面临的一种网络安全威胁。一些医疗设备可能存在软件缺陷或安全配置不当的问题，这些漏洞可能被攻击者利用，进而对医疗设备进行远程控制或数据窃取。由于医疗设备直接关系到患者的生命安全和健康，因此其网络安全问题尤为重要。

（六）供应链攻击

供应链攻击是近年来医疗卫生行业面临的一种新型网络安全威胁。攻击者可能通过渗透医疗机构的供应链，如医疗设备供应商、药品生产商等，进而对医疗机构进行间接攻击。这种攻击方式具有隐蔽性和难以防范的特点，一旦成功，可能对医疗机构的正常运行和患者的安全造成严重影响。

此外，随着技术的不断发展和网络环境的不断变化，医疗卫生行业面临的网络安全威胁也将不断演变和升级。因此，医疗机构需要持续关注网络安全动态，及时调整和完善网络安全防护策略，以应对可能出现的新的网络安全威胁。

二、医疗行业网络安全风险分析

随着信息技术的迅猛发展，医疗行业作为关乎民生的重要领域，正日益依赖网络技术和信息系统。然而，这种高度依赖也带来了不可忽视的网络安全风险。

（一）外部攻击风险

外部攻击是医疗行业网络安全面临的主要风险之一。黑客和恶意组织往往针对医疗机构的敏感数据进行攻击，企图窃取、篡改或破坏数据。这些敏感数据包括患者的个人信息、病历记录、诊断结果等，一旦泄露或被篡改，将严重威胁患者的隐私权和医疗安全。

同时，勒索软件攻击也是医疗行业面临的一大外部威胁。黑客通过植入勒索软件，加密医疗机构的文件或系统，要求支付高额赎金以恢复数据。这种攻击不仅会导致医疗服务的中断，还可能影响患者的生命安全。

（二）内部威胁风险

除了外部攻击，医疗行业网络安全还面临着内部威胁。医疗机构内部员工可能因疏忽、恶意行为或滥用权限而导致网络安全事件的发生。例如，员工可能未经授权访问敏感数据，或将数据泄露给外部人员。此外，员工在使用医疗设备或信息系统时，也可能因操作不当或缺乏安全意识而引发安全风险。

（三）技术漏洞风险

技术漏洞是医疗行业网络安全风险的另一个重要方面。医疗设备和信息系统在设计、开发或维护过程中可能存在安全漏洞，这些漏洞可能被黑客利用，进而对医疗数据进行窃取或篡改。同时，医疗设备和信息系统的软件更新也可能带来新的安全风险，如更新过程中出现的漏洞或兼容性问题。

（四）供应链风险

医疗行业的供应链也是网络安全风险的重要来源。医疗设备、软件和服务的供应商可能面临网络安全威胁，这些威胁可能通过供应链传导至医疗机构。例如，供应商的软件或硬件可能存在安全漏洞，这些漏洞可能被利用来攻击医疗机构。

此外，供应链的复杂性也可能增加网络安全风险，如供应商之间的信息共享和协作可能带来数据泄露的风险。

（五）合规风险

医疗行业网络安全还面临着合规风险。随着数据安全法规的不断完善，医疗机构需要遵守越来越多的网络安全法规和标准。然而，由于医疗行业的特殊性，一些医疗机构可能难以完全满足这些法规的要求。这可能导致医疗机构面临法律处罚、声誉损失和业务中断等风险。

（六）风险应对措施

针对上述风险，医疗行业应采取一系列应对措施来加强网络安全防护。首先，医疗机构应建立完善的安全管理制度和流程，明确各级人员的安全职责和权限。其次，加强员工的安全意识培训和教育，提高员工对网络安全风险的认知和应对能力。同时，医疗机构应定期对医疗设备和信息系统进行安全评估和漏洞扫描，及时发现并修复潜在的安全问题。此外，与供应商建立紧密的合作关系，共同应对供应链中的网络安全风险也是必要的。

医疗行业网络安全风险具有复杂性和多样性，需要医疗机构从多个方面进行防范和应对。通过加强安全管理、提高员工安全意识、定期安全评估和与供应商合作等措施，可以有效降低网络安全风险，保障医疗服务的正常运行和患者的安全。

然而，随着技术的不断进步和网络环境的不断变化，新的网络安全风险也将不断出现。因此，医疗行业需要持续关注网络安全动态，及时调整和完善网络安全防护措施，以应对可能出现的新的网络安全威胁。同时，加强与国际社会的合作与交流，共同推动医疗行业网络安全技术的发展和应用，也是未来医疗行业网络安全工作的重要方向。

三、网络安全风险评估方法

在信息化时代，医疗行业网络安全对于保障医疗服务稳定、数据安全与患者隐私至关重要。对医疗行业网络安全风险进行全面、准确地评估，是制定有效防护策略的前提。

（一）基于资产的评估方法

基于资产的评估方法主要关注医疗行业网络中的关键资产，包括医疗设备、信息系统、数据库等。该方法首先识别并列出所有重要资产，然后分析这些资产面临的潜在威胁和存在的脆弱性。通过评估资产的价值、威胁的可能性和脆弱性的严重程度，可以计算出每个资产的风险等级。这种方法有助于医疗机构明确哪些资产是重点保护对象，从而制定有针对性的安全防护措施。

（二）基于漏洞的评估方法

基于漏洞的评估方法侧重于识别和分析医疗行业网络系统中存在的安全漏洞。这种方法通常通过漏洞扫描工具和技术手段来发现系统中的安全漏洞，并评估这些漏洞对系统安全的影响程度。同时，还需要分析漏洞被利用的可能性以及可能造成的后果。基于漏洞的评估方法有助于医疗机构及时发现并修复系统中的安全漏洞，降低网络安全风险。

（三）基于场景的评估方法

基于场景的评估方法通过模拟潜在的网络安全事件或攻击场景来评估医疗行业网络的安全性。这种方法首先设定一系列可能的攻击场景，然后分析在这些场景下系统的表现和安全防护措施的有效性。通过模拟攻击和测试系统的防御能力，可以评估出系统的安全性能，并发现潜在的安全风险。基于场景的评估方法有助于医疗机构提前预防和应对可能出现的网络安全事件。

（四）基于合规性的评估方法

基于合规性的评估方法主要依据国家和行业的相关法规、标准以及最佳实践来评估医疗行业网络的安全性。这种方法首先梳理和解读相关法规和标准，然后对照这些要求检查医疗机构的网络安全措施是否达标。通过对比和分析，可以发现医疗机构在网络安全方面存在的差距和不足，从而制定改进措施。基于合规性的评估方法有助于医疗机构确保网络安全防护措施符合法规要求，避免因违规操作而面临法律风险和声誉损失。

（五）定量与定性评估相结合的方法

在实际应用中，单一的评估方法可能无法全面反映医疗行业网络安全的真实情况。因此，可以采用定量与定性评估相结合的方法，对医疗行业网络安全风险进行综合评估。定量评估主要通过数学模型、统计分析等手段对风险进行量化处理，得出具体的风险值；而定性评估则更注重对风险性质、来源和影响因素的深入剖析。通过综合运用这两种方法，可以对医疗行业网络安全风险进行全面、深入地分析和评估，为制定有效的安全防护策略提供有力支持。

（六）风险评估的注意事项

在进行医疗行业网络安全风险评估时，需要注意以下几点。

确保评估的全面性和准确性。评估应覆盖医疗机构的所有关键资产、系统和流程，避免遗漏重要风险点。同时，评估数据应真实可靠，避免主观臆断和误导性结论。

评估过程中应注重风险识别、分析和应对的连续性。识别风险后，应对其进行深入分析，明确风险的性质、来源和影响程度，然后制定相应的应对策略和措施。

注重风险评估的时效性和动态性。网络安全环境在不断变化，新的风险和威胁也在不断出现。因此，评估工作应定期进行，并根据实际情况进行动态调整和完善。

第三节　医疗卫生行业网络安全法律法规与标准

一、国家及行业网络安全法律法规概述

随着信息技术的迅猛发展，网络安全问题日益凸显，对医疗卫生行业的稳定运营和数据安全提出了严峻挑战。为了保障医疗服务的正常运行和患者信息的安全，国家和行业层面制定了一系列网络安全法律法规，为医疗卫生行业的网络安全提供了坚实的法律保障。

（一）国家层面的网络安全法律法规

在国家层面，我国已经建立了较为完善的网络安全法律法规体系。其中，最具代表性的是《中华人民共和国网络安全法》（以下简称《网络安全法》）。该法

作为我国网络安全领域的基本法，明确了网络安全的战略地位、基本原则和主要制度，为各行业网络安全工作提供了基本遵循。

《网络安全法》要求网络运营者必须履行网络安全保护义务，包括制定内部安全管理制度、采取技术措施防范网络攻击等。对于医疗卫生行业而言，医疗机构作为网络运营者，必须严格遵守《网络安全法》的相关规定，确保医疗服务和数据的安全。

此外，国家还出台了一系列与网络安全相关的法律法规，如《中华人民共和国数据安全法》《中华人民共和国个人信息保护法》等。这些法律法规对数据的收集、存储、使用和保护等方面进行了明确规定，为医疗卫生行业的数据安全管理提供了法律依据。

（二）行业层面的网络安全法律法规

除了国家层面的法律法规，医疗卫生行业还根据自身的特点和需求，制定了一系列行业网络安全标准和规范。这些标准和规范旨在加强医疗卫生行业的网络安全防护能力，提高医疗服务的质量和效率。

例如，国家卫生健康委员会发布的《医疗卫生机构网络安全管理办法》明确要求医疗卫生机构建立网络安全责任制，加强网络安全风险管理，落实网络安全防护措施。同时，该办法还规定了网络安全事件的应急处置程序和要求，为医疗卫生机构应对网络安全事件提供了指导。

此外，国家还发布了《关于促进“互联网 + 医疗健康”发展的意见》等文件，鼓励医疗卫生行业加强信息化建设，提高医疗服务水平。同时，这些文件也强调了网络安全在信息化建设中的重要性，要求医疗卫生机构在推进信息化建设的同时，必须注重网络安全风险的防范和控制。

（三）网络安全法律法规的实施与监督

为了确保网络安全法律法规的有效实施，国家和行业层面还建立了相应的监督机制。国家网信办、公安部等部门负责对全国范围内的网络安全工作进行监督和管理，而各级卫生健康行政部门则负责对本辖区内医疗卫生机构的网络安全工作进行监督和指导。

这些监督机构通过定期检查、专项检查等方式，对医疗卫生机构的网络安全工作进行督查和评估。对于发现的网络安全问题，监督机构会要求医疗卫生机构进行整改，并视情况采取相应的处罚措施。同时，监督机构还会积极推广网络安全知识和技术，提高医疗卫生机构的网络安全意识和能力。

（四）面临的挑战与未来展望

尽管国家和行业层面已经建立了较为完善的网络安全法律法规体系，但医疗卫生行业在网络安全方面仍面临着诸多挑战。例如，随着医疗信息化建设的不断深入，医疗数据呈现出爆炸式增长的趋势，如何有效保护这些数据的安全成为了一个亟待解决的问题。此外，随着新型网络攻击手段的不断出现，医疗卫生行业也需要不断更新和完善网络安全防护技术和手段。

二、网络安全标准与规范

随着信息技术的广泛应用和医疗数据的快速增长，医疗卫生行业的网络安全问题日益凸显。为确保医疗服务的稳定运行和患者数据的安全，国家和行业层面制定了一系列网络安全标准与规范，为医疗卫生行业提供了明确的指导和要求。

（一）网络安全标准的制定与意义

网络安全标准是保障医疗卫生行业网络安全的基础。通过制定统一的安全标准，可以规范医疗卫生机构在网络建设、数据管理和安全防护等方面的行为，提高整个行业的网络安全水平。

网络安全标准的制定不仅有助于防范网络攻击和数据泄露等风险，还能提升医疗服务的可靠性和效率。通过遵循标准，医疗卫生机构可以建立健全的安全管理体系，确保医疗数据的完整性和保密性，同时提升医疗服务的质量和患者满意度。

（二）主要网络安全标准概览

在医疗卫生行业，国家及行业层面制定了一系列网络安全标准，包括但不限于以下几个方面。

1. 基础设施安全标准

针对医疗卫生机构的信息系统和网络基础设施，制定了一系列安全标准，包括网络架构设计、设备选型、安全防护措施等。这些标准旨在确保网络基础设施的稳定性和安全性，防止因基础设施漏洞导致的网络安全事件。

2. 数据安全管理标准

针对医疗数据的收集、存储、传输和使用等环节，制定了严格的数据安全管理标准。这些标准要求医疗卫生机构建立数据分类管理制度，采取加密、备份、访问控制等措施，确保医疗数据的保密性、完整性和可用性。

3. 应急响应与处置标准

为应对网络安全事件，制定了应急响应与处置标准。这些标准包括网络安全事件的监测、预警、报告、处置等流程和要求，旨在指导医疗卫生机构迅速、有效地应对网络安全事件，减少损失和影响。

4. 人员培训与意识提升标准

强调网络安全意识和技能在医疗卫生行业的重要性。标准要求医疗卫生机构加强网络安全培训，提高员工的安全意识和操作技能，确保他们在日常工作中能够遵守安全规定，防范网络风险。

（三）行业网络安全规范的实施与监督

为确保网络安全标准得到有效实施，医疗卫生行业建立了一套完善的实施与监督机制。

首先，各级卫生健康行政部门负责对辖区内医疗卫生机构的网络安全工作进行监督和指导。通过定期检查、专项检查等方式，对医疗卫生机构的网络安全管理、数据保护、应急响应等方面进行评估和督查。对于不符合标准要求的医疗卫生机构，将要求其进行整改，并视情况采取相应的处罚措施。

其次，医疗卫生机构自身也需加强内部管理和自律。各机构应建立网络安全责任制，明确各级领导和相关部门在网络安全工作中的职责和权限。同时，加强网络安全风险的监测和预警，及时发现并处置网络安全隐患。

此外，还应加强与相关部门的沟通与合作，共同应对网络安全挑战。

（四）网络安全标准与规范的挑战与发展趋势

1. 网络安全标准与规范的挑战

尽管医疗卫生行业已经建立了较为完善的网络安全标准与规范体系，但在实际应用中仍面临一些挑战。一方面，随着医疗信息化建设的深入推进，医疗数据呈现出爆炸式增长的趋势，这对数据安全管理提出了更高的要求。如何有效保护医疗数据的安全、防止数据泄露和滥用成为一个亟待解决的问题。另一方面，新型网络攻击手段不断出现，网络安全威胁日益复杂多变。医疗卫生机构需要不断更新和完善网络安全防护措施，提高网络安全防护能力。

2. 网络安全标准与规范的发展趋势

针对这些挑战，未来医疗卫生行业的网络安全标准与规范将呈现以下发展趋势。

（1）更加注重数据安全管理。随着医疗数据的不断增长和应用场景的拓展，数据安全管理将成为网络安全标准与规范的重要内容。未来的标准将更加关注数据的收集、存储、传输和使用过程中的安全性问题，提出更加严格的要求和措施。

（2）强化技术防护能力。面对新型网络攻击手段的挑战，未来的网络安全标准将更加注重技术防护能力的提升。包括加强网络基础设施的安全防护、采用先进的加密技术和访问控制机制、建立网络安全监测和预警系统等。

（3）推动行业合作与共享。加强行业内的合作与交流，共同应对网络安全挑战。通过共享安全信息、经验和技术手段，提高整个行业的网络安全防护水平。

三、法律法规与标准在医疗行业的应用与实践

在医疗行业中，法律法规与标准的应用与实践是确保医疗服务质量、保障患者权益、维护医疗秩序的关键环节。随着医疗技术的不断发展和医疗服务的日益复杂化，相关法律法规与标准也在不断完善和更新。

（一）法律法规与标准在医疗行业中的重要性

法律法规与标准在医疗行业中扮演着至关重要的角色。

首先，它们为医疗服务提供了明确的规范和指引，确保了医疗行为的合法性和合规性。通过遵循相关法律法规和标准，医疗机构和医务人员能够明确自己的职责和权利，规范医疗服务流程，提高服务质量。

其次，法律法规与标准有助于保障患者的权益和安全。它们规定了医疗服务中应遵守的伦理道德和医疗技术规范，保护了患者的知情权、同意权、隐私权等

合法权益。同时，通过对医疗质量、安全管理和医疗纠纷处理等方面的规定，减少了医疗事故和纠纷的发生，提高了医疗服务的安全性和可靠性。

最后，法律法规与标准还促进了医疗行业的健康发展。它们为医疗行业的监管和管理提供了依据，推动了医疗技术的创新和应用，促进了医疗资源的合理配置和利用。通过加强行业自律和规范管理，提高了医疗行业的整体形象和竞争力。

（二）法律法规与标准在医疗行业的具体应用实践

在医疗行业中，法律法规与标准的应用实践涉及多个方面。

首先，在医疗机构的设立和管理方面，相关法律法规和标准规定了医疗机构的资质要求、审批程序、执业范围等，确保了医疗机构的合法性和规范性。同时，通过对医疗机构的监督检查和评估，保障了医疗服务的质量和安全。

其次，在医务人员的执业行为方面，法律法规和标准对医务人员的资格认证、职业道德、医疗行为规范等进行了明确规定。医务人员必须遵守相关法律法规和标准要求，确保医疗行为的合法性和合规性。同时，医疗机构也需要加强对医务人员的培训和管理，提高他们的专业素养和法律意识。

最后，在医疗技术管理和医疗质量管理方面，法律法规和标准也发挥了重要作用。它们规定了医疗技术的准入、应用、评估等流程，确保了医疗技术的安全、有效和合规。同时，通过对医疗质量的监测、评估和反馈，不断提高医疗服务的质量和效率。

（三）面临的挑战与发展趋势

尽管法律法规与标准在医疗行业中得到了广泛应用和实践，但仍面临一些挑战和发展趋势。

首先，随着医疗技术的不断创新和发展，新的医疗服务和产品不断涌现，对法律法规与标准的制定和实施提出了更高的要求。需要及时更新和完善相关法律法规和标准，以适应医疗行业的发展需求。

其次，医疗行业信息化、智能化的发展也带来了新的挑战。在电子病历、远程医疗、人工智能辅助诊断等领域，需要制定相应的法律法规和标准来规范其发展和应用，确保医疗数据的安全性和隐私保护。

最后，跨国医疗合作和交流的增多也对法律法规与标准的国际协调提出了要求。需要加强与国际组织和其他国家的合作与交流，共同制定和推广适应全球医疗行业的法律法规和标准。

第十二章　医疗卫生网络安全防御技术

第一节　医疗卫生行业防火墙技术应用

一、防火墙在医疗卫生行业的应用场景

随着信息技术的迅猛发展，医疗卫生行业对信息技术的依赖程度越来越高。医疗信息系统、医疗设备、电子病历等关键数据的安全性和隐私性至关重要。在这样的背景下，防火墙作为网络安全的第一道防线，在医疗卫生行业的应用场景显得尤为重要。

（一）保护医疗信息系统安全

医疗信息系统是医院运营管理的核心，涉及患者信息管理、医疗流程管理、药品管理等多个方面。防火墙在医疗信息系统中的应用，能够有效地阻止外部恶意攻击和非法访问，保护系统数据的完整性和安全性。

首先，防火墙通过设定访问控制策略，限制外部网络对医疗信息系统的访问。只有经过授权的用户和设备才能访问系统，大大降低了系统被攻击的风险。同时，防火墙还可以对进出系统的流量进行实时监控和审计，一旦发现异常流量或可疑行为，立即进行报警和阻断。

其次，防火墙还可以对医疗信息系统的漏洞和威胁进行识别和防范。通过定期更新安全策略和漏洞补丁，防火墙能够及时发现并阻止针对医疗信息系统的攻击行为，保障系统的稳定运行。

（二）保障医疗设备通信安全

在现代医疗环境中，各种医疗设备如医学影像设备、监护仪、手术机器人等都需要与医疗信息系统进行通信和数据交换。防火墙能够确保这些设备之间的通

信安全，防止数据泄露和非法访问。

首先，防火墙可以对医疗设备的通信协议和端口进行限制和过滤。只有符合安全策略的设备才能与医疗信息系统进行通信，有效地阻止了非法设备的接入和攻击。

其次，防火墙还可以对医疗设备之间的通信数据进行加密和完整性校验。通过对通信数据进行加密处理，可以确保数据在传输过程中的保密性；而完整性校验则可以确保数据在传输过程中不被篡改或破坏。

（三）实现远程医疗的安全访问

随着远程医疗技术的发展，越来越多的患者和医生开始通过远程医疗平台进行诊断和治疗。然而，远程医疗也面临着网络安全和隐私保护的挑战。防火墙技术的应用，为远程医疗提供了安全保障。

首先，防火墙可以通过 VPN（虚拟专用网络）技术，为远程医疗用户提供安全的访问通道。只有经过身份验证和授权的用户才能通过 VPN 连接到远程医疗系统，确保了访问的合法性和安全性。

其次，防火墙还可以对远程医疗平台的流量进行监控和过滤。通过设定访问规则和流量限制，防火墙能够防止恶意攻击和非法访问对远程医疗平台造成破坏和损失。

（四）满足法规合规要求

在医疗卫生行业，保护患者隐私和数据安全是法律法规的明确要求。防火墙技术的应用，可以帮助医疗机构满足这些法规合规要求。

首先，防火墙能够确保医疗数据的保密性。通过对数据进行加密处理和访问控制，防火墙能够防止医疗数据被非法获取和滥用。

其次，防火墙还能够提供审计和日志记录功能。医疗机构可以通过查看防火墙的日志记录，了解系统的访问情况和安全事件，为合规审计和事故调查提供有力支持。

然而，随着技术的不断发展和威胁的不断演变，防火墙技术也需要不断更新和完善。医疗机构应加强对防火墙的维护和管理，确保其能够持续有效地应对各种网络安全威胁和挑战。同时，还应加强对员工的网络安全意识和培训，提高整个医疗机构的网络安全防护能力。

二、防火墙的配置与管理

在医疗卫生行业中，防火墙的配置与管理对于确保整个信息系统的安全稳定运行至关重要。通过精心配置和管理防火墙，医疗机构可以有效地抵御外部威胁，保护患者数据的安全和隐私。

（一）防火墙配置的基本原则

在进行防火墙配置时，需要遵循以下基本原则。

最小权限原则。仅允许必要的通信和访问，限制不必要的网络流量和访问请求。通过限制访问权限，可以降低潜在的安全风险。

安全策略一致性原则。确保防火墙的安全策略与整体网络安全策略相一致。这有助于实现网络安全的层次化防御，提高整体安全防护能力。

灵活性原则。防火墙配置应具备一定的灵活性，以适应不同应用场景和需求。这包括支持多种安全协议、提供多种访问控制策略等。

（二）防火墙配置的具体步骤

在进行防火墙配置时，需要按照以下步骤进行。

需求分析。需要对医疗机构的网络环境和业务需求进行深入分析，确定防火墙的部署位置和需要保护的关键资源。

规则设置。根据需求分析结果，设置防火墙的访问控制规则。这包括定义允许和禁止的通信协议、端口号、IP 地址等。规则设置应尽可能精确，避免产生过多的误报和漏报。

日志与监控配置。配置防火墙的日志记录和监控功能，以便及时发现和处理安全事件。日志记录应包括访问记录、安全事件记录等，以便进行审计和溯源。

备份与恢复策略。制定防火墙配置的备份与恢复策略，确保在发生故障或安全事件时能够迅速恢复防火墙的正常运行。

（三）防火墙的日常管理与维护

防火墙的日常管理与维护同样重要，包括以下几个方面。

定期更新与升级。随着安全威胁的不断演变，防火墙软件和固件也需要不断更新和升级。医疗机构应定期关注防火墙的更新情况，并及时进行升级操作，以确保防火墙的安全防护能力得到持续提升。

监控与日志分析。通过对防火墙的监控和日志分析，可以了解网络流量、安全事件和潜在威胁的情况。医疗机构应定期对防火墙的日志进行查看和分析，及时发现并处理潜在的安全风险。

访问控制策略调整。随着业务的发展和变化，医疗机构可能需要调整防火墙的访问控制策略。例如，新增医疗设备或系统时，需要相应地调整防火墙规则以允许合法的通信和访问。

漏洞扫描与修补。定期进行漏洞扫描是确保防火墙安全性的重要手段。医疗机构应使用专业的漏洞扫描工具对防火墙进行定期扫描，发现潜在的安全漏洞并及时进行修补。

安全管理培训。为了提高员工对防火墙安全性的认识和重视程度，医疗机构应定期组织安全管理培训。培训内容可以包括防火墙的基本原理、配置方法、日常管理与维护等方面的知识。

（四）加强与外部安全机构的合作

除了内部配置与管理，医疗机构还应加强与外部安全机构的合作，共同应对网络安全威胁。例如，可以与专业的网络安全公司建立合作关系，获取最新的安全情报和威胁信息，以便及时调整防火墙配置和策略。同时，也可以参与行业内的安全组织或论坛，与其他医疗机构共享安全经验和最佳实践。

第二节　医疗卫生行业入侵检测与防御系统

一、医疗卫生行业入侵检测

入侵检测系统是一种积极主动的安全防护技术，其核心目的在于实时监视和分析计算机网络或系统中的活动，以便发现任何违反安全策略或可能导致系统受到损害的行为。通过深入解析网络流量和系统日志，IDS 能够识别出潜在的入侵行为，并采取相应的措施进行响应。

（一）入侵检测系统的原理

入侵检测系统的基本原理可以概括为信息收集、信息分析和响应三个主要步骤。

1. 信息收集

IDS 通过部署在网络中的传感器或代理，收集来自不同来源的数据，包括网络流量、系统日志、用户行为等。这些数据是 IDS 进行分析和检测的基础。

2. 信息分析

收集到的信息被送入 IDS 的分析引擎中，通过运用各种算法和模式识别技术，对数据的特征进行提取和比对。这些特征可能与已知的入侵模式、异常行为或系统漏洞相关联。IDS 的分析引擎能够识别出这些潜在的安全威胁。

3. 响应

一旦 IDS 检测到入侵行为或异常活动，它会根据预先设定的策略进行响应。响应措施可以包括记录事件、发出警报、阻断攻击源或采取其他安全措施，以防止进一步的损害。

在原理层面，入侵检测系统还可以进一步细分为基于异常的检测和基于误用的检测两种类型。基于异常的检测是通过建立正常行为的模型，并检测与正常行为模式显著偏离的活动。这种方法能够发现未知的攻击模式，但也可能因为误报率较高而引发不必要的关注。基于误用的检测则是通过与已知的入侵模式或攻击签名进行比对，来识别出已知的威胁。这种方法具有较高的准确性，但可能无法检测到未知的或变种的攻击。

二、入侵防御系统的特点与应用

入侵防御系统是网络安全领域的一种重要技术，它结合了入侵检测与主动防御的功能，旨在实时监视和分析网络流量，识别并阻止潜在的恶意活动，从而保护组织的资产免受损害。

（一）入侵防御系统的特点

实时检测与主动防御。IPS 的核心特点在于其能够实时地监视网络流量，并主动对潜在的威胁进行防御。它通过对数据包进行深度分析，能够识别出恶意代码、攻击行为和其他异常活动，从而及时采取措施进行阻断。

高效性与准确性。IPS 采用了先进的算法和模式识别技术，能够高效地处理大量的网络流量，并准确地识别出威胁。同时，它还能够自我学习和自适应，不断优化自身的防御策略，提高防御效果。

深度防护与多层次安全。IPS 不仅能够在网络层进行防护，还能够深入应用层进行防御。它能够识别并阻止基于应用协议漏洞和设计缺陷的恶意攻击，从而提供更深层次的防护。此外，IPS 还可以与其他安全设备（如防火墙、入侵检测系统等）进行集成，形成多层次的安全防护体系。

低误报率与低漏报率。IPS通过精确的数据分析和模式匹配，能够降低误报率，减少不必要的干扰。同时，它也能够有效地防止漏报，确保重要的威胁信息不被遗漏。

可配置性与灵活性。IPS 提供了丰富的配置选项，可以根据组织的具体需求进行定制。管理员可以设定不同的安全策略，以适应不同的网络环境和应用场景。此外，IPS 还支持动态调整，能够根据网络流量的变化实时调整防御策略。

（二）入侵防御系统的应用

1. 企业网络安全防护

在企业网络中，IPS扮演着举足轻重的角色。它可以部署在关键的网络结点上，如数据中心、服务器入口等，对进出网络的数据包进行实时监控和防御。通过识别并阻止恶意流量和攻击行为，IPS 能够有效地保护企业的核心资产和敏感数据不受损害。

2. 政府机构与关键基础设施保护

对于政府机构、电力、金融等关键基础设施来说，网络安全至关重要。IPS 能够提供高效、准确的防御能力，确保这些机构的基础设施免受网络攻击和破坏。通过部署 IPS，这些机构能够提升网络安全水平，保障关键服务的稳定运行。

3. 云服务与数据中心安全

随着云计算和大数据技术的快速发展，云服务与数据中心的安全问题日益突出。IPS 能够实现对云环境和数据中心的全面防护，确保数据的机密性、完整性和可用性。通过对云平台的流量进行实时监控和过滤，IPS 能够有效地阻止恶意攻击和数据泄露。

4. 工业互联网安全

在工业互联网领域，IPS 也发挥着重要作用。工业互联网涉及大量的工业控制系统和设备，一旦遭受攻击可能导致严重的后果。IPS 能够实时监测工业网络中的异常流量和攻击行为，并采取相应的防御措施，确保工业控制系统的稳定运行和安全生产。

5. 教育与科研机构安全防护

对于教育和科研机构来说，保护知识产权和研究成果的安全至关重要。IPS 能够提供针对学术资源的特殊保护策略，防止恶意攻击和数据泄露。同时，它还能够监测和阻止学生或员工的不当行为，维护机构的声誉和利益。

三、IDS/IPS在医疗行业的部署与运维

随着医疗行业的信息化进程加速，医疗机构的网络架构日益复杂，网络安全问题也日益凸显。入侵检测系统（IDS）和入侵防御系统（IPS）作为网络安全的重要组成部分，其在医疗行业的部署与运维显得尤为重要。

（一）IDS/IPS 在医疗行业的部署策略

1. 需求分析

在部署 IDS/IPS 之前，需要对医疗机构的网络环境进行全面的需求分析。这包括对医疗机构的业务流程、数据流向、关键资产以及潜在威胁的深入了解。通过需求分析，可以确定 IDS/IPS 的部署位置、监测范围和防御策略。

2. 选择合适的设备与软件

根据需求分析的结果，选择适合的 IDS/IPS 设备和软件。在选择时，需要考虑设备的性能、准确性、可扩展性以及软件的易用性、更新频率等因素。同时，还要确保所选设备与医疗机构的现有网络架构和信息系统相兼容。

3. 部署位置与网络接入

IDS/IPS 的部署位置对其效果至关重要。通常，IDS/IPS 应部署在关键的网络结点上，如核心交换机、防火墙后方或服务器入口等。此外，还需确保 IDS/IPS

能够与网络进行无缝接入，以实时获取和分析网络流量数据。

4. 配置与策略制定

在部署完成后，需要对 IDS/IPS 进行配置和策略制定。这包括设置告警阈值、定义安全事件类型、配置过滤规则等。同时，还需根据医疗机构的业务需求和安全风险，制定合适的防御策略，以实现对潜在威胁的准确识别和有效防御。

（二）IDS/IPS 在医疗行业的运维管理

1. 日常监控与告警处理

IDS/IPS 的运维管理首先需要进行日常监控。运维人员应定期检查 IDS/IPS 的运行状态、告警信息以及安全事件记录。对于告警信息，应及时进行分析和处理，确定是否存在真正的威胁并采取相应的防御措施。

2. 数据备份与恢复

为了防止数据丢失或损坏，需要定期对 IDS/IPS 的配置信息、日志数据以及安全事件记录进行备份。同时，还应制订数据恢复计划，以确保在发生意外情况时能够迅速恢复 IDS/IPS 的正常运行。

3. 软件更新与升级

随着网络威胁的不断演变，IDS/IPS 的软件也需要不断更新和升级。运维人员应关注厂家发布的最新软件版本和安全补丁，并及时进行安装和更新。这有助于提升 IDS/IPS 的防御能力，应对新的威胁和挑战。

4. 性能优化与调整

IDS/IPS 的性能对其效果至关重要。运维人员应定期对 IDS/IPS 的性能进行评估和优化，包括调整参数设置、优化算法等。同时，还应根据网络流量的变化和业务需求的变化，对 IDS/IPS 进行适时的调整，以确保其始终保持最佳的工作状态。

（三）面临的挑战与解决方案

1. 技术挑战

医疗行业网络环境复杂，医疗设备和系统众多，这给 IDS/IPS 的部署和运维带来了一定的技术挑战。为解决这一问题，需要选择具有强大功能和良好兼容性的 IDS/IPS 设备和软件，同时加强技术培训和学习，提升运维人员的专业水平。

2. 数据隐私与合规性

医疗行业数据具有高度的敏感性和隐私性，因此在部署 IDS/IPS 时需要充分考虑数据隐私保护和合规性问题。可以通过加密传输、访问控制等手段保护数据隐私，同时确保 IDS/IPS 的部署和使用符合相关法律法规的要求。

3. 预算与成本

IDS/IPS 的部署和运维需要一定的预算和成本投入。医疗机构需要在保障网络安全和成本控制之间找到平衡点。可以通过选择性价比高的设备和软件、优化运维流程等方式降低成本，同时确保网络安全得到有效的保障。

IDS/IPS 在医疗行业的部署与运维是一项复杂而重要的任务。通过合理的部署策略、有效的运维管理以及应对挑战的解决方案，可以确保医疗机构的网络安全得到有效保障，为医疗业务的稳定运行提供有力支持。

第三节　数据加密与解密技术

一、数据加密的基本原理与算法

数据加密是信息安全领域中的一项核心技术，其基本原理在于通过数学或逻辑手段对原始数据（即明文）进行转换，生成无法直接解读的密文形式，从而确保数据的机密性和完整性。这一转换过程依赖特定的加密算法和密钥，只有持有相应解密密钥的合法用户才能将密文还原为明文，进而获取数据内容。

在数据加密的基本框架中，密钥的管理与使用显得尤为重要。根据加密和解密过程中所使用的密钥是否相同，可以将加密算法划分为对称加密算法和非对称加密算法两大类。

对称加密算法，如 DES（数据加密标准）、3DES（三重数据加密算法）和 AES（高级加密标准）等，采用相同的密钥进行加密和解密操作。这类算法的优点在于加密解密速度快，适用于大量数据的处理。然而，由于密钥的分发和管理相对复杂，一旦密钥泄露，整个加密系统的安全性将受到严重威胁。

非对称加密算法，则以 RSA（Rivest–Shamir–Adleman）和 ECC（椭圆曲线加密算法）为代表，使用一对不同的密钥进行加密和解密。其中，公钥用于加密数据，私钥用于解密数据。这种算法的安全性基于复杂的数学原理，使得在没有私钥的情况下，即使拥有公钥也无法解密数据。非对称加密算法在密钥管理和安全性方面具有显著优势，但加密解密速度相对较慢，适用于小量数据的加密传输或数字签名等场景。

在具体实现上，数据加密算法通常涉及一系列复杂的数学运算和逻辑操作。以 AES 算法为例，它采用替代—置换网络结构，通过字节替代、行移位、列混淆和轮密钥加等四个步骤，对明文进行多轮迭代加密，生成最终的密文。每个步骤都依赖特定的数学原理和算法设计，以确保加密过程的安全性和可靠性。

此外，数据加密还可以结合其他安全技术，如哈希函数和数字签名等，以提高数据的完整性和真实性。哈希函数可以将任意长度的数据映射为固定长度的哈希值，使得不同的数据产生不同的哈希值，从而实现对数据的完整性校验。数字签名则利用非对称加密算法对数据进行签名和验证，确保数据的来源和完整性不被篡改。

在现代通信和计算机网络中，数据加密技术广泛应用于保护数据的机密性、完整性和可用性。例如，在电子商务领域，数据加密技术可以确保交易双方的通信内容不被窃取或篡改；在云计算环境中，数据加密技术可以保护用户存储在云端的数据不被未经授权的访问或泄露；在物联网应用中，数据加密技术可以保障设备间通信的安全性和隐私保护。

然而，随着技术的不断发展，数据加密也面临着新的挑战和威胁。一方面，随着计算能力的提升和攻击手段的不断升级，传统的加密算法可能面临被破解的风险；另一方面，新的应用场景和业务需求也对数据加密技术提出了更高的要求。因此，不断研发新的加密算法、优化加密性能、提升密钥管理能力等是数据加密技术未来发展的重要方向。

二、数据加密在医疗信息安全中的应用

随着信息技术的迅猛发展，医疗领域的数据量呈现爆炸式增长，医疗信息安

全问题日益凸显。数据加密作为信息安全领域的关键技术之一，在医疗信息安全中发挥着至关重要的作用。

（一）数据加密的基本原理与算法

数据加密的基本原理是通过特定的加密算法和密钥，将明文数据转换为无法直接解读的密文形式。只有持有相应解密密钥的合法用户才能将密文还原为明文，从而确保数据的机密性和完整性。

在医疗信息安全领域，常用的数据加密算法包括对称加密算法和非对称加密算法。对称加密算法如 AES（高级加密标准）等，使用相同的密钥进行加密和解密操作，适用于大量数据的快速处理。非对称加密算法如 RSA 等，则使用一对公钥和私钥进行加密和解密，确保数据的传输安全。

（二）数据加密在医疗信息安全中的应用实践

1. 电子病历加密

电子病历是医疗信息的重要组成部分，包含患者的个人信息、诊断记录、治疗方案等敏感数据。通过数据加密技术，可以对电子病历进行加密处理，确保即使数据被盗也无法被轻易解读。同时，结合权限控制技术，可以实现对电子病历的访问权限控制，只有授权人员才能查看和修改病历内容。

2. 医疗数据传输加密

在医疗领域，医疗机构之间以及医疗机构与患者之间需要进行大量的数据传输，如远程诊断、电子处方等。这些传输过程中的数据可能面临被截获或篡改的风险。因此，采用数据加密技术对传输数据进行加密处理，可以确保数据在传输过程中的安全性。通过使用 SSL/TLS 等安全传输协议，可以进一步保障数据在互联网上的安全流动。

3. 医疗设备数据加密

医疗设备如医学影像设备、生命体征监测设备等，在运行过程中会产生大量的数据。这些数据不仅包含患者的个人信息，还可能涉及医疗机构的商业机密。通过数据加密技术，可以对这些设备产生的数据进行加密处理，防止数据泄露或被非法获取。同时，结合远程监控和报警机制，可以及时发现并处理异常行为，确保医疗设备数据的安全性和完整性。

4. 云计算环境下的数据加密

随着云计算在医疗领域的广泛应用，越来越多的医疗数据被存储在云端。然而，云计算环境也面临着诸多安全风险，如数据泄露、非法访问等。因此，在云计算环境下采用数据加密技术，可以对存储在云端的数据进行加密处理，确保即使云端数据被非法获取也无法被轻易解读。同时，通过实施严格的访问控制策略和安全审计机制，可以进一步提升医疗数据在云端的安全性。

（三）数据加密在医疗信息安全中的挑战与未来发展趋势

尽管数据加密技术在医疗信息安全中发挥着重要作用，但仍面临着一些挑战。首先，随着计算能力的提升和攻击手段的不断升级，传统的加密算法可能面临被破解的风险。因此，需要不断研发新的加密算法和加密技术，以应对不断变化的安全威胁。其次，医疗数据涉及多个部门和人员，如何实现跨部门和跨机构的数据共享和协同工作，同时确保数据的安全性和隐私性，也是一个亟待解决的问题。

三、数据解密与密钥管理

在医疗信息安全领域，数据解密与密钥管理是两个至关重要的环节。数据解密是确保授权用户能够合法地访问和使用加密数据的关键过程，而密钥管理则是保障加密系统安全性的基础。

（一）数据解密技术

数据解密是加密过程的逆操作，即将密文还原为明文的过程。在医疗信息安全中，数据解密技术的选择和应用直接关系到数据的可用性和安全性。

首先，数据解密需要采用与加密过程相匹配的解密算法和密钥。对称加密算法如 AES 等，在解密时需要使用与加密时相同的密钥；而非对称加密算法如 RSA 等，则需要使用私钥进行解密。因此，在医疗信息安全中，应根据加密方式的不同选择合适的解密算法和密钥。

其次，数据解密过程需要确保解密操作的合法性和安全性。只有经过授权的用户才能进行解密操作，以避免非法访问和数据泄露。因此，需要实施严格的身份验证和访问控制机制，确保只有授权用户才能获取解密密钥并进行解密操作。

最后，为了提高解密操作的效率和安全性，还可以采用一些辅助技术，如硬件加密卡、安全芯片等。这些技术可以将解密操作与特定的硬件设备相结合，提高解密速度和安全性，同时降低密钥泄露的风险。

（二）密钥管理策略

密钥管理是医疗信息安全中的核心环节，涉及密钥的生成、存储、分发、更新和销毁等多个方面。一个有效的密钥管理策略能够确保加密系统的安全性和可靠性。

首先，密钥的生成应遵循一定的随机性和复杂性原则。生成的密钥应具有足够的长度和复杂度，以抵抗暴力破解和猜测攻击。同时，应使用安全的随机数生成器来生成密钥，确保密钥的不可预测性。

其次，密钥的存储需要采取安全措施，以防止密钥泄露或被非法获取。可以采用硬件加密卡、安全芯片等物理设备来存储密钥，或者使用加密的文件系统或数据库来存储密钥文件。同时，应限制对密钥存储设备的访问权限，确保只有授权人员才能接触和操作这些设备。

在密钥的分发过程中，需要确保密钥在传输过程中的安全性。可以采用安全的通信协议和加密手段来传输密钥，如使用 HTTPS 协议进行密钥的在线分发，或使用安全的物理介质（如 USB 密钥盘）进行离线分发。同时，应建立严格的密钥分发记录，以便于追踪和审计密钥的使用情况。

密钥的更新和销毁同样重要。随着时间的推移，密钥可能会因为各种原因而失效或被泄露。因此，需要定期更换密钥，并在密钥失效或不再需要时及时销毁。销毁密钥时，应确保密钥的彻底删除和不可恢复性，以防止密钥被恶意恢复和使用。

除上述基本策略外，还可以采用一些先进的密钥管理技术和方法，如密钥托管、密钥分割等。密钥托管是指将密钥的生成、存储和管理委托给专业的第三方机构或服务提供商，以减轻用户自身的密钥管理负担。密钥分割则是将密钥分割成多个部分，分别由不同的实体或系统保存和管理，以提高密钥的安全性和可靠性。

（三）挑战与未来发展趋势

尽管数据解密与密钥管理在医疗信息安全中发挥着重要作用，仍面临着一些挑战。随着医疗数据的不断增长和复杂性的提高，密钥管理的难度也在不断增加。同时，随着技术的不断进步和攻击手段的不断升级，传统的密钥管理方法可能面临被破解的风险。

未来，数据解密与密钥管理在医疗信息安全中的应用将呈现以下发展趋势。一是多层次的密钥管理体系的建立。通过构建包括主密钥、工作密钥等多个层次的密钥管理体系，可以提高密钥管理的灵活性和安全性。二是智能化的密钥管理系统的研发。借助人工智能和机器学习等技术，可以实现密钥的自动生成、智能分发和自动更新等功能，提高密钥管理的效率和准确性。三是跨平台的密钥管理解决方案的推广。随着医疗数据的跨平台共享和协同工作的需求不断增加，需要开发能够适用于不同平台和系统的密钥管理解决方案，以实现数据的无缝传输和共享。

数据解密与密钥管理是医疗信息安全中不可或缺的重要环节。通过采用合适的技术和策略，可以确保医疗数据的安全性和可用性，为医疗机构的正常运营和患者的隐私保护提供坚实的技术保障。

第四节　身份认证与访问控制

一、身份认证的方法与技术

身份认证，作为信息安全的第一道防线，其重要性不言而喻。在数字化、网络化的今天，身份认证不仅关乎个人隐私保护，更涉及国家安全、社会稳定等多方面。

（一）基于密码的身份认证

基于密码的身份认证是最常见、最传统的认证方式。用户通过输入预设的密码来证明自己的身份。这种方法简单易行，但也存在一些明显的缺陷。例如，密码容易被猜测、破解或窃取；用户可能使用简单的密码或在不同平台重复使用同一密码，增加了安全风险。

为了提高密码认证的安全性，可以采取一些措施。如使用强密码策略，要求密码包含大小写字母、数字和特殊字符，并限制密码长度和复杂度；启用多因素认证，结合密码和其他认证因素（如手机验证码、生物特征等）进行身份验证；采用加密技术保护密码存储和传输过程中的安全。

（二）基于生物特征的身份认证

基于生物特征的身份认证是利用个体的生理或行为特征进行身份验证的方法。常见的生物特征包括指纹、虹膜、人脸、声音等。这种认证方式具有较高的安全性和准确性，因为每个人的生物特征都是独一无二的。

然而，生物特征认证也存在一些挑战。首先，生物特征的采集和处理需要专业的设备和技术，成本较高。其次，生物特征信息一旦泄露或被滥用，可能导致严重的隐私和安全问题。因此，当采用生物特征认证时，需要确保采集和处理过程的安全性，以及妥善保护生物特征信息的存储和传输。

（三）基于令牌的身份认证

基于令牌的身份认证是通过使用特定的硬件设备或软件程序来验证用户身份的方法。常见的令牌包括硬件令牌（如 USB Key）、软件令牌（如手机 App 生成的动态口令）等。这种认证方式具有较高的安全性和灵活性，因为令牌本身具有唯一性，且可以与用户的身份绑定。

当使用令牌进行身份认证时，需要注意以下几点。首先，确保令牌的安全性和可靠性，防止令牌被复制或篡改。其次，合理设置令牌的有效期和权限范围，避免令牌过期或被滥用。最后，建立完善的令牌管理机制，包括令牌的发放、更新、挂失和销毁等流程。

（四）基于行为的身份认证

基于行为的身份认证是通过分析用户的行为模式来验证其身份的方法。这种方法基于一个假设。每个人的行为模式都是独特的，可以通过观察和分析用户的行为来识别其身份。例如，通过分析用户的打字速度、鼠标移动轨迹、浏览习惯等，可以构建出用户的行为模型，并将其用于身份验证。

基于行为的身份认证具有较高的隐蔽性和抗欺骗性，因为行为模式难以被模仿或伪造。然而，这种方法也面临一些挑战。首先，行为特征的提取和分析需要大量的数据和复杂的算法支持，技术难度较大。其次，行为特征可能受到多种因素的影响，如用户状态、环境变化等，导致认证结果的不稳定。因此，在实际应用中，需要综合考虑各种因素，选择合适的行为特征和算法进行身份验证。

（五）基于位置的身份认证

基于位置的身份认证是利用用户的地理位置信息进行身份验证的方法。这种方法通常与移动设备和无线网络技术相结合，通过获取用户的经纬度信息或网络接入点信息来验证其身份。例如，在某些应用中，用户需要在特定地点进行身份验证，以确保其物理位置的真实性。

基于位置的身份认证在某些场景下具有一定的应用价值，如移动支付、门禁系统等。然而，这种方法也存在一些局限性。首先，位置信息的获取可能受到网络信号、设备精度等多种因素的影响，导致定位不准确或无法获取位置信息。其次，位置信息本身可能涉及用户隐私和安全问题，需要妥善处理和保护。

身份认证的方法与技术多种多样，每种方法都有其独特的优缺点和适用场景。在实际应用中，需要根据具体需求和场景选择合适的身份认证方法，并结合多种技术手段进行综合应用，以提高身份验证的安全性和准确性。同时，还需要不断关注新技术和新方法的发展，及时更新和优化身份认证系统，以应对日益复杂的网络安全挑战。

二、访问控制策略与机制

在医疗系统中，确保患者数据、医疗记录以及系统资源的安全性和保密性至关重要。访问控制作为保障这些信息安全的核心手段，通过设定合理的策略和机制，能够有效防止未经授权的访问和潜在的数据泄露。

（一）访问控制策略

访问控制策略是定义谁能够访问哪些资源以及如何进行访问的规则集合。在医疗系统中，常见的访问控制策略包括基于角色的访问控制（RBAC）、基于策略的访问控制（PBAC）以及基于行为的访问控制（BBAC）。

1. 基于角色的访问控制（RBAC）

RBAC 策略将用户划分为不同的角色，并为每个角色分配相应的权限。在医疗系统中，角色可以包括医生、护士、管理员等。通过为每个角色分配特定的访问权限，系统能够实现对不同用户群体的细粒度控制。例如，医生可以访问和修改患者的病历记录，而护士则可能只能查看而不能修改。

2. 基于策略的访问控制（PBAC）

PBAC 策略通过制定一系列规则来决定用户是否能够访问某个资源。这些规则可以基于时间、地点、用户属性等多种因素。在医疗系统中，PBAC 策略可以用于实现更加灵活的访问控制。例如，可以设定在特定时间段内，只有急诊室的医生能够访问患者的紧急医疗记录。

3. 基于行为的访问控制（BBAC）

BBAC 策略通过分析用户的行为模式来动态调整其访问权限。在医疗系统中，这有助于识别并应对潜在的安全威胁。例如，如果系统检测到某个用户的访问行为异常（如频繁访问不相关患者的记录），可以自动限制其访问权限或触发安全警报。

（二）访问控制机制

访问控制机制是实现访问控制策略的具体技术和方法。在医疗系统中，常见的访问控制机制包括身份验证、授权管理和审计日志。

1. 身份验证

身份验证是确认用户身份的过程，通常通过用户名和密码、生物特征识别（如指纹、面部识别）或多因素认证等方式实现。在医疗系统中，严格的身份验证机制确保只有合法用户能够访问系统资源。同时，对于高安全性的应用场景，可以采用更高级别的身份验证技术，如动态令牌或数字证书。

2. 授权管理

授权管理是根据访问控制策略为用户分配和管理权限的过程。在医疗系统中，授权管理通常由管理员或专门的授权系统负责。管理员可以根据用户的角色、职责和需要，为其分配适当的访问权限。此外，授权管理还应支持权限的动态调整，以适应医疗系统中人员角色和职责的变化。

3. 审计日志

审计日志是记录用户访问行为和系统操作的重要工具。通过审计日志，管理员可以追踪和分析用户的访问行为，发现潜在的安全风险并采取相应的应对措施。在医疗系统中，审计日志应详细记录每个用户的访问时间、访问的资源以及进行的操作等信息。同时，为了保障审计日志的完整性和安全性，应采取适当的加密和存储措施。

（三）访问控制策略与机制的协同作用

在医疗系统中，访问控制策略与机制需要协同工作，以实现有效的信息安全保障。一方面，合理的访问控制策略能够为系统提供清晰的安全目标和要求；另一方面，完善的访问控制机制能够确保这些策略得以有效执行。通过策略与机制的紧密结合，医疗系统能够实现对用户访问行为的全面监控和管理，从而保障患者数据和系统资源的安全性和保密性。

医疗系统的访问控制策略与机制是保障信息安全的重要手段。通过制定合理的访问控制策略和采用先进的访问控制机制，医疗系统能够实现对用户访问行为的精细化管理和控制，从而有效防范潜在的安全风险。然而，随着医疗信息化程度的不断提高和网络安全威胁的日益复杂多变，医疗系统需要不断更新和完善其访问控制策略与机制，以适应新的挑战和需求。

三、身份认证与访问控制在医疗系统中的应用

在现代医疗体系中，信息技术发挥着举足轻重的作用，不仅提升了医疗服务的质量和效率，也促进了医疗资源的优化配置。然而，随着医疗系统信息化程度的加深，如何确保系统的安全性和数据的保密性成为亟待解决的问题。身份认证与访问控制作为信息安全领域的核心技术，其在医疗系统中的应用显得尤为重要。

（一）身份认证在医疗系统中的应用

身份认证是确保只有合法用户才能访问系统资源的第一道防线。在医疗系统中，身份认证的应用主要体现在以下几个方面。

1. 用户登录验证

医疗系统的用户登录验证通常采用用户名和密码的方式，部分高级系统还会采用生物特征识别技术，如指纹识别、面部识别等。这些技术通过验证用户提供

的身份信息与系统中存储的信息是否一致，来确认用户的身份是否合法。只有身份验证通过的用户才能进入系统，进行后续的操作。

2. 权限分级管理

医疗系统中的用户角色众多，包括医生、护士、药师、管理员等。不同角色的用户在系统中的权限各不相同，因此需要对其进行分级管理。身份认证系统通过与权限管理系统的结合，可以根据用户的角色和职责为其分配相应的权限。这样，即使多个用户共用一个系统，也能确保他们只能访问自己权限范围内的资源和信息。

3. 动态口令与多因素认证

为了提高身份认证的安全性，医疗系统还可以采用动态口令和多因素认证技术。动态口令是一种随时间变化的密码，用户每次登录时都需要输入当前有效的口令。多因素认证则要求用户在登录时提供多种身份验证信息，如密码、手机验证码、指纹等。这些技术能够有效地抵御针对单一认证方式的攻击，提升系统的安全性。

（二）访问控制在医疗系统中的应用

访问控制是在身份认证的基础上，对用户的访问行为进行进一步管理和控制的过程。在医疗系统中，访问控制的应用主要体现在以下几个方面。

1. 基于角色的访问控制（RBAC）

RBAC 是一种常用的访问控制技术，它根据用户在组织中的角色来分配权限。在医疗系统中，每个角色都有其特定的职责和权限范围。例如，医生可以查看和修改患者的病历记录，而护士则可能只能查看患者的基本信息和医嘱。通过 RBAC 技术，系统能够自动判断用户的角色，并为其分配相应的权限，从而实现对用户访问行为的精细化管理。

2. 数据访问控制

医疗系统中存储着大量的患者数据和医疗记录，这些数据具有极高的敏感性和保密性。因此，需要对这些数据进行严格的访问控制。系统可以根据用户的权限和需要，设定不同的数据访问级别。例如，对于涉及患者隐私的敏感数据，只有经过授权的医生和管理员才能访问；而对于一些公开的医疗知识和政策文件，则可以允许所有用户进行查阅。

3. 行为监控与审计

除了对用户的访问权限进行管理，访问控制系统还需要对用户的访问行为进行监控和审计。通过记录用户的登录时间、访问的资源、进行的操作等信息，系统能够及时发现异常行为并采取相应措施。同时，审计日志还可以用于事后分析，帮助管理员了解系统的使用情况和潜在的安全风险。

（三）身份认证与访问控制的协同作用

在医疗系统中，身份认证与访问控制是相辅相成的两个环节。身份认证是访问控制的前提和基础，只有确保了用户的身份合法，才能对其访问行为进行有效的管理和控制。而访问控制则是在身份认证的基础上，对用户的访问行为进行细化和优化的过程。通过二者的协同作用，医疗系统能够实现对用户访问行为的全面监控和管理，从而确保系统的安全性和数据的保密性。

第十三章　医疗卫生行业网络攻击与防御策略

第一节　医疗卫生行业网络攻击的类型与手段

一、医疗卫生行业常见的网络攻击

网络攻击是指针对计算机网络或信息系统进行的恶意行为，旨在破坏、窃取或篡改数据，或使系统无法正常运行。随着信息技术的迅猛发展，网络攻击的形式和手段也日趋多样化和复杂化。

医疗卫生行业常见的网络攻击有拒绝服务攻击、跨站脚本攻击、跨站请求伪造、注入攻击、中间人攻击、钓鱼攻击等。

除了上述几种常见的网络攻击类型，还有许多其他的攻击方式，如 ARP 欺骗、会话劫持、文件上传漏洞利用等。这些攻击方式各具特点，但都对网络安全构成了严重威胁。因此，我们需要不断学习和了解新的攻击手段和技术，加强网络安全防护意识，提高系统的安全性能。同时，也需要加强法律法规的建设和执行力度，打击网络犯罪行为，维护网络空间的安全和稳定。

二、医疗行业网络攻击案例分析

随着信息技术的不断发展，医疗行业对于信息化、数字化的依赖程度逐渐加深。然而，这种高度依赖也带来了相应的安全隐患。近年来，医疗行业遭受的网络攻击事件频发，给医疗机构的正常运营和患者的信息安全带来了严重威胁。

（一）凯撒医疗数据泄露事件

凯撒医疗作为一家知名的医疗机构，其网站和移动应用程序上的个人信息泄露事件引起了广泛关注。据报道，该事件影响了高达1340万用户，被誉为近年来最大的健康数据泄露事件之一。

在这次攻击中，攻击者利用了凯撒医疗技术部门存在的安全漏洞，成功获取了大量用户的个人信息，包括姓名、地址、联系方式以及医疗记录等敏感数据。攻击者通过篡改和伪造数据，进一步加剧了泄露事件的严重性。这一事件不仅影响了凯撒医疗的声誉，还可能导致患者面临诈骗、身份盗用等风险。

（二）联合健康网络攻击事件

联合健康作为另一家大型医疗机构，也遭遇了严重的网络攻击。攻击者利用黑客组织Black Cat的力量，成功入侵了联合健康的计算机系统，窃取了包括医疗记录、保险记录和付款信息等在内的6 TB数据。

Black Cat组织以其精湛的网络攻击技术而闻名，他们通过密码暴力猜测、特洛伊木马程序等手段，成功突破了联合健康的网络安全防线。在攻击成功后，Black Cat组织还威胁联合健康支付赎金，否则将公开窃取的敏感数据。这一事件不仅给联合健康带来了巨大的经济损失，还可能导致患者信息的泄露和滥用。

（三）医院内网被渗透事件

除了大型医疗机构，一些医院的内网系统也面临着严重的网络安全威胁。在某医院的一起内网被渗透事件中，攻击者利用黑客工具成功入侵了医院的内网系统，并读取了服务器的密码。由于医院内网服务器采用相同的密码，攻击者得以轻松登录到其他服务器，并执行加密操作。

这一事件表明，医院在内网安全方面存在严重的漏洞和不足。攻击者通过长期潜伏和精心策划，成功地实施了内网渗透攻击。这种攻击方式具有极高的隐蔽性和针对性，一旦成功将对医院的正常运营和患者的信息安全造成极大威胁。

（四）医疗软件巨头遭勒索软件攻击

除了直接的数据泄露和内网渗透，医疗行业还面临着勒索软件等新型网络攻击的威胁。以德国医疗软件巨头Mediatixx为例，该公司曾遭到勒索软件攻击，导致其内部IT系统瘫痪，影响了大量医疗中心的正常运营。

在这次攻击中，攻击者利用勒索软件的特性，对Mediatixx的系统进行了加密和锁定，并要求支付高额赎金以获取解密密钥。这种攻击方式不仅给Mediatixx

带来了巨大的经济损失，还可能导致患者治疗的中断和医疗服务的延误。

（五）防范对策与建议

针对上述医疗行业网络攻击案例，我们可以提出以下防范对策与建议。

加强网络安全意识培训。医疗机构应定期对员工进行网络安全意识培训，提高员工对网络攻击的认识和防范能力。

完善网络安全防护体系。医疗机构应建立完善的网络安全防护体系，包括防火墙、入侵检测系统、安全审计等措施，确保系统的安全性和稳定性。

定期更新和修补漏洞。医疗机构应及时更新和修补系统和应用程序的漏洞，防止攻击者利用漏洞进行攻击。

加强数据备份和恢复能力。医疗机构应建立完善的数据备份和恢复机制，确保在遭受攻击时能够迅速恢复数据和业务。

建立健全的应急响应机制。医疗机构应建立健全的应急响应机制，制定详细的应急预案和处置流程，以便在遭受攻击时能够迅速响应和处理。

总之，医疗行业网络攻击事件频发，给医疗机构的正常运营和患者的信息安全带来了严重威胁。医疗机构应加强网络安全防护意识，完善安全防护体系，提高应急响应能力，以应对日益复杂的网络攻击威胁。同时，政府和社会各界也应加强对医疗行业网络安全的关注和支持，共同维护网络空间的安全和稳定。

三、攻击手段与技术趋势

随着医疗信息化的深入发展，医疗行业对网络的依赖程度日益加深，同时也面临着越来越多的网络安全威胁。网络攻击者利用各种技术手段对医疗机构的网络系统进行攻击，窃取患者信息、破坏医疗服务等，给医疗行业带来了极大的损失。

（一）医疗行业网络攻击的主要手段

1. 密码攻击

密码攻击是医疗行业网络攻击中最为常见的手段之一。攻击者通过暴力猜测、字典攻击等方式，尝试破解用户的账号密码，进而获取敏感数据或控制系统。此外，特洛伊木马程序和钓鱼攻击也是常见的密码攻击方式，攻击者通过伪装成合法程序或邮件，诱导用户输入账号密码，从而获取权限。

2. 中间人攻击

中间人攻击是一种利用网络通信过程中的漏洞进行的攻击。攻击者通过在合法用户之间插入自己作为中间人，截获并篡改通信数据，甚至可以劫持会话，假冒合法用户进行通信。这种攻击方式在医疗行业中尤为常见，因为医疗机构的网络系统通常涉及大量的数据传输和通信。

3. 拒绝服务攻击

拒绝服务攻击（DoS 攻击）是通过向目标系统发送大量无用的请求，使其无法处理正常的服务请求，从而导致系统崩溃或服务中断。在医疗行业中，这种攻击可能导致医疗设备的故障、患者信息的丢失或医疗服务的中断，对医疗机构的正常运营带来严重影响。

4. 恶意程序攻击

恶意程序攻击是医疗行业网络攻击中另一个重要的手段。攻击者通过植入远控木马、挖矿木马、勒索病毒等恶意程序，对医疗机构的计算机系统进行远程控制、资源占用或数据窃取。这些恶意程序不仅危害了医疗机构的网络安全，还可能泄露患者的敏感信息，给患者带来隐私泄露的风险。

（二）医疗行业网络攻击技术趋势

1. 定向威胁攻击增多

近年来，针对特定目标的定向威胁攻击（APT 攻击）在医疗行业中呈上升趋势。这种攻击方式通常具有高度的隐蔽性和针对性，攻击者会长期潜伏在目标系统中，通过精心策划的攻击手段逐步获取敏感数据或控制系统。由于医疗行业涉及大量的患者信息和医疗服务，因此成为定向威胁攻击的重要目标。

2. 利用零日漏洞进行攻击

随着网络安全技术的不断发展，传统的攻击手段逐渐被识别和防御。因此，攻击者开始转向利用零日漏洞进行攻击。零日漏洞是指尚未被公众发现或利用的漏洞，攻击者利用这些漏洞可以绕过现有的安全防护措施，对目标系统进行攻击。医疗行业由于使用大量的医疗设备和信息系统，往往存在大量的潜在漏洞，因此成为利用零日漏洞进行攻击的重点目标。

3. 攻击手段更加复杂和多样化

随着网络安全防御技术的不断进步，攻击者也在不断尝试新的攻击手段和技术。他们可能会结合多种攻击手段，如密码攻击、中间人攻击、恶意程序攻击等，以达到更好的攻击效果。此外，攻击者还可能利用社交工程、物理入侵等手段，从多个层面对医疗机构的网络系统进行攻击。

4. 针对物联网设备的攻击增多

随着物联网技术在医疗行业的广泛应用，针对物联网设备的网络攻击也在不断增加。物联网设备通常具有较弱的安全防护能力，且数量众多、分布广泛，因此容易成为攻击者的目标。攻击者可以利用物联网设备的漏洞进行入侵和控制，进而对医疗机构的网络系统进行攻击和破坏。

面对医疗行业网络攻击手段的不断演变和技术趋势的发展，医疗机构需要采取一系列有效的措施来加强网络安全防护。首先，应提高网络安全意识，加强员工的安全培训和教育。其次，应完善网络安全防护体系，包括加强网络基础设施的安全防护、建立健全的安全管理制度和应急预案等。此外，还应加强对物联网设备的安全管理，确保设备的安全性和稳定性。最后，医疗机构应积极与相关部门和机构合作，共同应对网络安全威胁，保障医疗行业的网络安全和稳定运行。

医疗行业网络攻击手段与技术趋势的发展给医疗机构的网络安全带来了极大的挑战。只有不断加强网络安全防护、提高员工的安全意识、完善安全管理制度和应急预案等措施，才能有效应对网络攻击威胁，保障医疗行业的网络安全和稳定运行。

第二节　医疗卫生行业恶意软件与计算机病毒防护

一、恶意软件与计算机病毒的定义与分类

恶意软件与计算机病毒是网络安全领域中的两大重要概念，它们对计算机系统、网络环境和用户数据的安全构成了严重威胁。下面将对恶意软件与计算机病

毒的定义与分类进行详细的阐述。

（一）恶意软件的定义与分类

恶意软件，也被称为流氓软件，是一类未经用户明确许可或未明确提示用户的情况下，在用户计算机或其他终端上安装运行，侵犯用户合法权益的软件。恶意软件通常具有隐蔽性、欺骗性和危害性等特点，它可以通过各种方式侵入用户的计算机系统，并执行恶意任务，如窃取个人信息、破坏系统文件、篡改系统设置等。

根据恶意软件的行为特点和功能，可以将其分为以下几个主要类别。

广告软件。这类软件会在用户的计算机屏幕上弹出大量广告窗口，不仅干扰了用户的正常使用，还可能占用大量系统资源，导致计算机性能下降。

间谍软件。间谍软件主要目的是收集用户的个人信息，如浏览器历史记录、账户密码、信用卡信息等，并将其发送给攻击者。这类软件通常隐藏在合法软件中，通过后台运行、网络传输等方式实现信息窃取。

勒索软件。勒索软件也被称为勒索病毒或勒索程序，它会对用户的文件进行加密或锁定，并要求用户支付一定金额的赎金才能恢复文件的正常使用。这类软件通常采用高强度的加密算法，使得用户难以自行解密文件。

木马病毒。木马病毒是一种伪装成正常程序的恶意软件，它会在用户计算机上执行恶意操作，如开启后门、监听键盘输入等。木马病毒通常通过邮件附件、恶意链接等方式进行传播，一旦用户点击或下载，就会感染木马病毒。

蠕虫病毒。蠕虫病毒是一种可以自我复制并传播的恶意软件，它通常利用计算机系统的漏洞进行传播，并尝试感染其他计算机。蠕虫病毒会占用大量网络资源，导致网络拥堵或瘫痪。

（二）计算机病毒的定义与分类

计算机病毒是一种能够破坏计算机功能或数据的程序代码，它通过插入到计算机程序中并借助计算机的运行进行复制和传播。计算机病毒具有自我复制、传播和潜伏等特性，可以对计算机系统和用户数据造成严重的损害。

根据计算机病毒的特点和传播方式，可以将其分为以下几个主要类别。

引导区病毒。这类病毒主要感染计算机的启动扇区（包括硬盘、软盘、光盘等）

或主引导记录，并在系统启动时获得控制权。它们会破坏系统的正常运行，甚至导致计算机无法启动。

文件病毒。文件病毒主要寄生在其他程序中，当这些程序被执行时，病毒也随之被激活。它们会修改文件的内容或结构，导致文件损坏或无法正常运行。

宏病毒。宏病毒是一种利用计算机软件中的宏语言编写的病毒，主要感染使用宏语言的文档（如 Microsoft Office 文档）。它们通过复制自身到文档的宏中，并在文档打开或执行宏时触发，造成文件损坏或执行恶意操作。

网络病毒。网络病毒主要通过网络进行传播，它们可以利用各种网络协议和漏洞感染其他计算机。网络病毒可以造成网络拥堵、数据泄露和系统崩溃等严重后果。

加密病毒。加密病毒是一种将文件或数据进行加密的病毒，它会使被感染的文件或数据无法正常使用。用户需要解密密钥才能恢复文件的原始状态，否则文件将保持加密状态。

恶意软件和计算机病毒是网络安全领域的两大威胁。它们通过不同的方式和手段对计算机系统、网络环境和用户数据造成损害。了解恶意软件和计算机病毒的定义与分类有助于我们更好地认识它们的特点和传播途径，从而采取相应的防护措施来保障网络安全和用户数据安全。因此，我们应该保持警惕，增强安全意识，不轻易点击来源不明的链接或下载未经验证的软件，并定期更新和升级计算机系统的安全防护软件，以应对日益复杂的网络安全威胁。

二、病毒防护策略与技术

在医疗行业中，恶意软件与计算机病毒的防护显得尤为重要。由于医疗数据的高度敏感性和关键性，一旦受到恶意攻击，可能会导致严重的后果，包括患者隐私泄露、医疗流程中断，甚至威胁生命安全。因此，制定并执行有效的防护策略和技术对于确保医疗系统的安全和稳定运行至关重要。

（一）病毒防护策略

首先，针对医疗行业恶意软件与计算机病毒的防护策略，我们需要从预防、检测和响应三个方面进行综合考虑。

在预防方面，应着重加强网络安全意识培训，提高医护人员和IT人员的网络安全意识。同时，建立完善的网络安全管理制度，规范网络使用行为，防止恶意软件的入侵。此外，定期更新和升级医疗设备和系统的安全补丁，及时修复已知的安全漏洞，也是预防恶意软件攻击的重要手段。

在检测方面，应部署高效的网络监控和日志分析系统，实时监测网络流量和异常行为。通过收集和分析网络日志、系统日志和应用日志等数据，可以及时发现潜在的恶意软件活动。此外，利用专业的安全扫描工具对医疗设备和系统进行定期的安全扫描，可以发现并清除潜在的恶意软件。

在响应方面，应建立快速响应机制，一旦检测到恶意软件或计算机病毒攻击，立即启动应急预案，采取隔离、清除和恢复等措施，防止攻击进一步扩散。同时，与专业的安全团队或机构保持紧密合作，及时获取最新的安全信息和技术支持，提高应对恶意软件攻击的能力。

（二）增强医疗行业的网络安全的技术手段

除上述防护策略外，还需要采用一系列的技术手段来增强医疗行业的网络安全防护能力。

首先是访问控制和权限管理。通过实施严格的访问控制策略，限制对医疗数据和系统的访问权限，防止未经授权的访问和操作。同时，对用户的权限进行精细化管理，确保每个用户只能访问其所需的信息和资源。

其次是数据备份和恢复机制。定期备份重要的医疗数据，确保在遭受恶意软件攻击或数据丢失时能够迅速恢复。同时，建立灾难恢复计划，以应对可能发生的重大网络安全事件。

最后，还可以采用网络安全隔离技术，将医疗系统的网络与其他网络进行隔离，防止恶意软件通过网络传播。同时，使用安全的网络通信协议和加密技术，确保数据的传输和存储安全。

在终端安全方面，应部署终端安全管理系统，对医疗设备的终端进行统一管理和监控。通过安装防病毒软件、防火墙等安全工具，提高终端的安全防护能力。同时，定期更新终端的操作系统和应用软件，修复已知的安全漏洞。

此外，医疗行业还可以采用安全审计和日志分析技术，对医疗系统的操作和行为进行实时监控和记录。通过对日志数据的分析，可以及时发现异常行为和潜在的恶意软件活动，为安全事件的调查和处理提供有力支持。

在应对新型恶意软件和计算机病毒方面，医疗行业需要保持高度的警惕性和灵活性。随着技术的不断发展，恶意软件和计算机病毒也在不断演变和升级。因此，医疗行业需要密切关注最新的安全威胁和攻击手段，及时更新和升级防护策略和技术。同时，加强与安全厂商和研究机构的合作，共同应对新型恶意软件和计算机病毒的挑战。

总之，医疗行业的恶意软件与计算机病毒防护需要综合考虑多个方面，包括预防、检测、响应和技术手段等。通过制定和执行有效的防护策略和技术，可以提高医疗系统的安全防护能力，确保医疗数据的安全和医疗流程的稳定运行。同时，医疗行业需要保持对新型安全威胁的关注和应对能力，以适应不断变化的安全环境。

三、恶意软件清除与恢复

在医疗卫生行业中，恶意软件的清除与恢复是一项至关重要的任务。由于医疗数据的敏感性以及医疗服务对持续性和稳定性的高要求，一旦系统遭受恶意软件攻击，必须迅速、有效地进行清除，并恢复系统的正常运行。以下将详细探讨医疗卫生行业恶意软件的清除与恢复策略和技术。

首先，对于恶意软件的清除，必须采取一系列措施来确保彻底性和安全性。当发现恶意软件感染时，应立即断开受感染设备与网络的连接，防止恶意软件的进一步传播。随后，使用专业的恶意软件清除工具对系统进行全面扫描和清除。这些工具通常能够识别并删除各种类型的恶意软件，包括病毒、木马、间谍软件等。

在清除恶意软件的过程中，还需要注意数据的保护和恢复。由于医疗数据的重要性，不能因清除恶意软件而丢失或损坏重要数据。因此，在清除恶意软件之前，应备份所有重要数据，并确保备份数据的完整性和可用性。一旦恶意软件被清除，可以利用备份数据进行系统的恢复和重建。

除了数据保护和恢复，还需要关注系统的稳定性和安全性。在清除恶意软件后，应对系统进行全面的检查和测试，确保系统的稳定性和性能没有受到影响。

同时，还需要加强系统的安全防护措施，防止类似的恶意软件再次入侵。这包括更新和升级系统的安全补丁、加强访问控制和权限管理、部署防火墙和入侵检测系统等。

对于恶意软件清除后的系统恢复，也需要采取一系列措施来确保系统的正常运行和服务的连续性。

首先，需要恢复系统的基本功能和配置，包括操作系统、应用程序、网络设置等。这通常需要根据备份数据进行恢复或重新安装。在恢复过程中，还应注意数据的完整性和准确性，确保恢复后的系统能够正常运行并处理医疗数据。

其次,还需要恢复医疗服务的正常运行。这包括恢复医疗设备的连接和功能、恢复医疗数据的访问和处理等。在恢复过程中，需要与医疗团队密切合作，确保恢复工作不会对医疗服务造成任何影响。同时，还需要对恢复后的系统进行全面的测试和验证，确保系统的稳定性和可靠性。

最后，在恶意软件清除与恢复过程中，还需要关注网络安全和隐私保护。由于医疗数据的高度敏感性，必须确保在清除和恢复过程中不会泄露任何患者信息或敏感数据。因此，需要采取一系列措施来保护数据的安全性和隐私性，包括加密存储和传输数据、限制数据访问权限等。

除了以上具体的清除与恢复措施，医疗卫生行业还应加强恶意软件的预防和监测工作。通过定期更新和升级安全软件、加强员工培训、建立安全管理制度等措施，可以有效降低恶意软件感染的风险。同时，利用安全监测工具和技术对系统进行实时监控和预警，可以及时发现并应对潜在的恶意软件威胁。

第三节　医疗卫生行业网络钓鱼与社会工程学防御

一、网络钓鱼攻击的原理与手法

随着信息技术的迅猛发展，网络钓鱼攻击已成为医疗卫生行业面临的一大安全威胁。网络钓鱼攻击通过伪装成合法来源的电子邮件、网站或信息，诱骗受害者点击恶意链接或下载恶意附件，从而窃取敏感信息或执行恶意操作。

（一）网络钓鱼攻击的原理

网络钓鱼攻击的核心原理在于利用人性的弱点和信任感进行欺诈。攻击者通常会伪装成可信的实体，如银行、医疗机构或政府机构，发送看似合法的电子邮件或消息。这些邮件或消息通常包含诱人的内容，如免费奖品、账户更新或紧急通知等，以引起受害者的兴趣。同时，邮件或消息中可能包含恶意链接或附件，一旦受害者点击或下载，恶意代码就会执行，导致敏感信息的泄露或系统的破坏。

在医疗卫生行业，网络钓鱼攻击的危害尤为严重。由于医疗数据的敏感性，包括患者信息、病历资料、医疗设备等，一旦泄露或被篡改，将对医疗机构的正常运营和患者的隐私安全造成巨大威胁。此外，网络钓鱼攻击还可能破坏医疗系统的稳定性，影响医疗服务的质量和效率。

（二）网络钓鱼攻击的手法

1. 邮件伪装

攻击者通过伪造邮件发件人的地址和名称，使其看起来像是来自合法的医疗机构或政府部门。他们可能会使用与真实机构相似的域名或标识，以增加邮件的可信度。同时，邮件的主题和内容也经过精心设计，以引起受害者的兴趣和好奇心。

2. 恶意链接和附件

邮件中通常包含恶意链接或附件，这是网络钓鱼攻击的关键部分。恶意链接可能指向伪装成合法网站的钓鱼网站，要求受害者输入敏感信息，如用户名、密码或信用卡信息。一旦输入，这些信息将被攻击者截获。恶意附件则可能是恶意软件或病毒，一旦下载并执行，就会对受害者的计算机或网络造成损害。

3. 社交工程

社交工程是网络钓鱼攻击中常用的手法之一。攻击者通过深入了解受害者的个人信息和兴趣爱好，制定个性化的攻击策略。他们可能会利用受害者的信任感或好奇心，发送看似合理的请求或邀请，诱骗其点击恶意链接或下载恶意附件。

4. 伪造网站和登录页面

攻击者还会伪造与真实医疗机构网站相似的钓鱼网站或登录页面。这些网站或页面在视觉上与真实网站高度相似，但实际上是用于窃取受害者的登录凭证或敏感信息。受害者很难分辨真伪，一旦输入个人信息，就会被攻击者获取。

（三）防范网络钓鱼攻击的措施

为了有效防范网络钓鱼攻击，医疗卫生行业需要采取一系列措施。

1. 提高员工安全意识

加强员工的安全教育和培训，使其了解网络钓鱼攻击的原理和手法，提高识别和防范能力。教育员工不轻信来历不明的邮件和消息，不随意点击链接或下载附件。

2. 建立安全管理制度

制定并执行严格的安全管理制度，包括邮件过滤、网络隔离、访问控制等。通过技术手段对邮件进行过滤和拦截，阻止恶意邮件的传播。同时，限制对敏感数据和系统的访问权限，减少被攻击的风险。

3. 定期更新和升级系统

保持系统和软件的更新和升级，及时修复已知的安全漏洞和缺陷。这有助于防止攻击者利用已知漏洞进行网络钓鱼攻击。

4. 加强技术防范手段

采用多因素认证、加密通信等技术手段，提高系统的安全性和可靠性。同时，建立安全监测和应急响应机制，及时发现并应对网络钓鱼攻击事件。

二、社会工程学的应用与防范

在信息化社会，网络钓鱼攻击已成为医疗卫生行业面临的一大安全挑战。其中，社会工程学作为一种心理战术，在网络钓鱼攻击中发挥着重要作用。社会工程学利用人的心理弱点和社交习惯，通过精心设计的骗局和诱饵，诱导受害者泄露敏感信息或执行恶意操作。

（一）社会工程学在网络钓鱼中的应用

1. 伪装身份与建立信任

社会工程学在网络钓鱼中的核心应用之一是伪装身份与建立信任。攻击者通常会伪装成医疗机构的员工、合作伙伴或政府机构代表，通过发送看似合法的邮件或消息，与受害者建立联系。他们可能会利用受害者的信任感或好奇心，诱导其点击恶意链接或下载恶意附件。

2. 利用个人信息与心理弱点

攻击者会事先收集受害者的个人信息，如姓名、职务、联系方式等，以增加攻击的可信度和针对性。他们还会利用受害者的心理弱点，如焦虑、好奇心或贪婪等，制定个性化的攻击策略。例如，通过发送虚假的医疗通知或紧急请求，诱骗受害者泄露敏感信息或执行恶意操作。

3. 情感操纵与诱导行为

社会工程学还强调情感操纵在网络钓鱼攻击中的作用。攻击者可能会通过制造紧迫感、恐惧感或诱惑感，诱导受害者迅速采取行动。他们可能会利用受害者的同情心或责任感，编造虚假的医疗事故或求助信息，以获取受害者的信任和支持。

（二）医疗卫生行业网络钓鱼社会工程学的防范策略

1. 提高员工安全意识与培训

针对社会工程学的应用，医疗卫生行业应加强对员工的安全意识培训。通过培训，使员工了解社会工程学的原理、手法和危害，提高识别和防范网络钓鱼攻击的能力。员工应学会辨别合法邮件和恶意邮件，不轻易泄露个人信息或点击可疑链接。

2. 强化身份认证与权限管理

为了防范社会工程学攻击，医疗卫生行业应建立严格的身份认证和权限管理机制。通过多因素认证、生物识别等技术手段，确保只有经过授权的人员才能访问敏感数据和系统。同时，对员工的权限进行精细化管理，限制对敏感信息的访问和操作权限，减少被攻击的风险。

3. 加强信息保密与隐私保护

保护个人信息的机密性和隐私性是防范社会工程学攻击的关键。医疗卫生行业应建立健全的信息保密制度，加强对患者信息、员工信息等敏感数据的保护。同时，加强对数据泄露事件的监测和应对能力，及时发现并处理潜在的安全风险。

4. 建立安全文化与团队协作

除了技术层面的防范策略，建立安全文化和团队协作也是防范社会工程学攻击的重要手段。医疗卫生行业应倡导安全意识和安全行为，鼓励员工积极参与安全管理和防范工作。同时，加强团队协作和沟通，共同应对网络钓鱼等安全威胁。

5. 定期演练与应急响应

定期进行网络钓鱼演练和应急响应培训，有助于提高医疗卫生行业对网络钓鱼社会工程学的应对能力。通过模拟真实的攻击场景，让员工熟悉攻击手法和应对流程，提高应对速度和准确性。同时，建立健全的应急响应机制，确保在发生网络钓鱼攻击时能够迅速响应、有效处置。

社会工程学在网络钓鱼攻击中的应用给医疗卫生行业带来了严重的安全威胁。为了有效防范网络钓鱼社会工程学攻击，医疗卫生行业需要增强员工安全意识、强化身份认证与权限管理、加强信息保密与隐私保护、建立安全文化与团队协作以及定期演练与应急响应。通过综合施策、多管齐下，可以显著降低网络钓鱼攻击的风险，保障医疗卫生行业的安全稳定。

第四节　医疗卫生行业安全事件应急响应与处理

一、安全事件应急响应流程

在信息化高速发展的今天，医疗卫生行业的计算机网络安全显得尤为重要。一旦发生网络安全事件，如何迅速、有效地进行应急响应，防止事态扩大，确保业务的连续性，是每一个医疗卫生机构都需要面对的重要课题。

（一）事件发现与初步评估

网络安全事件的发现通常依赖安全监控系统和员工的日常观察。一旦发现可疑事件，如系统异常、数据泄露、恶意软件感染等，应立即启动应急响应流程。初步评估阶段，需要对事件进行快速分析，确定事件的性质、影响范围以及可能造成的损失。这一阶段的目标是尽可能收集关于事件的详细信息，为后续的处理提供依据。

（二）成立应急响应小组

在初步评估完成后，应立即成立应急响应小组。该小组应由网络安全专家、系统管理员、业务负责人等相关人员组成，负责统筹协调应急响应工作。小组应根据事件的性质和影响范围，制订详细的应急响应计划，明确各成员的职责和任务。

（三）隔离与限制损失

为了防止事件进一步扩散和造成更大的损失，应急响应小组需要立即采取措施隔离受影响的系统和数据。这可能包括断开网络连接、关闭受感染的系统或应用程序、限制对敏感数据的访问等。同时，小组应密切关注事态发展，及时调整隔离措施，确保不会对正常业务造成过大的影响。

（四）深入调查与分析

在隔离和限制损失的同时，应急响应小组需要对事件进行深入调查和分析。这包括收集和分析日志文件、网络流量数据、恶意软件样本等，以了解攻击者的手段、目的和路径。通过深入分析，可以发现系统的薄弱环节和潜在的安全隐患，为后续的修复和加固提供依据。

（五）制定修复与加固方案

根据深入调查和分析的结果，应急响应小组需要制订修复与加固方案。修复方案主要针对已受损的系统和数据，包括清除恶意软件、恢复数据备份、修复系统漏洞等。加固方案则侧重于提升系统的整体安全性能，可能包括升级安全软件、优化安全策略、加强用户身份验证等。在制订方案时，需要充分考虑业务的连续性和数据的完整性，确保修复和加固过程不会对正常业务造成过大的影响。

（六）实施修复与加固措施

在制订好修复与加固方案后，应急响应小组需要按照计划实施相关措施。这包括执行系统修复操作、更新安全补丁、调整安全策略等。在实施过程中，应确保操作的准确性和有效性，避免引入新的安全问题。同时，需要保持与业务部门的沟通协作，确保修复和加固工作不会对业务造成过大的干扰。

（七）验证与总结

修复和加固措施实施完成后，应急响应小组需要对修复效果进行验证，确保受损的系统和数据已恢复正常，安全隐患已得到消除。同时，需要对整个应急响应流程进行总结和反思，分析成功经验和不足之处，为今后的应急响应工作提供借鉴和参考。

（八）持续监控与预防

网络安全事件应急响应并非一蹴而就的工作，而是一个持续的过程。在事件处理完毕后，医疗卫生机构应继续保持对网络安全的高度警惕，加强日常的安全监控和预防措施。这包括定期更新安全软件、升级系统补丁、加强员工安全意识培训等，以防范类似事件的再次发生。

（九）与相关方沟通与协作

在应急响应过程中，医疗卫生机构还需要与相关部门和合作伙伴保持密切的沟通与协作。这可能包括向监管部门报告事件进展、与技术支持方共同分析问题、与业务伙伴协调业务恢复等。通过与相关方的沟通与协作，可以更有效地应对网络安全事件，降低事件对业务的影响。

医疗卫生行业计算机网络安全事件应急响应流程是一个复杂而重要的工作。通过科学规范的流程管理和团队协作，可以迅速有效地应对网络安全事件，保障医疗卫生业务的连续性和安全性。

二、应急响应团队与资源准备

随着信息技术的迅猛发展，计算机网络安全对于医疗卫生行业而言，已经变得至关重要。为了有效应对可能发生的网络安全事件，确保医疗服务的连续性和数据的安全性，医疗卫生机构需要组建专业的应急响应团队，并充分准备必要的资源。

（一）应急响应团队的组建

1. 确定团队结构与职责

应急响应团队应由网络安全专家、系统管理员、数据备份与恢复专家、业务连续性管理人员以及法律顾问等人员组成。团队成员应明确各自的职责和分工，确保在应急响应过程中能够迅速、有效地协作。

2. 选择合适的团队成员

团队成员应具备扎实的网络安全知识、丰富的实践经验以及良好的沟通协调能力。在选择团队成员时，应注重其专业技能和实际操作能力，同时考虑其工作态度和团队协作精神。

3. 培训与演练

为了提高团队成员的应急响应能力，需要定期进行网络安全培训和应急演练。通过模拟真实的网络安全事件，让团队成员熟悉应急响应流程，掌握必要的技能和方法，提高应对突发事件的能力。

（二）资源准备

1. 技术资源

（1）安全监控与检测工具。配备先进的安全监控和检测工具，能够实时监测网络流量、系统日志、用户行为等，及时发现可疑事件和异常行为。

（2）安全漏洞扫描工具。定期对系统和应用程序进行安全漏洞扫描，及时发现并修复潜在的安全隐患。

（3）恶意软件分析与清除工具。准备专业的恶意软件分析和清除工具，以应对可能的恶意软件感染事件。

2. 数据备份与恢复资源

（1）数据备份策略。制定完善的数据备份策略，包括定期备份、增量备份和差异备份等，确保数据的安全性和可恢复性。

（2）备份存储设备。准备足够的备份存储设备，用于存储备份数据。同时，确保备份设备的可靠性和性能，以应对大规模数据备份和恢复的需求。

（3）数据恢复流程。制定详细的数据恢复流程，包括数据恢复步骤、恢复时间目标（RTO）和恢复点目标（RPO）等，以确保在发生数据丢失或损坏时能够迅速恢复数据。

3. 沟通与协作资源

（1）通信工具。建立高效的通信渠道，包括电话、电子邮件、即时通信工具等，确保团队成员之间以及与其他相关方之间的及时沟通。

（2）协作平台。采用协作平台或项目管理工具，便于团队成员共享信息、协作完成任务和跟踪应急响应进度。

（3）跨部门合作机制。与业务部门、IT部门等相关部门建立紧密的合作关系，确保在应急响应过程中能够得到及时的支持和协助。

4. 法律与合规资源

（1）法律法规了解。团队成员应熟悉相关的网络安全法律法规和政策要求，确保应急响应工作符合法律法规的规定。

（2）隐私保护策略。制定严格的隐私保护策略，确保在应急响应过程中不泄露患者或机构的敏感信息。

（3）法律顾问支持。与法律顾问保持密切联系，为应急响应工作提供法律支持和建议，避免因处理不当而引发的法律风险。

（三）持续更新与改进

1. 技术更新与升级

随着网络安全技术的不断发展，应急响应团队需要定期更新和升级技术资源，以适应新的威胁和挑战。

2. 团队成员能力提升

团队成员需要不断提升自身的网络安全技能和应急响应能力，通过参加培训、研讨会等方式，了解最新的网络安全动态和技术发展趋势。

3. 应急响应流程优化

根据实际的应急响应经验和教训，不断优化和完善应急响应流程，提高应急响应的效率和准确性。

三、安全事件处理与事后分析总结

（一）网络安全事件处理流程

在医疗卫生行业，一旦发现计算机网络安全事件，应立即启动应急响应机制。首先，需要快速定位事件发生的源头和范围，评估其潜在的影响和危害。其次，根据事件的性质和严重程度，采取相应的技术措施进行处置，如隔离受感染的系统、清除恶意代码、恢复受损数据等。同时，还需要及时通知相关部门和人员，确保信息的及时传递和共享。

在处理过程中，还需要注重信息的收集和保留。这包括收集与事件相关的日志、数据、配置等信息，以便后续的分析和溯源。同时，对于涉及敏感信息的数据，还需要进行脱敏处理，以防止信息泄露。

（二）事后分析总结

网络安全事件处理完毕后，需要进行深入的事后分析总结。这有助于发现事件处理过程中存在的问题和不足，进而提出改进措施，提升整个行业的网络安全防护能力。

首先，需要对事件的性质、原因、影响等进行全面的分析。通过分析事件的类型、攻击手段、传播途径等，可以深入了解攻击者的动机和目的，为防范类似事件提供有价值的参考。同时，还需要对事件的影响进行评估，包括对业务运行、数据安全、患者隐私等方面的影响，以便制定相应的补救措施。

其次，需要对应急响应流程的执行情况进行评估。这包括对应急响应机制的启动速度、技术措施的实施效果、信息收集和传递的效率等方面进行评估。通过评估可以发现流程中的瓶颈和问题，进而提出改进措施，提高应急响应的效率和准确性。

此外，还需要对事件处理过程中的人员表现进行评价。这包括对应急响应团队成员的技能水平、协作能力、工作态度等方面进行评价。通过评价可以发现团队成员的优势和不足，进而进行针对性地培训和提升，提高整个团队的应急响应能力。

最后，需要总结整个事件处理过程中的经验教训。这包括总结成功的经验和做法，以便在今后的事件处理中加以借鉴和应用；同时，也需要总结存在的问题和不足，提出改进措施和建议，为今后的网络安全防护工作提供指导。

（三）改进措施与建议

基于事后分析总结的结果，可以提出以下改进措施与建议。

加强网络安全防护意识。增强全员的网络安全意识，加强对网络安全事件的防范和应对能力。通过定期的安全培训、演练等方式，增强员工的安全意识和技能水平。

完善应急响应机制。根据事件处理过程中的问题和不足，完善应急响应机制，提高响应速度和处置效率。优化流程、明确职责、加强协作，确保在网络安全事件发生时能够迅速、有效地应对。

提升技术防护能力。加强网络安全技术的研发和应用，提升系统的安全防护能力。采用先进的安全技术和工具，对系统进行全面的安全检测和防护，及时发现并处置潜在的安全风险。

加强数据备份与恢复。完善数据备份与恢复策略，确保在网络安全事件发生时能够及时恢复数据。同时，加强数据的加密和脱敏处理，防止敏感信息的泄露。

建立信息共享机制。加强与其他医疗卫生机构、网络安全组织等的合作与交流，建立信息共享机制。通过共享安全信息、经验和资源，共同应对网络安全挑战，提升整个行业的网络安全防护能力。

第十四章　医疗卫生行业网络安全管理与维护

第一节　医疗卫生行业网络安全管理体系构建

一、安全管理体系框架设计

随着信息技术的迅猛发展，医疗卫生行业对网络的依赖程度日益加深。然而，网络安全威胁也随之增加，给医疗数据的保密性、完整性和可用性带来了严峻挑战。因此，构建一个完善的网络安全管理体系框架，对于提升医疗卫生行业的网络安全防护能力至关重要。

（一）网络安全管理体系框架概述

网络安全管理体系框架是指导医疗卫生行业网络安全工作的重要基础。它涵盖了网络安全管理的各个方面，包括组织架构、政策制度、技术防护、应急响应等，旨在确保医疗数据的安全性和业务的连续性。

该框架以国家相关法律法规和行业标准为依据，结合医疗卫生行业的实际需求和特点，构建了一个层次化、模块化的管理体系。通过明确各级组织的职责和权限，制定详细的操作规范和安全标准，实现网络安全管理的全面覆盖和有效执行。

（二）组织架构设计

网络安全管理体系的组织架构设计是确保管理体系有效运行的关键。医疗卫生行业应设立专门的网络安全管理部门，负责统筹协调网络安全工作。该部门应下设多个专业团队，分别负责网络安全策略制定、技术防护、应急响应等方面的工作。

同时，应明确各级组织和人员的职责和权限，确保网络安全工作的分工明确、责任到人。各级组织应建立相应的网络安全工作机制，加强协作配合，形成合力，共同应对网络安全威胁。

（三）政策制度制定

政策制度是网络安全管理体系的重要组成部分，它为网络安全工作提供了指导和规范。医疗卫生行业应制定一系列网络安全相关的政策制度，包括网络安全管理制度、数据安全管理制度、个人信息保护制度等。

这些制度应明确网络安全工作的目标、原则和要求，规定各级组织和人员的职责和权限，提出具体的操作规范和安全标准。同时，应定期对政策制度进行审查和更新，确保其适应行业发展和网络安全形势的变化。

（四）技术防护体系建设

技术防护是网络安全管理体系的核心内容之一。医疗卫生行业应建立完善的技术防护体系，包括网络基础设施安全、系统安全、数据安全等方面。

在网络基础设施安全方面，应采用安全可靠的网络设备和通信技术，加强网络拓扑设计和安全防护措施，防止网络攻击和入侵。在系统安全方面，应采用安全可靠的操作系统和应用软件，加强系统漏洞管理和安全配置，确保系统的稳定运行和数据安全。在数据安全方面，应采用加密技术、访问控制技术等手段，对数据进行保护和管理，防止数据泄露和滥用。

此外，还应加强网络安全监测和预警能力，及时发现和处置网络安全事件，降低安全风险。

（五）应急响应机制建设

应急响应是网络安全管理体系的重要组成部分，它对于快速应对网络安全事件、减少损失具有重要意义。医疗卫生行业应建立完善的应急响应机制，包括应急预案制定、应急演练、应急响应流程等方面。

应急预案应明确应急响应的目标、原则和要求，规定各级组织和人员的职责和权限，提出具体的应急措施和操作流程。同时，应定期进行应急演练，提高组织和人员的应急响应能力和协作水平。在发生网络安全事件时，应迅速启动应急响应流程，及时处置和报告事件，降低影响和损失。

（六）持续改进与优化

网络安全管理体系是一个动态的过程，需要不断地进行改进和优化。医疗卫生行业应建立网络安全管理的持续改进机制，定期对网络安全管理体系进行评估和审查，发现问题和不足，提出改进措施和建议。

同时，应加强与外部合作伙伴的沟通与协作，共同应对网络安全威胁和挑战。通过不断学习和借鉴先进经验和技术手段，不断提升网络安全管理水平和能力。

医疗卫生行业网络安全管理体系框架设计是一个复杂而系统的工程。通过构建完善的组织架构、制定科学的政策制度、建设先进的技术防护体系、建立有效的应急响应机制以及持续改进与优化等方面的工作，可以不断提升医疗卫生行业的网络安全防护能力，确保医疗数据的安全性和业务的连续性。

二、安全管理组织结构与职责划分

随着信息技术的广泛应用，医疗卫生行业对网络的依赖程度日益加深。网络安全管理作为保障医疗数据安全和业务连续性的关键环节，其组织结构与职责划分显得尤为重要。

（一）网络安全管理组织架构

医疗卫生行业的网络安全管理组织架构应是一个层次分明、职责明确的体系。一般来说，该组织架构可以划分为三个层级：决策层、管理层和执行层。

1. 决策层

由医院高层领导和相关职能部门负责人组成，负责制定网络安全战略、政策和标准，审批重大网络安全事项，并对网络安全管理工作进行监督和指导。

2. 管理层

由网络安全管理部门负责人和相关专业技术人员组成，负责具体执行网络安全管理策略，制定网络安全管理制度和操作规程，组织开展网络安全检查、评估和培训工作，以及协调处理网络安全事件。

3. 执行层

由各个业务部门和基层单位的网络安全管理员组成，负责落实网络安全管理制度和操作规程，执行网络安全防护措施，及时报告网络安全事件，并参与网络安全培训和演练。

（二）网络安全管理部门设置

在医疗卫生行业中，应设立专门的网络安全管理部门，负责全面协调和管理网络安全工作。该部门可以下设多个专业团队，如网络安全策略团队、技术防护团队、应急响应团队等，以应对不同方面的网络安全挑战。

网络安全策略团队。负责制定网络安全策略、政策和标准，为管理层提供决策支持，并对网络安全管理工作进行监督和评估。

技术防护团队。负责建设和维护网络安全技术防护体系，包括网络基础设施安全、系统安全、数据安全等方面的防护措施，确保网络的稳定性和数据的安全性。

应急响应团队。负责建立和完善应急响应机制，制订应急预案，组织开展应急演练和培训，及时响应和处置网络安全事件。

（三）职责划分与权限设置

在网络安全管理工作中，各层级组织和部门应有明确的职责划分和权限设置，以确保网络安全管理工作的顺利进行。

1. 决策层职责与权限

制定网络安全战略和规划，确定网络安全管理的总体目标和方向；审批网络安全管理制度、政策和标准；监督和指导网络安全管理部门的工作，对重大网络安全事项进行决策；对网络安全工作进行考核和奖惩。

2. 管理层职责与权限

落实网络安全战略和规划，制定具体的网络安全管理策略和措施；组织开展网络安全检查、评估和审计工作，及时发现和解决网络安全隐患；制订网络安全培训计划和方案，提升全员网络安全意识和技能；协调处理网络安全事件，配合应急响应团队进行应急处置；定期向决策层报告网络安全工作进展和存在的问题。

3. 执行层职责与权限

严格遵守网络安全管理制度和操作规程，执行网络安全防护措施；负责所在部门或单位的网络安全日常管理工作，包括网络安全设备的维护、安全日志的查看和分析等；及时报告网络安全事件和异常情况，协助应急响应团队进行应急处置；参加网络安全培训和演练活动，提高自身的网络安全技能和应急处理能力。

（四）跨部门协作与信息共享

网络安全管理工作涉及多个部门和业务领域，因此加强跨部门协作和信息共享至关重要。各相关部门应建立有效的沟通机制，定期召开网络安全联席会议或工作研讨会，分享网络安全信息和经验，共同应对网络安全挑战。同时，应建立网络安全信息共享平台或系统，实现网络安全数据的集中存储、管理和分析，提高网络安全管理的效率和准确性。

医疗卫生行业网络安全管理组织结构与职责划分是确保网络安全工作顺利进行的基础。通过构建层次分明、职责明确的组织架构，设立专门的网络安全管理部门和专业团队，以及明确各层级组织和部门的职责与权限，可以形成合力，共同应对网络安全威胁。同时，加强跨部门协作和信息共享也是提升网络安全管理水平的重要途径。

未来，随着医疗卫生行业信息化建设的不断深入和网络安全威胁的不断变化，网络安全管理组织结构与职责划分也需要不断调整和优化。行业应持续关注网络安全技术的发展趋势和最佳实践，不断完善网络安全管理体系，提升网络安全防护能力，为医疗业务的稳定运行和患者数据的安全提供坚实保障。

三、安全管理流程与制度建设

在信息化高速发展的今天，医疗卫生行业面临着日益严峻的网络安全挑战。为确保医疗数据的安全性和业务的连续性，建立健全的网络安全管理流程与制度显得尤为重要。

（一）网络安全管理流程

网络安全管理流程是确保网络安全工作有序开展的关键。在医疗卫生行业中，网络安全管理流程应包括以下几个关键环节。

1. 风险识别与评估

首先，需要对医疗卫生行业的网络环境进行全面的风险识别与评估。这包括识别潜在的安全威胁、评估威胁对业务可能造成的影响，以及确定风险的优先级和应对策略。通过风险识别与评估，可以为后续的网络安全防护工作提供有针对性的指导。

2. 安全策略制定

根据风险识别与评估的结果，制定针对性的网络安全策略。这些策略应涵盖网络基础设施安全、系统安全、数据安全等方面，并明确各项安全措施的具体实施步骤和要求。同时，网络安全策略还应与医疗卫生行业的业务特点和实际需求相结合，确保策略的有效性和可行性。

3. 安全措施实施

在制定好网络安全策略后，需要组织相关人员进行安全措施的实施。这包括配置网络安全设备、部署安全软件、设置访问控制等。在实施过程中，应注重技术的先进性和实用性，确保各项安全措施能够有效地防范网络安全威胁。

4. 安全监测与预警

安全措施的实施并不意味着网络安全工作的结束。相反，需要对网络环境进行持续的监测与预警。通过收集和分析网络流量、日志等信息，及时发现和处理潜在的网络安全威胁。同时，建立预警机制，对可能发生的网络安全事件进行预测和预警，以便及时采取应对措施。

5. 应急响应与处置

即使采取了严密的安全措施，网络安全事件仍有可能发生。因此，需要建立完善的应急响应与处置机制。当网络安全事件发生时，迅速启动应急预案，组织相关人员进行应急处置，最大限度地减少损失和影响。同时，对事件进行深入的调查和分析，找出原因和漏洞，进一步完善网络安全防护体系。

（二）网络安全制度建设

网络安全制度是网络安全工作的基础和保障。在医疗卫生行业中，应建立以下关键的网络安全制度。

1. 网络安全责任制度

明确各级组织和人员在网络安全工作中的职责和权限，形成责任明确、分工协作的工作机制。通过责任制度，确保网络安全工作得到有效落实，防止因职责不清而导致的安全漏洞。

2. 网络安全培训制度

定期开展网络安全培训活动，增强全员网络安全意识和技能。培训内容应包括网络安全基础知识、安全操作规程、应急处置方法等。通过培训制度，提升员工的网络安全素养，为网络安全工作提供有力支持。

3. 网络安全检查与评估制度

定期对网络环境和安全措施进行检查与评估，发现潜在的安全隐患和问题。检查与评估应由专业的网络安全团队进行，确保结果的客观性和准确性。通过检查与评估制度，及时发现和解决网络安全问题，提升网络安全防护能力。

4. 网络安全事件报告与处置制度

建立网络安全事件报告与处置机制，确保在网络安全事件发生时能够迅速响应和处理。事件报告应包括事件的描述、影响范围、处置过程等信息。处置制度应明确应急处置的流程和措施，确保事件得到及时有效地处理。

5. 网络安全奖惩制度

建立网络安全奖惩制度，对在网络安全工作中表现突出的个人和团队进行表彰和奖励，对违反网络安全规定的行为进行惩罚。通过奖惩制度，激发员工参与网络安全工作的积极性和主动性，形成全员参与、共同维护网络安全的良好氛围。

建立健全的网络安全管理流程与制度是确保医疗卫生行业网络安全的重要保障。通过明确的管理流程和完善的制度建设，可以形成一套科学、高效、可操作的网络安全防护体系，为医疗业务的稳定运行和患者数据的安全提供坚实保障。

未来，随着医疗卫生行业信息化建设的不断深入和网络安全技术的不断发展，网络安全管理流程与制度建设也需要不断更新和完善。行业应持续关注网络安全领域的新技术、新应用和新挑战，及时调整和优化网络安全管理流程与制度，以适应不断变化的安全需求和环境。同时，加强行业间的交流与合作，共同推动医疗卫生行业网络安全水平的提升。

第二节　医疗卫生行业安全风险评估与审计

一、安全风险评估方法与流程

随着信息技术的迅猛发展，医疗卫生行业对计算机网络的依赖程度日益加深。然而，计算机网络在带来便利的同时，也面临着诸多安全风险。为确保医疗数据的保密性、完整性和可用性，对计算机网络安全风险进行准确评估显得尤为重要。

（一）风险评估方法

在医疗卫生行业计算机网络安全风险评估中，常用的方法主要包括定性评估、定量评估以及综合评估等。

1. 定性评估方法

定性评估方法主要通过对网络系统的安全威胁、脆弱性以及风险事件进行描述和分析，以文字或图表的形式展示评估结果。这种方法通常基于专家的经验和知识，对网络安全风险进行主观判断。定性评估方法简单易行，但可能存在一定的主观性和不确定性。

2. 定量评估方法

定量评估方法则通过收集和分析大量的网络安全数据，运用统计学、概率论等数学工具对风险进行量化分析。这种方法能够更准确地反映网络安全风险的实际状况，有助于制定有针对性的安全防护措施。然而，定量评估方法对数据的质量和数量要求较高，且计算过程可能较为复杂。

3. 综合评估方法

综合评估方法是将定性评估和定量评估相结合，既考虑专家的经验和知识，又充分利用数据分析和量化结果。这种方法能够兼顾主观和客观因素，提高风险评估的准确性和可靠性。

（二）风险评估流程

医疗卫生行业计算机网络安全风险评估流程通常包括风险识别、风险分析、风险评价和风险控制等阶段。

1. 风险识别

风险识别是网络安全风险评估的第一步，其主要目的是确定网络系统中存在的潜在风险。在医疗卫生行业中，风险识别应重点关注医疗数据的保密性、完整性和可用性等方面。通过收集和分析网络系统的相关信息，识别出可能存在的安全威胁、脆弱性以及风险事件。

2. 风险分析

风险分析是对识别出的风险进行深入研究和评估的过程。在这一阶段，需要对风险的性质、来源、影响范围以及发生概率等进行详细分析。同时，还需要评估现有安全防护措施的有效性，找出可能存在的安全漏洞和隐患。

3. 风险评价

风险评价是根据风险分析的结果，对风险进行优先级排序和量化评估的过程。在医疗卫生行业中，可以根据风险的严重程度、影响范围以及发生概率等因素，制定风险评价标准和指标体系。通过对比不同风险的评价结果，确定哪些风险是需要优先处理的。

4. 风险控制

风险控制是针对评价出的高风险项制定并执行相应的安全措施，以减轻或消除这些风险对业务的影响。在医疗卫生行业中，风险控制措施可以包括加强网络安全管理、完善安全防护设施、增强员工安全意识等。同时，还需要建立风险监控和应急响应机制，及时发现和处理新的安全风险。

（三）注意事项

在进行医疗卫生行业计算机网络安全风险评估时，需要注意：充分了解网络系统的特点和业务需求，确保风险评估的针对性和有效性；综合考虑各种风险因素，避免遗漏或重复评估；注重数据的收集和分析工作，确保评估结果的准确性和可靠性；根据评估结果及时调整安全防护措施，确保网络系统的安全稳定运行。

（四）建议

为提高医疗卫生行业计算机网络安全风险评估的水平和效果，建议采取以下措施：加强网络安全人才培养和引进，提高评估团队的专业素质和能力水平；推广先进的网络安全技术和工具，提高风险评估的自动化和智能化水平；加强行业间的交流与合作，共同分享风险评估的经验和成果。

二、风险评估结果分析与处置

在医疗卫生行业中，计算机网络安全风险评估是一项至关重要的工作。通过对网络系统的安全威胁、脆弱性以及风险事件进行深入分析和评估，可以为医疗机构提供有针对性的安全防护措施，确保医疗数据的保密性、完整性和可用性。

（一）评估结果分析

网络安全风险评估结果通常包括一系列的风险项，每个风险项都有其特定的属性，如风险等级、影响范围、发生概率等。针对这些风险项，需要进行深入地分析和解读。

首先，应对风险项进行优先级排序。根据风险的严重程度和影响范围，将风险项划分为高、中、低等不同等级。高风险项通常具有较大的潜在影响，一旦发生可能导致严重后果，因此应优先处理。中风险项虽然影响相对较小，但仍需给予关注并采取相应措施。低风险项则可以在资源允许的情况下进行逐步改进。

其次，应分析风险项的产生原因和影响因素。这有助于深入了解风险的本质和根源，为制定有效的处置措施提供依据。例如，某些风险项可能是由于系统漏洞或配置不当导致的，此时需要加强对系统的安全管理和维护；而另一些风险项则可能是由于员工安全意识不足或操作不当引起的，此时需要加强员工的安全培训和操作规范。

最后，还应考虑风险项之间的关联性和相互影响。在医疗卫生行业的计算机网络系统中，各个部分之间通常存在着密切的关联和依赖关系。因此，一个风险项的发生可能会引发其他风险项的出现或加剧。在分析和评估风险时，需要充分考虑这种关联性，以便制定综合性的安全防护方案。

（二）风险处置措施

针对评估结果中识别出的风险项，需要制定相应的风险处置措施。这些措施应根据风险的性质、等级和影响因素进行有针对性地设计。

对于高风险项，应优先采取紧急处置措施，以尽快消除或减轻其对业务的影响。这可能包括关闭漏洞、修复安全配置、加强访问控制等。同时，还应建立紧密的监控和应急响应机制，以便在风险发生时能够及时发现并处理。

对于中风险项，应根据实际情况制订相应的处置计划。这可能包括加强安全防护措施、完善安全管理制度、提高员工安全意识等。同时，还应定期对中风险项进行复查和评估，确保其得到有效控制。

对于低风险项，可以在资源允许的情况下进行逐步改进。这可以包括优化系统性能、提升数据安全保护能力、加强备份和恢复机制等。虽然低风险项的影响相对较小，但长期积累也可能对业务造成不利影响，因此仍需给予关注。

在制定风险处置措施时，还需要充分考虑医疗卫生行业的特殊性。例如，医疗数据通常具有高度的敏感性和隐私性，因此在处理与数据相关的风险时应格外谨慎。同时，医疗业务通常具有连续性和实时性要求，因此在制定风险处置措施时应尽量减少对业务的影响。

（三）持续改进与监控

网络安全风险评估是一个持续的过程，需要定期进行复查和更新。随着技术的不断发展和业务环境的变化，新的安全风险可能会不断出现。因此，医疗机构应建立完善的网络安全风险监控和持续改进机制。

首先，应定期对计算机网络系统进行全面的安全检查和漏洞扫描，以发现潜在的安全隐患并及时处理。同时，还应加强对员工的安全培训和意识提升工作，确保员工能够遵守安全规定并正确操作。

其次，应建立网络安全事件应急响应机制，以便在发生安全事件时能够迅速响应并采取有效措施。这包括建立应急响应团队、制定应急预案、进行应急演练等。

最后，还应加强对网络安全风险评估结果的跟踪和反馈。通过对评估结果的持续监控和分析，可以及时发现新的风险项并调整处置措施。同时，还可以将评估结果作为改进网络安全管理的重要依据，推动整个行业的网络安全水平不断提升。

三、网络安全审计制度与实施

随着信息技术的迅猛发展，计算机网络安全在医疗卫生行业中扮演着越来越重要的角色。为了保障医疗数据的保密性、完整性和可用性，建立并实施一套完善的计算机网络安全审计制度显得尤为重要。

（一）审计制度的构建

构建计算机网络安全审计制度，首先，需要明确审计的目标和范围。在医疗卫生行业中，审计的目标通常包括检测并预防网络攻击、保护患者数据隐私、确保医疗服务的正常运行等。审计范围则覆盖整个计算机网络系统，包括硬件、软件、数据以及用户行为等方面。

其次，需要制定详细的审计策略和流程。审计策略应明确审计的具体内容、方法和周期，例如，定期对网络系统进行漏洞扫描、对重要数据进行备份和恢复测试等。审计流程则规定了审计工作的具体步骤和责任人，确保审计工作的有序进行。

此外，还需要建立相应的审计记录管理机制。审计记录是审计工作的重要依据，应详细记录审计活动的时间、内容、结果等信息，并妥善保存以备查阅。同时，还应建立审计记录的保密和访问控制机制，防止审计记录被非法获取或篡改。

（二）审计制度的实施

实施计算机网络安全审计制度需要遵循一定的步骤和原则。

首先，应进行全面的安全风险评估。通过评估网络系统的潜在威胁和脆弱性，确定审计的重点和优先级。这有助于合理分配审计资源，提高审计效率。

其次，开展定期的网络安全审计活动。根据审计策略和流程，对网络系统进行全面的检查和测试。这包括对系统配置、访问控制、数据安全等方面的检查，以及对潜在漏洞的挖掘和验证。通过审计活动，可以发现网络系统中存在的安全隐患和漏洞，为后续的改进工作提供依据。

同时，加强审计结果的分析和处理。对审计活动中发现的问题进行深入分析，确定问题的性质和影响范围，并提出相应的改进建议和措施。对于重大安全问题，应及时向相关部门和领导报告，以便及时采取应对措施。

此外，还应注重审计制度的持续改进和优化。随着技术的不断发展和业务环境的变化，计算机网络安全审计制度也需要不断适应新的需求和挑战。因此，应定期对审计制度进行审查和更新，确保其始终保持有效性和适用性。

（三）实施中的关键要素

在实施计算机网络安全审计制度时，有几个关键要素需要特别注意。

首先是人员配备和培训。审计工作需要由专业的网络安全人员来执行，他们应具备丰富的技术知识和实践经验。同时，还应定期对审计人员进行培训和教育，提高他们的专业水平和技能。

其次是技术支撑和工具选择。网络安全审计需要借助专业的技术工具和手段来进行。应根据实际需要选择适合的审计工具，并确保其能够有效地发现和处理安全问题。同时，还应加强与技术供应商的合作与交流，及时了解最新的技术动态和发展趋势。

最后是跨部门协作与沟通。计算机网络安全审计涉及多个部门和业务领域，需要各部门之间的密切协作和沟通。因此，应建立有效的沟通机制和信息共享平台，确保审计工作的顺利进行和结果的及时反馈。

（四）总结与展望

计算机网络安全审计制度在医疗卫生行业中的应用具有重要意义。通过构建并实施完善的审计制度，可以及时发现并处理网络系统中的安全隐患和漏洞，保障医疗数据的安全性和可用性。同时，还可以提高医疗机构的网络安全意识和能力水平，推动整个行业的网络安全水平不断提升。

展望未来，随着技术的不断进步和业务环境的不断变化，计算机网络安全审计制度将面临更多的挑战和机遇。因此，我们应持续关注新的技术动态和发展趋势，不断完善和优化审计制度的内容和流程。同时，还应加强与国际同行的交流与合作，共同推动医疗卫生行业计算机网络安全审计工作的深入发展。

第三节　医疗卫生行业网络安全策略制定与执行

一、网络安全策略制定的原则与目标

随着信息技术的迅猛发展，医疗卫生行业对于网络的依赖程度日益加深，网络安全问题也逐渐凸显出其重要性。制定一套科学、合理的网络安全策略，对于保障医疗数据的安全性、维护医疗服务的稳定运行具有重要意义。

（一）网络安全策略制定的原则

网络安全策略的制定应遵循以下原则，以确保策略的科学性、有效性和可操作性。

1. 综合性原则

网络安全涉及多个方面，包括物理安全、应用安全、数据安全等。因此，在制定网络安全策略时，应综合考虑各个层面的安全需求，形成全方位、多层次的防护体系。

2. 适应性原则

网络安全环境不断变化，新的安全威胁和挑战不断涌现。因此，网络安全策略应具有一定的灵活性和适应性，能够根据实际情况进行动态调整和优化。

3. 最小权限原则

为确保网络系统的安全性，应遵循最小权限原则，即只授予用户完成其工作所需的最小权限。这有助于减少潜在的安全风险，防止恶意用户或攻击者利用过高权限进行非法操作。

4. 保密性、完整性和可用性原则

保密性、完整性和可用性是网络安全的三大基本要求。在制定网络安全策略时，应确保医疗数据得到妥善保护，防止未经授权的访问和泄露；同时，要确保数据的完整性和真实性，防止数据被篡改或破坏；最后，要确保网络系统的稳定运行，保障医疗服务的连续性。

5. 技术与管理并重原则

网络安全不仅依赖技术手段，还需要有效的管理手段来支撑。因此，在制定网络安全策略时，应注重技术与管理并重，既要采用先进的安全技术，又要建立完善的安全管理制度和流程。

（二）网络安全策略制定的目标

制定网络安全策略的主要目标包括以下几个方面。

1. 防范网络攻击和威胁

网络安全策略的首要目标是防范各种网络攻击和威胁，包括病毒、木马、黑客攻击等。通过采取一系列安全措施，如防火墙、入侵检测系统等，提高网络系统的安全防护能力，确保医疗数据的安全性和保密性。

2. 保障医疗服务的正常运行

医疗卫生行业的核心业务是提供医疗服务，因此网络安全策略的制定必须考虑医疗服务的正常运行。通过确保网络系统的稳定性和可靠性，减少因网络安全问题导致的服务中断或故障，保障患者得到及时、有效的治疗。

3. 保护患者隐私和权益

医疗数据涉及患者的个人隐私和权益，因此网络安全策略的制定应特别关注数据保护问题。通过采取加密、访问控制等措施，确保医疗数据在传输和存储过程中的安全性，防止数据泄露或被滥用。

4. 提高网络安全意识和能力

网络安全不仅是技术问题，更是管理问题。因此，网络安全策略的制定还应注重提高整个行业的网络安全意识和能力。通过开展培训、宣传等活动，提高医疗机构和人员的网络安全意识；同时，加强与相关部门的合作与交流，共同提高应对网络安全威胁的能力。

5. 遵循法律法规和行业标准

网络安全策略的制定必须遵循国家和行业的相关法律法规和标准要求。这有助于确保网络安全工作的合规性，避免因违反法律法规而带来的法律风险。同时，也有助于推动整个行业网络安全水平的提升。

（三）总结与展望

制定科学、合理的网络安全策略是保障医疗卫生行业网络安全的重要手段。在制定过程中，应遵循综合性、适应性、最小权限、保密性、完整性和可用性等原则，确保策略的有效性和可操作性。同时，应明确防范网络攻击、保障医疗服务运行、保护患者隐私、提高安全意识和能力以及遵循法律法规等目标，为医疗卫生行业的网络安全工作提供明确的方向和指导。

二、安全策略的内容与要点

随着信息技术的广泛应用，医疗卫生行业对网络的依赖程度越来越高，网络安全问题也日益突出。为了保障医疗数据的安全性、维护医疗服务的正常运行，制定一套全面、有效的网络安全策略至关重要。

（一）网络安全策略的内容

网络安全策略的内容应涵盖网络安全的各个方面，包括但不限于以下几点。

1. 安全管理体系建设

建立完善的安全管理体系是网络安全工作的基础。这包括制定网络安全管理制度、明确安全责任分工、建立安全事件应急响应机制等。通过建立健全的安全管理体系，可以确保网络安全工作的有序开展和高效执行。

2. 安全技术防护

安全技术防护是网络安全策略的核心内容。包括部署防火墙、入侵检测系统、安全审计系统等网络安全设备，以及采用加密技术、身份认证技术等安全技术手段，确保网络系统的安全性。

3. 数据安全管理

医疗数据是医疗卫生行业的核心资产，数据安全管理是网络安全策略的重要组成部分。包括制定数据分类分级管理制度、建立数据备份和恢复机制、加强数据访问控制和审计等，确保医疗数据的完整性、保密性和可用性。

4. 人员安全管理与培训

人员是网络安全工作的重要参与者，人员安全管理与培训也是网络安全策略的重要内容。包括建立人员安全管理制度、加强安全意识教育、开展网络安全培训等，提高人员的网络安全意识和技能水平。

（二）网络安全策略的要点

为了确保网络安全策略的有效实施，需要关注以下几个要点。

1. 风险评估与应对

制定网络安全策略的首要步骤是进行风险评估。通过对网络系统的全面梳理和分析，识别潜在的安全风险和威胁，制定相应的应对措施。同时，要定期对网络安全风险进行评估和更新，确保策略与实际情况相符。

2. 综合防护与分层防御

网络安全防护需要采取综合措施，包括物理防护、网络防护、应用防护和数据防护等多个层面。同时，应采用分层防御的策略，将防护手段分散到各个层次和环节，形成多道防线，提高整体安全防护能力。

3. 合规性与标准化

网络安全策略的制定和实施应遵循国家和行业的法律法规和标准要求。这有助于确保网络安全工作的合规性，避免因违反法律法规而带来的风险。同时，采用标准化的安全技术和管理流程也有助于提高网络安全工作的效率和质量。

4. 灵活性与可扩展性

网络安全环境不断变化，新的安全威胁和挑战不断涌现。因此，网络安全策略应具有一定的灵活性和可扩展性，能够根据实际情况进行动态调整和优化。这包括对新技术的及时跟进和应用、对安全策略的定期审查和更新等。

5. 跨部门协作与信息共享

网络安全工作涉及多个部门和领域，需要各部门之间的紧密协作和信息共享。通过加强跨部门协作，可以形成合力，共同应对网络安全威胁。同时，建立信息共享机制也有助于及时发现和应对安全事件，提高网络安全工作的效率和准确性。

三、安全策略的执行与监督

在医疗卫生行业中，网络安全策略的制定只是第一步，其有效的执行与持续的监督同样至关重要。网络安全策略的执行与监督旨在确保各项安全措施得到切实落实，及时发现并解决安全问题，保障医疗数据的安全和医疗服务的稳定。

（一）网络安全策略的执行

网络安全策略的执行涉及多个层面和环节，需要各相关部门和人员共同协作，确保各项措施得到有效实施。

1. 明确执行责任与分工

网络安全策略的执行首先需要明确各部门和人员的职责和分工。通过制订详细的执行计划和任务清单，明确各项措施的具体执行者和执行时间，确保每项工作都有人负责、有人跟进。同时，建立责任追究机制，对执行不力或失职行为进行问责，确保策略执行的严肃性和有效性。

2. 强化安全技术与设备的应用

安全技术与设备是网络安全策略执行的重要支撑。各相关部门应严格按照策略要求，部署和配置相应的安全设备和技术手段，如防火墙、入侵检测系统、数据加密技术等。同时，加强对安全设备和技术的维护和更新，确保其始终处于最佳工作状态，有效应对各种安全威胁。

3. 加强数据管理与保护

数据是医疗卫生行业的核心资产，其安全保护至关重要。在执行网络安全策略时，应特别注重数据的收集、存储、处理和传输过程的安全性。建立健全的数据管理制度，规范数据的访问和使用权限，加强数据备份和恢复能力，确保数据的完整性和保密性。同时，对敏感数据进行脱敏和加密处理，防止数据泄露和滥用。

4. 开展安全培训与宣传

人员是网络安全策略执行的关键因素。通过开展定期的安全培训和宣传活动，提高员工对网络安全的认识和重视程度，增强他们的安全意识和技能水平。培训内容可以包括网络安全基础知识、安全操作规程、应急响应流程等，确保员工能够熟练掌握并应用相关知识和技能。

（二）网络安全策略的监督

网络安全策略的监督是确保策略执行效果的重要手段，通过监督可以及时发现并纠正执行中的问题，推动策略的持续优化和改进。

1. 建立监督检查机制

建立完善的监督检查机制，定期对网络安全策略的执行情况进行检查和评估。监督检查可以包括现场检查、系统审计、安全漏洞扫描等多种形式，全面覆盖网络安全工作的各个方面。通过监督检查，可以及时发现潜在的安全风险和隐患，为改进和完善策略提供依据。

2. 设立专门监督机构或人员

为了确保监督检查的专业性和有效性，可以设立专门的监督机构或指定专职人员负责网络安全策略的监督工作。这些机构或人员应具备丰富的网络安全知识和经验，能够独立完成监督检查任务，并提出有针对性的改进建议。

3. 加强跨部门协作与信息共享

网络安全工作涉及多个部门和领域，加强跨部门协作和信息共享是提升监督效果的重要途径。各相关部门应建立定期沟通机制，共享网络安全信息，共同分析安全风险和威胁。通过跨部门协作，可以形成合力，共同推动网络安全工作的深入开展。

4. 对监督结果进行反馈与整改

监督检查的结果应及时反馈给相关部门和人员，并督促其进行整改。对于发现的问题和隐患，应制订详细的整改计划和措施，明确整改时限和责任人。同时，建立整改跟踪机制，确保整改工作得到有效落实。对于整改不力或拒不整改的行为，应进行问责和处罚，以维护网络安全策略的严肃性和权威性。

第四节　医疗卫生行业网络安全培训与意识提升

一、安全培训的对象与内容设计

随着信息技术的迅猛发展，网络安全问题日益突出，尤其在医疗卫生行业中，网络安全的重要性更是不言而喻。为确保医疗数据的保密性、完整性和可用性，加强网络安全培训显得尤为重要。

（一）培训对象

医疗卫生行业的网络安全培训应覆盖广泛，包括但不限于以下对象。

1. 医疗机构管理层

医疗机构管理层是决策的核心，他们对网络安全的认识和态度直接影响到整个机构的网络安全水平。因此，管理层应成为网络安全培训的重要对象，以提高其对网络安全重要性的认识，并学会制定和执行相关策略。

2. 医护人员

医护人员是医疗机构的主体，他们在日常工作中会接触到大量的医疗数据。因此，医护人员应接受网络安全培训，了解基本的网络安全知识，如密码保护、防范网络钓鱼等，以避免数据泄露和误操作。

3. 信息技术人员

信息技术人员是医疗机构网络安全的前沿阵地，他们负责构建和维护网络安全体系。因此，信息技术人员应接受深入的网络安全培训，掌握先进的网络安全技术和方法，以应对各种网络安全威胁。

4. 第三方合作伙伴

医疗机构在与第三方合作伙伴合作时，往往涉及数据共享和传输。因此，对第三方合作伙伴进行网络安全培训，确保其具备基本的网络安全意识和技能，也是保障医疗数据安全的重要一环。

（二）培训内容设计

针对不同的培训对象，网络安全培训的内容应有所侧重，但总体上应包括以下几个方面。

网络安全基础知识。介绍网络安全的基本概念、原理和发展趋势，使培训对象对网络安全有一个整体的认识。同时，强调网络安全在医疗卫生行业中的重要性，提高培训对象的重视程度。

网络安全法律法规。讲解国家及行业相关的网络安全法律法规，使培训对象了解自己在网络安全方面的责任和义务。同时，通过案例分析，让培训对象了解违反网络安全法规的后果和代价。

网络安全风险识别与防范。针对医疗卫生行业的特点，介绍常见的网络安全风险及其识别方法。同时，提供相应的防范措施和建议，帮助培训对象在实际工作中有效应对网络安全威胁。

数据保护与隐私安全。重点介绍医疗数据的保护和隐私安全问题，包括数据加密、脱敏处理、访问控制等措施。通过案例分析，让培训对象了解数据泄露和隐私侵犯的严重后果，提高其对数据保护的重视程度。

应急响应与处置。针对网络安全事件，介绍应急响应的流程、方法和技巧。通过模拟演练，让培训对象掌握应急响应的实际操作能力，提高应对网络安全事件的能力和效率。

网络安全文化与意识培养。强调网络安全文化的重要性，倡导全员参与、共同维护网络安全的理念。通过培训，提高培训对象的网络安全意识，使其在日常工作中自觉遵守网络安全规定，共同营造安全的网络环境。

二、培训方式与实施计划

随着信息技术的广泛应用，医疗卫生行业对网络的依赖程度日益加深，网络安全问题也日益凸显。为了提升医疗卫生行业人员的网络安全意识和技能，保障医疗数据的安全性和完整性，制定一套有效的网络安全培训方式与实施计划显得尤为重要。

（一）培训方式

1. 线上培训

利用网络平台进行远程教学，通过视频课程、在线讲座、互动问答等形式，使培训对象能够随时随地学习网络安全知识。线上培训具有灵活性和便捷性，适合大规模培训或分散在不同地点的培训对象。

2. 线下培训

组织面对面的培训活动，邀请网络安全专家进行现场授课和演示。线下培训可以提供更加深入和系统的学习体验，同时方便学员与讲师进行互动交流，解决学习中遇到的问题。

3. 实践操作培训

通过模拟网络安全事件或设置实际场景，让培训对象进行实际操作和演练。

实践操作培训能够加深学员对网络安全知识的理解和应用，提高其在实际工作中的应对能力。

4. 案例分析与讨论

选取典型的网络安全案例进行分析和讨论，引导培训对象思考并总结经验教训。案例分析能够帮助学员更好地理解网络安全风险和挑战，掌握有效的应对策略。

（二）实施计划

1. 明确培训目标与需求

在制订网络安全培训计划之前，需要对培训对象的需求进行调研和分析，明确培训的目标和重点。这有助于确保培训内容与实际工作需求相契合，提高培训的针对性和实效性。

2. 设计培训计划与课程

根据培训目标和需求，设计具体的培训计划和课程。培训计划应包括培训的时间、地点、方式等要素，课程应包括网络安全基础知识、法律法规、风险识别与防范、数据保护与隐私安全等内容。同时，还应根据培训对象的特点和需求，设计不同层次的课程，以满足不同人员的学习需求。

3. 组织师资力量与教学资源

为确保培训的质量和效果，需要组建一支专业的师资队伍，包括网络安全专家、信息技术人员等。同时，还需要准备相应的教学资源，如教材、课件、实验设备等，以支持培训活动的顺利开展。

4. 实施培训与跟踪反馈

按照培训计划，组织培训活动并实施。在培训过程中，应注重与学员的互动和交流，及时解决学员的问题和困惑。同时，还需要对培训效果进行跟踪和评估，收集学员的反馈意见，以便对培训计划进行持续改进和优化。

5. 总结与持续改进

在培训结束后，对培训活动进行总结和评估，分析培训的效果和不足，并提出改进建议。通过持续改进和优化培训计划，不断提高网络安全培训的质量和效果。

（三）培训保障与效果评估

1. 培训保障

为确保培训的顺利进行，需要为培训活动提供必要的支持和保障，包括场地、设备、资金等方面的支持。同时，还需要建立健全的培训管理制度，确保培训活动的规范化和有序化。

2. 效果评估

对培训效果进行评估是确保培训质量的重要手段。可以通过考试、问卷调查、实际操作考核等方式对培训效果进行评估。评估结果可以为改进培训内容和方式提供依据，同时也可以作为衡量培训效果的重要指标。

三、员工安全意识提升策略

（一）强化安全意识教育

安全意识教育是提升员工网络安全意识的基础。通过定期开展网络安全知识讲座、培训会议等活动，向员工普及网络安全知识，使其了解网络安全的重要性以及可能面临的威胁。同时，结合具体案例，分析网络安全事件的原因、影响和应对措施，增强员工对网络安全风险的感知和认识。

此外，还可以利用企业内部宣传渠道，如公告栏、内部网站等，发布网络安全知识和提示信息，提醒员工时刻保持警惕，防范网络安全风险。

（二）制定明确的安全规章制度

制定并严格执行网络安全规章制度是提升员工安全意识的重要保障。企业应明确网络安全责任分工，建立网络安全管理体系，制定网络安全事件应急预案，确保在发生网络安全事件时能够迅速响应和处理。

同时，对违反网络安全规定的行为进行严肃处理，形成有效的威慑力。通过规章制度的制定和执行，使员工明确自己的安全职责和行为规范，自觉遵守网络安全规定，减少因人为因素导致的网络安全风险。

（三）提供实践机会与模拟演练

实践操作是提升员工安全意识的有效途径。通过组织网络安全实践活动和模拟演练，让员工亲身体验网络安全风险和挑战，加深其对网络安全知识的理解和应用。

例如，可以组织员工进行网络安全攻防演练，模拟黑客攻击和数据泄露等场景，让员工在实际操作中掌握应对网络安全事件的方法和技巧。此外，还可以利用虚拟仿真技术，构建真实的网络环境，让员工在模拟环境中进行实践操作和演练，提高其应对网络安全风险的能力。

（四）建立激励机制与奖励制度

建立激励机制和奖励制度，可以激发员工参与网络安全培训和提升安全意识的积极性。企业可以设立网络安全优秀员工奖、最佳安全实践奖等奖项，对在网络安全工作中表现突出的员工进行表彰和奖励。

同时，将网络安全意识纳入员工绩效考核体系，将安全意识的表现与员工的晋升、薪酬等挂钩，使员工更加重视网络安全工作。

（五）鼓励员工参与安全社区建设

建立企业内部的安全社区，鼓励员工积极参与其中，是提升员工安全意识的重要途径。安全社区可以作为一个交流和分享的平台，员工可以在这里分享自己的安全经验和技巧，也可以提出对网络安全工作的建议和改进意见。

通过参与安全社区的建设和活动，员工可以更加深入地了解网络安全问题，增强对网络安全工作的认同感和责任感。同时，企业也可以利用安全社区收集员工的反馈和建议，不断优化网络安全培训和管理工作。

（六）定期评估与反馈

定期评估员工的安全意识水平是确保培训效果的重要手段。企业可以通过问卷调查、实际操作考核等方式，定期对员工的安全意识进行评估。评估结果可以作为改进培训内容和方式的依据，同时也可以作为衡量员工安全意识提升程度的重要指标。

第十五章　医疗卫生行业计算机网络前沿技术与安全挑战

第一节　医疗卫生行业云计算与网络安全

一、云计算在医疗卫生行业的应用现状

随着信息技术的迅猛发展，云计算作为一种新兴的技术模式，正在逐渐改变各行各业的面貌。在医疗卫生行业中，云计算的应用也日益广泛，为医疗服务的提升和行业的数字化转型提供了强大的支持。

（一）数据存储与管理的革新

云计算为医疗卫生行业提供了高效、安全的数据存储和管理方式。传统的数据存储方式往往受限于硬件设备的容量和性能，难以满足日益增长的数据存储需求。而云计算通过虚拟化和分布式存储技术，实现了海量数据的集中存储和高效管理。医疗机构可以将病历、影像、检验报告等各类数据上传至云端，实现数据的统一管理和备份。这不仅确保了医疗数据的可靠性和完整性，还降低了数据丢失和损坏的风险。

同时，云计算的数据管理功能也大大提升了数据的利用价值。通过云计算平台，医疗机构可以方便地对数据进行查询、分析和挖掘，从而挖掘出更多的医疗信息和价值。这有助于提升医疗服务的质量和效率，推动医疗行业的创新和发展。

（二）医疗资源共享的推动

云计算技术可以实现医疗资源的共享，提高医疗服务的可及性和效率。在传统的医疗模式下，由于地域、设备等因素的限制，医疗资源的分配往往不均

衡。而云计算技术打破了这种限制，使得医疗资源可以在更大范围内进行共享和利用。

例如，通过云计算平台，医疗机构可以实现远程医疗诊断和治疗，为患者提供更加便捷和高效的医疗服务。医生可以通过云端查看患者的病历和影像资料，进行远程诊断和制定治疗方案。这不仅减少了患者的就医时间和成本，还提高了医疗服务的效率和质量。

此外，云计算还可以促进医疗机构之间的合作与交流。通过云计算平台，不同地区的医疗机构可以共享医疗资源和技术成果，共同提升医疗服务的水平和质量。这有助于推动医疗行业的协同发展，提高整个行业的竞争力。

（三）降低运营成本与提升效率

云计算可以降低医疗机构的运营成本，提高资源利用效率。传统的医疗信息化建设往往需要投入大量的资金购买和维护硬件设备，而云计算则采用按需付费的模式，使得医疗机构可以根据实际需求灵活调整资源投入。这大大降低了医疗机构的信息化建设成本，减轻了经济负担。

同时，云计算还提高了医疗服务的效率和质量。通过云计算平台，医疗机构可以实现医疗流程的自动化和智能化，减少人工干预和错误率。例如，通过电子病历系统，医生可以更加快速地获取患者的病历信息，提高诊断的准确性和效率；通过智能分析系统，医疗机构可以对海量医疗数据进行挖掘和分析，为医疗决策提供更加科学的依据。

（四）面临的挑战与未来展望

尽管云计算在医疗卫生行业的应用取得了显著的成果，但仍面临着一些挑战。首先，数据安全和隐私保护是云计算应用的重要问题。医疗数据涉及患者隐私和信息安全，需要采取更加严格的安全保障措施。其次，云计算技术的标准和规范尚不完善，需要进一步加强技术研发和标准制定工作。此外，云计算的应用还需要与现有的医疗信息系统进行融合和对接，以实现更好的互联互通和数据共享。

未来，随着云计算技术的不断发展和完善，其在医疗卫生行业的应用将更加广泛和深入。一方面，云计算将进一步推动医疗行业的数字化转型和升级，实现更加智能化、精准化和高效化的医疗服务。另一方面，云计算还将促进医疗行业与其他行业的跨界融合和创新发展，为医疗健康领域带来更多的机遇和挑战。

总之，云计算在医疗卫生行业的应用现状呈现出蓬勃发展的态势。通过数据存储与管理的革新、医疗资源共享的推动、降低运营成本与提升效率等方面的应用，云计算为医疗服务的提升和行业的数字化转型提供了强大的支持。虽然仍面临一些挑战，但随着技术的不断进步和完善，云计算在医疗卫生行业的应用前景将更加广阔和美好。

二、云计算环境下的网络安全挑战

随着云计算技术的广泛应用，医疗卫生行业正逐步迈向数字化、智能化的新时代。云计算为医疗行业提供了高效、灵活的数据存储和处理能力，但同时也带来了前所未有的网络安全挑战。

（一）数据隐私泄露风险

在云计算环境中，医疗数据被存储在云端服务器上，而非传统的本地数据中心。这种集中存储的方式使得数据面临更高的泄露风险。一旦云端服务器遭受攻击或被非法入侵，患者的个人隐私信息、病历资料、诊断结果等敏感数据可能被窃取或滥用。这不仅侵犯了患者的隐私权，还可能导致医疗纠纷和法律风险。

此外，云计算环境中的多租户模式也增加了数据隐私泄露的风险。多个用户共享同一云计算资源，若安全措施不到位，一个用户的数据泄露可能影响其他用户的数据安全。因此，如何确保多租户环境下的数据隔离和安全存储是云计算医疗卫生行业必须解决的重要问题。

（二）数据完整性和真实性挑战

云计算环境下，医疗数据的传输和存储都依赖网络。然而，网络传输过程中可能存在的数据篡改、丢失等问题，对数据的完整性和真实性构成了严重威胁。一旦数据被篡改或丢失，将直接影响医疗服务的准确性和可靠性，甚至可能导致误诊、误治等严重后果。

同时，云计算环境中的虚拟化技术也可能对数据完整性造成潜在威胁。虚拟化技术使得不同应用程序可以在同一物理资源上运行，但若虚拟化管理不当或存在安全漏洞，可能导致数据被非法访问或篡改。因此，如何确保云计算环境下医疗数据的完整性和真实性是医疗行业面临的重要挑战。

（三）网络安全防护难度加大

云计算环境的开放性和共享性使得网络安全防护变得更加复杂和困难。一方面，云计算环境中可能存在多个安全域和安全策略，如何统一管理和协调这些安全策略，确保整个系统的安全性是一个难题。另一方面，云计算环境中的网络攻击手段不断更新和变化，传统的安全防护措施可能无法有效应对。

此外，医疗卫生行业的特殊性也增加了网络安全防护的难度。医疗行业涉及大量的个人隐私信息和敏感数据，对网络安全的要求极高。然而，由于医疗行业信息化水平参差不齐，部分医疗机构可能存在安全意识薄弱、防护措施不到位等问题，这进一步加大了云计算环境下医疗卫生行业的网络安全风险。

（四）合规性和监管挑战

随着云计算在医疗卫生行业的广泛应用，相关法规和政策也逐步完善。然而，如何确保云计算环境下的医疗数据符合法规要求，并接受有效的监管是一个重要挑战。一方面，医疗数据涉及个人隐私和信息安全，需要遵守相关法律法规的规定；另一方面，云计算环境的跨地域性和复杂性使得监管难度加大。

为了应对这些挑战，医疗机构和云服务提供商需要加强合作，共同制定和执行符合法规要求的安全策略和措施。同时，监管机构也需要加强对云计算医疗卫生行业的监管力度，确保医疗数据的安全和合规性。

（五）人才和技术短缺问题

云计算环境下的医疗卫生行业网络安全不仅需要先进的技术支持，还需要专业的网络安全人才进行管理和维护。然而，目前医疗行业在网络安全方面的人才储备和技术水平相对不足，这制约了云计算在医疗卫生行业的深入应用和发展。

为了解决这个问题，医疗机构和云服务提供商需要加大对网络安全人才的培养和引进力度，提升整个行业的网络安全水平。同时，也需要加强技术研发和创新，推动云计算医疗卫生行业网络安全技术的不断进步和发展。

三、云计算安全管理与防护措施

随着信息技术的迅猛发展，云计算已成为医疗卫生行业数字化转型的重要支撑。云计算为医疗行业提供了高效、灵活的数据存储和处理能力，但同时也带来了严峻的安全挑战。为了保障医疗数据的安全性和隐私性，加强云计算安全管理与防护措施显得尤为重要。

（一）制定完善的安全管理策略

首先，医疗卫生行业应制定一套完善的安全管理策略，明确安全管理的目标、原则、措施和责任。策略应涵盖数据保护、访问控制、安全审计、应急响应等方面，确保云计算环境下的医疗数据得到全面保护。

同时，医疗机构应建立安全管理制度，明确各级人员的安全职责和权限，确保安全管理工作的有序开展。此外，还应定期对安全管理策略进行审查和更新，以适应不断变化的安全威胁和法规要求。

（二）加强数据加密与隐私保护

医疗数据包含大量个人隐私信息，因此加强数据加密与隐私保护至关重要。在云计算环境中，医疗机构应采用先进的加密技术，对医疗数据进行加密存储和传输，确保数据在云端的安全性。

此外，医疗机构还应采用匿名化技术，对敏感数据进行脱敏处理，降低数据泄露的风险。同时，通过访问控制和权限管理，限制对医疗数据的访问和操作，防止数据被非法获取或滥用。

（三）构建多层次安全防护体系

为了应对复杂多变的网络攻击，医疗卫生行业应构建多层次安全防护体系。首先，应部署防火墙、入侵检测系统等网络安全设备，对外部攻击进行有效拦截和防御。

其次，通过安全审计和日志分析，对云计算环境中的安全事件进行实时监控和预警，及时发现并处置潜在的安全风险。此外，还应建立应急响应机制，制定应急预案和处置流程，以应对突发安全事件。

（四）强化用户身份认证与访问控制

用户身份认证和访问控制是保障云计算环境安全的重要手段。医疗机构应建立严格的用户身份认证机制，采用多因素认证方式，确保用户身份的真实性和可靠性。

同时，通过访问控制策略，对不同用户设置不同的访问权限和操作范围，防止未经授权的访问和操作。此外，还应定期对用户账号进行审查和清理，及时关闭无效或过期账号，减少安全风险。

（五）提升员工安全意识和技能

员工是医疗卫生行业云计算安全管理的重要参与者。因此，提升员工的安全意识和技能对于加强云计算安全防护至关重要。

医疗机构应定期开展安全培训和教育活动，提高员工对网络安全的认识和重视程度。同时，通过模拟演练和应急演练等方式，增强员工应对安全事件的能力和水平。此外，还应建立激励机制，鼓励员工积极参与安全管理工作，共同维护云计算环境的安全稳定。

（六）与云服务提供商建立紧密合作关系

云服务提供商是医疗卫生行业云计算安全的重要支撑力量。医疗机构应与云服务提供商建立紧密的合作关系，共同推进云计算安全管理工作。

首先，医疗机构应选择信誉良好、技术实力雄厚的云服务提供商进行合作，确保云服务的可靠性和安全性。其次，双方应建立定期沟通机制，共同分析云计算环境中的安全风险和威胁，制定有针对性的防护措施。此外，还应建立责任共担机制，明确双方在安全管理中的职责和义务，共同应对安全挑战。

（七）加强合规性和监管力度

医疗卫生行业的特殊性使其必须遵守严格的法规和政策要求。在云计算环境下，加强合规性和监管力度对于确保医疗数据的安全性和隐私性具有重要意义。

医疗机构应密切关注相关法规和政策的变化，及时调整和完善安全管理策略和措施。同时，加强与监管机构的沟通和合作，接受其监督和检查，确保云计算环境符合法规要求。此外，还应建立违规处罚机制，对违反安全管理规定的行为进行严肃处理，维护行业秩序和公共利益。

医疗卫生行业云计算安全管理与防护措施涉及多个方面，需要医疗机构、云服务提供商、员工以及监管机构等多方共同努力。通过制定完善的安全管理策略、加强数据加密与隐私保护、构建多层次安全防护体系、强化用户身份认证与访问控制、提升员工安全意识和技能以及与云服务提供商建立紧密合作关系等措施，可以有效提升云计算环境下的医疗数据安全性，为医疗行业的数字化转型提供有力保障。

第二节　物联网安全挑战与对策

一、物联网在医疗卫生行业的应用

随着信息技术的迅猛发展，物联网技术逐渐渗透到各个行业领域，其中医疗卫生行业更是物联网应用的重要阵地。物联网技术通过实现设备间的互联互通，为医疗卫生行业带来了前所未有的变革和机遇。

（一）医疗设备智能化管理

物联网技术使得医疗设备能够实现智能化管理，提高设备使用效率和维护水平。通过为医疗设备安装传感器和标识码，可以实现设备的实时定位和状态监控，医护人员能够准确了解设备的位置、使用情况以及维护需求。此外，物联网技术还能够对医疗设备的使用数据进行收集和分析，为设备的优化和改进提供数据支持。

（二）远程医疗监护与服务

物联网技术为远程医疗监护与服务提供了有力支持。通过穿戴式医疗设备、智能传感器等物联网设备，医护人员能够实时监测患者的生命体征和健康状况，及时发现异常情况并采取相应措施。此外，物联网技术还能够实现医疗资源的共享和优化配置，为患者提供更加便捷、高效的医疗服务。

（三）药品管理与追溯

物联网技术在药品管理与追溯方面发挥着重要作用。通过在药品包装上添加 RFID 标签或二维码等标识信息，可以实现药品的全程追溯和监管。从药品生产、流通到使用的各个环节，都能够通过物联网技术进行实时监控和记录，确保药品的质量和安全。此外，物联网技术还能够提高药品管理的效率和准确性，降低药品浪费和损耗。

（四）智慧医院建设

物联网技术是智慧医院建设的重要支撑。通过物联网技术，医院能够实现智能化管理、智能化服务和智能化决策。例如，通过物联网技术实现医院内部环境的智能调控，提高患者的就医体验；通过物联网技术实现医疗资源的优化配置和共享，提高医疗服务的效率和质量；通过物联网技术实现医疗数据的收集和分析，为医院的决策提供科学依据。

（五）患者健康管理与个性化服务

物联网技术有助于实现患者健康管理的个性化和精准化。通过收集和分析患者的健康数据，医疗机构能够制定更加符合患者需求的个性化健康管理方案。同时，物联网技术还能够为患者提供更加便捷的健康服务，如在线预约、健康咨询等，提升患者的就医体验。

（六）医疗废物处理与监管

医疗废物处理与监管是医疗卫生行业不可忽视的重要环节。物联网技术的应用能够实现医疗废物的智能识别和分类，提高废物处理的效率和安全性。同时，物联网技术还能够对医疗废物的处理过程进行实时监控和追溯，确保废物处理符合环保要求，防止对环境和人体造成危害。

（七）面临的挑战与未来发展

尽管物联网在医疗卫生行业的应用带来了诸多优势，但同时也面临着一些挑战。首先，数据安全和隐私保护是物联网应用的重要问题，需要采取有效的措施保护患者的个人信息和医疗数据不被泄露或滥用。其次，物联网设备的兼容性和标准化也是亟待解决的问题，需要制定统一的标准和规范，促进不同设备之间的互联互通。

未来，随着物联网技术的不断发展和完善，其在医疗卫生行业的应用将更加广泛和深入。我们可以预见，物联网技术将进一步推动医疗卫生行业的数字化转型和智能化升级，为患者提供更加优质、高效的医疗服务。同时，随着物联网技术的不断创新和应用场景的拓展，医疗卫生行业也将迎来更多的发展机遇和挑战。

二、物联网安全威胁与风险分析

随着信息技术的迅猛发展，物联网技术在医疗卫生行业得到了广泛应用，为医疗服务提供了前所未有的便利和效率。然而，与此同时，物联网的安全问题也逐渐凸显，给医疗卫生行业带来了诸多威胁和风险。

（一）物联网设备的安全漏洞

医疗卫生行业使用的物联网设备种类繁多，包括但不限于智能医疗设备、穿戴式健康监测设备、医疗机器人等。这些设备在设计和生产过程中可能存在安全漏洞，如未加密的通信协议、弱密码策略、未经授权的访问等。黑客可以利用这些漏洞，对设备进行远程操控或窃取敏感数据，从而对医疗机构的正常运行和患者的隐私安全造成威胁。

此外，由于物联网设备的更新换代速度较快，部分医疗机构可能使用着已经过时或存在已知漏洞的设备。这些设备的安全性能较差，容易受到攻击，增加了整个医疗网络的安全风险。

（二）数据传输与存储的安全风险

医疗卫生行业的物联网设备需要实时传输大量的医疗数据，包括患者的生理参数、诊断结果、治疗方案等。这些数据在传输过程中可能受到拦截、篡改或窃取。如果传输的数据未经过加密处理，黑客可以轻松获取敏感信息，进而进行非法活动，如身份盗窃、勒索等。

同时，医疗数据的存储也面临着安全风险。医疗机构通常将数据存储在本地服务器或云端服务器上。如果服务器的安全防护措施不到位，黑客可能通过攻击服务器，获取存储的医疗数据。此外，数据的备份和恢复机制如果不完善，一旦数据丢失或损坏，将对医疗机构的运营造成严重影响。

（三）网络安全威胁的多样性

医疗卫生行业的物联网网络面临着多种安全威胁。其中，恶意攻击是一种常见的威胁形式。黑客可能利用物联网设备的安全漏洞，发起拒绝服务攻击、中间人攻击等，破坏医疗网络的正常运行，甚至导致医疗服务的中断。此外，病毒、蠕虫等恶意软件也可能通过网络传播，感染物联网设备，进一步加剧安全风险。

除恶意攻击外，网络钓鱼、社交工程等攻击手段也在医疗卫生行业中屡见不鲜。黑客可能冒充医疗机构的员工或合作伙伴，通过发送伪造的邮件或链接，诱导用户点击并泄露敏感信息。这些攻击手段具有较高的隐蔽性和欺骗性，往往让用户防不胜防。

（四）隐私保护与合规性挑战

医疗卫生行业的物联网应用涉及大量的个人隐私数据。这些数据需要得到妥善保护，以防止泄露和滥用。然而，在实际操作中，由于技术和管理等方面的原因，隐私保护往往面临挑战。例如，部分医疗机构可能未对医疗数据进行充分的脱敏处理，导致数据在传输和存储过程中存在泄露风险。此外，一些医疗机构在处理医疗数据时可能未遵循相关的法律法规和隐私政策，导致合规性问题。

随着全球对数据隐私保护的要求日益严格，医疗卫生行业需要更加重视物联网应用中的隐私保护和合规性问题。医疗机构应建立完善的数据管理制度，加强对医疗数据的访问控制和审计监督，确保数据的合法使用和隐私保护。

（五）风险应对与安全管理策略

针对医疗卫生行业物联网的安全威胁与风险，医疗机构应采取有效的风险应对和安全管理策略。

首先，医疗机构应加强对物联网设备的安全管理，定期更新设备固件和软件，及时修复已知漏洞。同时，医疗机构应建立完善的网络安全防护体系，包括防火墙、入侵检测系统、安全事件响应机制等，以应对各种网络攻击和威胁。

其次，医疗机构应加强对医疗数据的保护和管理。对于敏感数据，应采用加密技术进行传输和存储，确保数据在传输过程中的安全性。同时，医疗机构应建立数据备份和恢复机制，以应对数据丢失或损坏的情况。

最后，医疗机构还应加强员工的安全意识和培训。通过定期的安全培训和演练，提高员工对物联网安全问题的认识和应对能力，降低人为因素导致的安全风险。

三、物联网安全防护措施与建议

随着物联网技术在医疗卫生行业的广泛应用，其安全问题逐渐受到业界的重视。为确保医疗物联网的安全运行，保障患者的隐私和医疗数据的安全，医疗机构需采取一系列有效的安全防护措施，并建立完善的安全管理制度。

（一）加强物联网设备的安全管理

首先，医疗机构应严格筛选物联网设备供应商，选择具有良好信誉和可靠安全性能的设备。在设备采购过程中，应充分考虑设备的安全性能、数据加密能力、访问控制机制等因素，确保设备在设计和生产过程中符合安全标准。

其次，医疗机构应定期对物联网设备进行安全检查和评估，及时发现并修复潜在的安全漏洞。对于已经过时或存在已知漏洞的设备，应及时进行更新或替换，确保设备的最新性和安全性。

最后，医疗机构还应建立完善的设备管理制度，包括设备的登记、配置、使用、维护、报废等流程，确保设备的规范使用和管理。

（二）强化数据传输与存储的安全保障

在数据传输方面，医疗机构应采用加密技术对医疗数据进行保护，确保数据在传输过程中的机密性和完整性。同时，应建立安全的通信协议和访问控制机制，防止未经授权的访问和数据泄露。

在数据存储方面，医疗机构应选择安全可靠的存储设备和服务器，对存储的医疗数据进行备份和恢复，以防数据丢失或损坏。同时，应建立数据访问权限管理机制，对不同级别的用户进行访问控制，确保只有经过授权的人员才能访问相关数据。

此外，医疗机构还应定期对存储的医疗数据进行审计和检查，及时发现并处理异常数据访问行为，防止数据被非法获取或篡改。

（三）提升网络安全防护能力

医疗机构应建立完善的网络安全防护体系，包括防火墙、入侵检测系统、安全事件响应机制等，以应对各种网络攻击和威胁。同时，应加强对物联网网络的安全监控和日志分析，及时发现并处理网络异常行为。

此外，医疗机构还应定期对网络安全防护设施进行更新和升级，以适应不断变化的网络安全威胁。同时，应加强与网络安全厂商的合作，及时获取最新的安全漏洞信息和补丁更新，提高网络的整体安全防护能力。

（四）加强隐私保护与合规性管理

在隐私保护方面，医疗机构应建立完善的隐私保护制度，明确医疗数据的收集、使用、共享和销毁等流程，确保患者的隐私得到充分保护。同时，应对医疗数据进行脱敏处理，降低数据泄露的风险。

在合规性管理方面，医疗机构应遵守相关的法律法规和隐私政策，确保医疗数据的合法使用和存储。同时，应定期对医疗数据进行自查和审计，确保数据的合规性。

此外，医疗机构还应加强对员工的安全教育和培训，提高员工对隐私保护和合规性的认识和重视程度，降低人为因素导致的安全风险。

（五）建立应急响应机制与协同合作

医疗机构应建立完善的应急响应机制，以应对突发的安全事件和威胁。这包括制定应急预案、组建应急响应团队、开展应急演练等。当发生安全事件时，医疗机构能够迅速响应、有效处置，以减少损失和影响。

同时，医疗机构还应加强与相关部门的协同合作，共同应对物联网安全威胁。例如，与网络安全监管部门保持密切联系，及时获取最新的安全信息和指导；与设备供应商建立合作机制，共同解决设备安全问题；与同行医疗机构分享安全经验和教训，共同提升整个行业的安全防护水平。

（六）持续监测与改进安全策略

随着技术的不断发展和安全威胁的不断变化，医疗机构应持续监测物联网安全状况，及时调整和改进安全策略。通过定期的安全评估和审计，发现潜在的安全风险和问题，及时采取措施进行改进和优化。

此外，医疗机构还应关注物联网安全领域的最新动态和技术发展，积极引进和应用新的安全防护技术和手段，提升物联网安全防护的水平和能力。

第三节　大数据时代医疗卫生行业的网络安全问题

一、大数据在医疗卫生行业的价值与应用

在信息化和数字化的浪潮下，数据在医疗卫生行业扮演着越来越重要的角色。数据的收集、存储、分析和应用，不仅提升了医疗服务的效率和质量，还为医学研究和决策制定提供了有力支持。

（一）数据在医疗卫生行业的价值体现

数据在医疗卫生行业的价值主要体现在以下几个方面。

1. 提升医疗质量

通过对大量医疗数据的分析，医疗机构能够更准确地掌握疾病的发病规律、流行趋势以及治疗效果，从而制定更为科学合理的诊疗方案。同时，数据还可以帮助医生及时发现患者的病情变化，调整治疗方案，提高治疗效果。

2. 优化资源配置

通过对医疗数据的深入挖掘和分析，医疗机构能够了解患者需求、服务利用率以及资源分配情况，进而优化资源配置，提高资源利用效率。例如，根据数据分析结果，医疗机构可以合理调整床位分配、设备采购和人员配置，确保医疗资源的最大化利用。

3. 支持医学研究

医疗数据是医学研究的重要基础。通过对数据的分析和挖掘，医学研究者可以发现新的研究方向、揭示疾病的发病机制和病理过程，为疾病的预防和治疗提供新的思路和方法。

4. 提升患者体验

借助数据分析技术，医疗机构可以对患者的就医流程进行优化，减少等待时间，提高服务效率。同时，通过对患者满意度数据的收集和分析，医疗机构可以及时发现服务中存在的问题和不足，进而改进服务质量，提升患者体验。

（二）数据在医疗卫生行业的应用场景

数据在医疗卫生行业的应用场景十分广泛，以下列举几个典型的应用案例。

1. 电子病历系统

电子病历系统通过收集患者的个人信息、病史、诊断结果、治疗方案等数据，实现了病历信息的数字化存储和共享。医生可以通过系统快速查看患者的病历信息，为患者提供更为精准的诊断和治疗。同时，电子病历系统还可以为医学研究和决策制定提供大量的数据支持。

2. 远程医疗服务

借助数据技术和网络通信手段，远程医疗服务得以实现。医生可以通过视频通话、在线问诊等方式，为患者提供远程诊断和治疗建议。这不仅方便了患者的就医，也缓解了医疗资源的地域分布不均问题。

3. 智能辅助诊断

利用机器学习和人工智能等技术，可以构建智能辅助诊断系统。这些系统可以通过对大量医疗数据的学习和分析，自动识别疾病的特征和模式，为医生提供诊断建议。这不仅可以提高诊断的准确性和效率，还可以辅助医生处理复杂的病例。

4. 健康管理和预防保健

通过对个人健康数据的收集和分析，可以为个体提供定制化的健康管理和预防保健方案。例如，根据个人的生活习惯、遗传信息和健康指标等数据，可以预测其患病风险，制定相应的预防措施和健康管理计划。

5. 药物研发与评估

在药物研发过程中，数据发挥着至关重要的作用。通过对药物的临床试验数据、患者反馈数据以及市场数据等的综合分析，可以评估药物的疗效和安全性，为药物的上市和推广提供决策依据。

（三）数据在医疗卫生行业的挑战与对策

尽管数据在医疗卫生行业的应用带来了诸多好处，但也面临着一些挑战。例如，数据的安全性和隐私保护问题、数据的标准化和互操作性问题，以及数据的质量问题等。为了应对这些挑战，需要采取以下对策。

1. 加强数据安全和隐私保护

建立健全的数据安全管理制度和技术防护措施，确保医疗数据的安全存储和传输。同时，加强对数据使用行为的监管和审计，防止数据泄露和滥用。

2. 推进数据标准化和互操作性

制定统一的数据标准和规范，促进不同医疗机构和系统之间的数据共享和互通。同时，推动数据技术的研发和应用，提高数据的处理和分析能力。

3. 提升数据质量

建立严格的数据质量控制体系，确保数据的准确性和完整性。同时，加强对数据质量的监测和评估，及时发现和纠正数据中的问题。

二、大数据时代的网络安全挑战

随着大数据时代的来临，医疗卫生行业面临着前所未有的网络安全挑战。大数据技术的应用使得医疗信息的处理、存储和传输变得更为便捷，但同时也增加了数据泄露、隐私侵犯等网络安全风险。

（一）数据泄露与隐私保护挑战

在大数据时代，医疗卫生行业积累了大量的患者信息，包括个人身份、病历记录、诊断结果等敏感数据。这些数据不仅对于医疗服务至关重要，也是黑客和恶意软件攻击的主要目标。一旦数据泄露，不仅会导致患者隐私的侵犯，还可能引发信任危机，对医疗机构的声誉造成严重影响。

此外，随着远程医疗、电子病历等信息化服务的普及，医疗数据的传输和共享也变得更为频繁。然而，网络安全防护措施的不足使得这些过程成为数据泄露的高风险环节。黑客可能利用漏洞或弱密码等手段，窃取或篡改医疗数据，进而实施诈骗或破坏活动。

（二）医疗设备与系统的网络安全风险

随着医疗技术的不断进步，越来越多的医疗设备与系统接入网络，实现了数据传输和远程监控。然而，这些设备的网络接口往往存在安全漏洞，使得黑客有机会利用漏洞入侵系统或操控设备。例如，黑客可能通过攻击心脏起搏器、呼吸机等关键设备，威胁患者的生命安全。

此外，医疗机构的网络系统和软件也面临着恶意软件和病毒的攻击。这些攻击可能导致系统瘫痪、数据丢失以及医疗服务的中断，对医疗机构的正常运营造成严重影响。

（三）勒索软件的威胁

近年来，勒索软件攻击在医疗卫生行业愈发猖獗。黑客通过锁定数据或系统，要求医疗机构支付赎金以恢复信息。这种攻击方式不仅给医疗机构带来经济损失，还可能影响患者的诊疗过程，甚至威胁其生命安全。同时，即使医疗机构支付了赎金，也并不一定能完全恢复数据和系统的正常运行，给医疗服务的连续性带来严重挑战。

（四）网络安全意识与培训不足

尽管医疗行业网络安全面临着巨大的挑战，但许多医疗机构在网络安全意识和培训方面仍存在不足。医护人员和管理人员往往缺乏网络安全知识，无法有效识别和应对网络攻击。同时，医疗机构在网络安全政策和规范制定、执行方面也存在缺失，使得网络安全工作难以得到有效落实。

（五）应对策略与建议

面对大数据时代的网络安全挑战，医疗卫生行业需要采取一系列应对策略来加强网络安全防护。

首先，医疗机构应制定并执行网络安全政策和规范，确保安全管理人员具备专业知识和技能。同时，加强网络安全意识和培训，提高员工对网络安全的重视程度和应对能力。

其次，建立网络安全风险评估和漏洞扫描机制，及时发现和修复系统中存在的安全漏洞。通过定期的安全演练和应急响应计划制订，提高医疗机构应对网络攻击的能力和效率。

再次，加强网络边界防御措施也是关键一环。医疗机构应建立有效的网络防火墙和入侵检测系统，对进出系统的流量进行实时监控和分析。同时，对外接入的远程访问和外部合作伙伴的系统进行授权认证和访问控制，防止非授权人员访问和修改系统数据。

最后，数据加密和备份策略也是必不可少的。医疗机构应采用强大的加密技术，对敏感数据进行加密处理，确保数据在传输和存储过程中的安全性。同时，定期进行数据备份和恢复演练，防止数据丢失或受到勒索软件攻击的影响。

三、大数据安全防护策略与实践

在信息化快速发展的今天，大数据技术在医疗卫生行业中的应用越来越广泛，为医疗服务的提升带来了极大的便利。然而，与此同时，大数据的安全防护问题也日益凸显，成为医疗卫生行业必须面对的重要挑战。

（一）构建完善的安全防护体系

针对医疗卫生行业大数据的安全防护，首要任务是构建一个完善的安全防护体系。这一体系应涵盖物理安全、网络安全、应用安全等多个层面，确保数据的完整性、可用性和保密性。

在物理安全方面，医疗机构应设立专门的数据中心或机房，采用严格的出入管理、视频监控等措施，防止非法入侵和数据泄露。同时，机房应配备不间断电源（UPS）、空调等设备，确保设备的稳定运行和数据的持续可用性。

在网络安全方面，医疗机构应建立多层次的防御机制，包括防火墙、入侵检测系统、安全审计系统等，对外部攻击和内部违规行为进行有效识别和拦截。此外，还应加强网络设备的日常维护和更新，及时修补安全漏洞，提升网络的整体安全性能。

在应用安全方面，医疗机构应加强对大数据应用系统的安全防护。通过数据加密、访问控制等手段，确保数据在传输、存储和使用过程中的安全性。同时，对于涉及患者隐私的数据，应进行脱敏处理或匿名化操作，减少数据泄露的风险。

（二）强化数据安全管理与培训

除了构建完善的安全防护体系，强化数据安全管理与培训也是医疗卫生行业大数据安全防护的重要策略。

首先，医疗机构应制定详细的数据安全管理制度和流程，明确数据的收集、存储、处理、传输和销毁等各个环节的安全要求。同时，建立数据安全责任体系，明确各级管理人员和工作人员的安全职责，确保安全工作的有效执行。

其次，加强数据安全培训和教育也是至关重要的。医疗机构应定期组织数据安全培训活动，提高员工的数据安全意识和操作技能。通过培训，使员工了解数据安全的重要性、掌握数据安全的基本知识和技能，能够在日常工作中自觉遵守安全规定，有效应对安全风险。

（三）加强数据安全监测与应急响应

数据安全监测与应急响应是医疗卫生行业大数据安全防护的重要组成部分。通过实时监测数据的访问和使用情况，及时发现异常行为和潜在的安全风险，是防止数据泄露和滥用的关键手段。

医疗机构应建立数据安全监测平台,对大数据应用系统进行实时监控和预警。通过收集和分析系统日志、网络流量等信息，发现潜在的攻击行为和违规行为，并及时采取应对措施。同时,建立应急响应机制,制定详细的应急预案和处置流程，确保在发生安全事件时能够迅速响应、有效处置，最大限度地减少损失和影响。

（四）实践案例与经验分享

在医疗卫生行业大数据安全防护的实践中，一些医疗机构已经取得了显著的成效。例如，某大型医院通过建立完善的数据安全防护体系，实现了对医疗大数据的全面保护。他们采用了先进的数据加密技术，对所有敏感数据进行加密处理；同时，建立了严格的数据访问控制机制，确保只有授权人员才能访问和使用数据。此外，他们还加强了数据安全监测和应急响应能力，及时发现并处置了多起潜在的安全风险事件。

这些实践案例为我们提供了宝贵的经验。首先，建立完善的数据安全防护体系是确保数据安全的基础；其次，加强数据安全管理与培训是提高员工安全意识和操作技能的有效途径；最后，加强数据安全监测与应急响应是及时发现并应对安全风险的重要手段。

未来，我们可以期待更多的技术创新和应用实践在医疗卫生行业大数据安全防护领域涌现。例如，利用人工智能技术进行安全风险评估和预测、采用区块链技术实现数据的安全共享和追溯等。这些新技术的应用将进一步提升医疗卫生行业大数据的安全性，为行业的健康发展提供有力保障。

第四节　人工智能在医疗卫生行业网络安全中的应用前景

一、人工智能技术在网络安全领域的应用现状

随着信息技术的迅猛发展，网络安全问题日益凸显，成为各行各业必须面对的重要挑战。在这个背景下，人工智能技术的兴起为网络安全领域带来了全新的解决方案和思路。

（一）人工智能技术在网络安全领域的应用范围

人工智能技术在网络安全领域的应用十分广泛，涵盖了多个方面。其中，威胁检测是人工智能在网络安全中的主要应用之一。通过分析网络流量、系统日志等大数据，人工智能技术能够识别出异常行为，进而发现潜在的安全威胁。例如，基于深度学习的入侵检测系统能够学习正常网络行为模式，并对偏离正常模式的异常行为进行报警。

此外，人工智能还应用于恶意软件检测与防范。传统的恶意软件检测主要基于特征匹配和行为分析，但面对不断演变的恶意软件，这种方法的效果逐渐减弱。而人工智能技术能够通过机器学习和数据挖掘技术，自动分析和识别恶意软件的特征和行为，从而提高检测的准确性和效率。

除了威胁检测和恶意软件防范，人工智能还在网络舆情分析与安全监测方面发挥着重要作用。在社交媒体等平台上，不实信息和谣言往往迅速传播，对个人、组织甚至国家造成负面影响。人工智能技术能够对这些信息进行实时分析，识别出潜在的风险点，为相关部门提供决策支持。

（二）人工智能技术在网络安全领域的优势

人工智能技术在网络安全领域的应用具有显著的优势。

首先，它能够处理大规模的数据集，并从中提取有用的信息。传统的网络安全方法往往依赖人工分析和处理数据，但面对海量的网络数据，这种方法显得力

不从心。而人工智能技术能够自动分析和处理这些数据，提高安全分析的效率和准确性。

其次，人工智能技术能够学习和适应不断变化的网络威胁。网络安全威胁的形态和方式不断演变，传统的静态防御方法很难应对这种变化。而人工智能技术能够通过学习和训练，不断适应新的威胁形态，提高防御的灵活性和有效性。

最后，人工智能技术还能够实现自动化和智能化的安全响应。传统的安全响应往往需要人工介入，但这种方式存在响应速度慢、准确性不高等问题。而人工智能技术能够自动识别和应对安全威胁，减少人工干预的需要，提高安全响应的速度和准确性。

（三）人工智能技术在网络安全领域的局限性

尽管人工智能技术在网络安全领域具有广泛的应用和显著的优势，但也存在一些局限性。

首先，人工智能技术的性能和准确性高度依赖训练数据和算法的设计。如果训练数据不够充分或算法设计不合理，可能会导致误报或漏报的情况出现。

其次，人工智能技术可能面临对抗性攻击的风险。一些攻击者可能会利用人工智能技术的漏洞或弱点，进行有针对性的攻击。例如，通过精心构造的恶意流量或样本，攻击者可能能够绕过人工智能系统的检测。

最后，人工智能技术在网络安全领域的应用还需要考虑隐私和合规性的问题。在处理和分析网络数据时，需要确保用户的隐私得到保护，并遵守相关的法律法规。

（四）未来发展趋势与展望

尽管存在一些局限性，但人工智能技术在网络安全领域的应用前景依然广阔。未来，随着技术的不断进步和算法的持续优化，人工智能技术在网络安全领域的性能和准确性将得到进一步提升。

同时，随着网络安全威胁的不断演变和复杂化，人工智能技术也需要不断适应新的挑战和需求。未来，我们可以期待更多创新的人工智能应用出现，为网络安全领域提供更高效、更智能的解决方案。

总之，人工智能技术在网络安全领域的应用现状表明，它已经成为网络安全领域不可或缺的重要工具。虽然还存在一些挑战和局限性，但随着技术的不断进步和应用场景的拓展，相信人工智能将在网络安全领域发挥越来越重要的作用。

二、人工智能在医疗卫生网络安全中的潜力与优势

随着信息技术的迅猛发展和医疗卫生的数字化转型，网络安全问题在医疗卫生领域变得日益突出。面对这一挑战，人工智能技术正以其独特的优势，在医疗卫生网络安全领域展现出巨大的潜力。

（一）人工智能在医疗卫生网络安全中的潜力

人工智能技术在医疗卫生网络安全中的应用潜力巨大，主要体现在以下几个方面。

首先，人工智能能够实时监测和分析网络流量，快速识别出异常行为和潜在威胁。传统的网络安全方法往往依赖人工分析和监控，但面对海量的网络数据和复杂的攻击手段，这种方法显然力不从心。而人工智能技术则能够通过深度学习和大数据分析，自动提取网络流量的特征，并构建出精确的安全模型。一旦检测到异常行为，人工智能系统能够迅速发出警报，并采取相应的防御措施，从而有效防止网络安全事件的发生。

其次，人工智能能够自动化应对网络安全威胁。传统的网络安全应对方式往往依赖人工干预，但这种方式存在响应速度慢、准确性不高等问题。而人工智能技术则能够通过自动化和智能化的方式，对网络安全威胁进行快速响应和处理。例如，当检测到恶意软件入侵时，人工智能系统能够自动隔离受感染的设备，并采取相应的清除措施，从而防止恶意软件的扩散和破坏。

最后，人工智能还能够提升医疗卫生数据的保护能力。医疗卫生行业涉及大量的个人隐私数据，如患者信息、病历资料等。这些数据一旦泄露或被滥用，将给患者和医疗机构带来严重的损失。而人工智能技术能够通过加密、脱敏等技术手段，对医疗卫生数据进行有效的保护。同时，人工智能还能够对数据的访问和使用进行严格的权限控制，确保只有经过授权的人员才能访问相关数据，从而大大降低数据泄露的风险。

（二）人工智能在医疗卫生网络安全中的应用优势

人工智能在医疗卫生网络安全中的应用优势主要体现在以下几个方面。

首先，人工智能具有强大的数据处理和分析能力。医疗卫生行业的数据量庞大且复杂，传统的数据处理方法往往难以应对。而人工智能则能够通过大数据分析和机器学习等技术，对海量的医疗数据进行深度挖掘和分析，从而发现潜在的安全风险和威胁。这种能力使得人工智能能够在医疗卫生网络安全中发挥重要作用，提高安全防御的准确性和效率。

其次，人工智能具有自适应和学习能力。而人工智能则能够通过学习和适应，不断更新和完善自身的安全模型和防御策略。这种自适应和学习能力使得人工智能能够更好地应对不断变化的网络安全威胁，提高医疗卫生行业的整体安全水平。

最后，人工智能还能够提高医疗卫生网络安全的智能化水平。传统的网络安全方法往往依赖人工操作和判断，但这种方式存在主观性和误判的可能性。而人工智能则能够通过自动化和智能化的方式，对网络安全进行精准地分析和判断。这种智能化水平不仅提高了安全防御的准确性和效率，还降低了人为错误和疏忽的可能性。

人工智能在医疗卫生网络安全中具有巨大的潜力和优势。通过实时监测和分析网络流量、自动化应对网络安全威胁以及提升医疗卫生数据的保护能力等方式，人工智能能够为医疗卫生行业的网络安全提供强有力的保障。

未来，随着人工智能技术的不断发展和完善，相信其在医疗卫生网络安全领域的应用将更加广泛和深入。我们期待看到更多创新的人工智能应用出现，为医疗卫生行业的网络安全保驾护航，为患者和医疗机构提供更加安全、可靠的服务。同时，我们也应该意识到，人工智能虽然具有强大的潜力和优势，但在实际应用中仍需注意其局限性和潜在风险，确保其在医疗卫生网络安全中发挥积极作用。

三、人工智能安全挑战与未来发展趋势

随着科技的飞速发展，人工智能在医疗卫生行业中的应用越来越广泛，极大地推动了医疗技术的进步和服务质量的提升。然而，与此同时，人工智能在医疗卫生行业也面临着诸多安全挑战。

（一）医疗卫生行业人工智能安全挑战

1. 数据安全与隐私保护问题

在医疗卫生行业，数据的安全性和隐私保护至关重要。然而，由于人工智能系统需要处理和分析大量的医疗数据，这使得数据泄露和隐私侵犯的风险大大增加。一旦这些数据被非法获取或滥用，将对患者的个人隐私和权益造成严重损害。

2. 算法偏见与公平性问题

人工智能的决策往往基于算法模型，而算法模型可能会受到训练数据的影响，产生偏见和不公平性。在医疗卫生领域，这种偏见和不公平性可能导致误诊、误治等严重后果，对患者造成不可逆转的伤害。

3. 系统故障与安全性问题

人工智能系统的稳定运行对于医疗卫生行业的正常运转至关重要。然而，由于系统故障或网络攻击等原因，人工智能系统可能会出现故障或瘫痪，导致医疗服务中断或医疗事故发生。这不仅会影响患者的治疗效果，还可能对医疗机构的声誉和信誉造成损害。

（二）医疗卫生行业人工智能未来发展趋势

1. 强化数据安全与隐私保护

针对数据安全与隐私保护问题，未来医疗卫生行业将更加注重数据的安全性和隐私保护。一方面，通过加强数据加密、脱敏等技术手段，提高数据的安全性；另一方面，建立完善的数据管理和使用规范，确保数据的合法使用和隐私保护。

2. 提升算法公平性与准确性

为了解决算法偏见与公平性问题，未来的医疗卫生行业将更加注重算法模型的优化和改进。通过增加训练数据的多样性和代表性，减少算法偏见；同时，加强算法的验证和评估，确保其准确性和公平性。

3. 加强系统稳定性与安全性

针对系统故障与安全性问题，未来医疗卫生行业将更加注重人工智能系统的稳定性和安全性。通过加强系统的冗余设计和备份机制，提高系统的容错能力；同时，加强网络安全防护，防止网络攻击和数据泄露等安全事件的发生。

4. 深化人工智能在医疗领域的应用

随着技术的不断进步和应用场景的不断拓展，未来医疗卫生行业将进一步深化人工智能的应用。例如，通过利用人工智能技术实现精准医疗、个性化治疗等目标，提高医疗服务的质量和效率；同时，通过人工智能技术辅助医生进行诊断和决策，提高医疗服务的准确性和可靠性。

5. 加强跨学科合作与人才培养

为了推动人工智能在医疗卫生行业的持续发展，需要加强跨学科的合作与人才培养。一方面，加强医学、计算机科学、数据科学等学科之间的交叉融合，共同推动人工智能在医疗卫生领域的应用创新；另一方面，加强相关人才的培养和培训，提高他们在医疗卫生行业的应用能力和创新能力。

参考文献

[1] 达斯孟 . 基于网络安全维护的计算机网络安全技术分析 [J]. 集成电路应用 , 2024,41(4):298–299.

[2] 韩鹏军 , 曹慧 , 曹文桥 . 基于计算机网络安全技术的态势感知防御方法 [J]. 信息技术 ,2024(3):188–194.

[3] 陆华 . 基于人工智能与大数据的计算机网络安全防御系统研究 [J]. 信息与电脑 (理论版),2024,36(3):47–49.

[4] 孙瑜 . 基于大数据及人工智能技术的计算机网络安全防御系统设计分析 [J]. 网络安全和信息化 ,2024(2):143–145.

[5] 杨君艺 , 马龙 , 王晓缇 , 等 . 人工智能技术在大数据网络安全防御中的有效运用 [J]. 数字技术与应用 ,2024,42(1):230–232.

[6] 胡贤 , 霍怡雨 . 基于大数据技术的计算机网络信息安全防护对策分析 [J]. 电子技术 ,2024,53(1):390–392.

[7] 王少辉 . 大数据背景下的计算机网络安全防御技术 [J]. 信息与电脑 (理论版),2024,36(1):208–210.

[8] 耿倩 . 人工智能技术在大数据网络安全防御中的运用研究 [J]. 网络安全技术与应用 ,2023(12):164–166.

[9] 王颖 . 大数据背景下计算机网络安全防御系统设计 [J]. 网络安全技术与应用 ,2023(12):14–16.

[10] 樊华 . 人工智能技术在大数据网络安全防御中的应用 [J]. 中国高新科技 , 2023(21):50–52.

[11] 申哲琰 . 计算机网络信息安全防护策略及评估算法分析 [J]. 信息与电脑 (理论版),2023,35(21):208–210.

[12] 熊群毓 . 基于大数据的计算机网络安全防御系统设计研究 [J]. 信息记录材料 ,2023,24(11):217–219,222.

[13] 张洋 . 基于计算机网络的安全防御策略研究 [J]. 信息记录材料 ,2023,24(11):69–72.

[14] 刘王宁 . 大数据及人工智能技术的计算机网络安全防御系统 [J]. 网络安全技术与应用 ,2023(10):67–69.

[15] 王丽 . 基于大数据技术的计算机网络安全防御应用 [J]. 信息与电脑 (理论版),2023,35(19):199–201.

[16] 吴晓倩 . 基于人工智能技术的计算机网络安全防御系统设计 [J]. 信息记录材料 ,2023,24(10):67–69.

[17] 吴礼发 . 计算机网络安全实验指导 [M]. 北京 : 北京电子工业出版社 ,2020:229.

[18] 龚俭 , 杨望 . 计算机网络安全导论 [M]. 南京 : 东南大学出版社 ,2020:507.

[19] 吴礼发 , 洪征 . 计算机网络安全原理 [M]. 北京 : 电子工业出版社 ,2020:521.